YOUQITIAN JIENENGLIANG
HESUAN FANGFA

油气田节能量核算方法

马建国／编著

编委会

主　任／马建国
副主任／马　强　　贺　三　　孟令俊
成　员／张　贺　　葛永广　　陈　燕　　田春雨
　　　　杨仕轩　　尤元鹏　　程　伟　　于　鹏
　　　　陈立达　　阮龙飞　　周　军　　李　辉
　　　　刘子洋　　张利华　　李　鹏　　付自鹏
　　　　冯小波　　余　锐　　马中山　　杜铭轩
　　　　张玉峰　　孟　岚　　韩　雨　　姚洪英
　　　　张茂玉　　周胜利　　高忆非

四川大学出版社
SICHUAN UNIVERSITY PRESS

图书在版编目（CIP）数据

油气田节能量核算方法 / 马建国编著. — 成都：四川大学出版社，2024.6
（油气田能源管理系列书籍 / 马建国主编）
ISBN 978-7-5690-6914-3

Ⅰ．①油… Ⅱ．①马… Ⅲ．①油气田节能－方法研究 Ⅳ．① TE43

中国国家版本馆 CIP 数据核字（2024）第 107234 号

书　　名：	油气田节能量核算方法
	Youqitian Jienengliang Hesuan Fangfa
编　　著：	马建国
丛 书 名：	油气田能源管理系列书籍
丛书主编：	马建国

丛书策划：	胡晓燕　马建国
选题策划：	胡晓燕
责任编辑：	胡晓燕
责任校对：	王　睿
装帧设计：	墨创文化
责任印制：	王　炜

出版发行：	四川大学出版社有限责任公司
	地址：成都市一环路南一段 24 号（610065）
	电话：（028）85408311（发行部）、85400276（总编室）
	电子邮箱：scupress@vip.163.com
	网址：https://press.scu.edu.cn
印前制作：	四川胜翔数码印务设计有限公司
印刷装订：	四川省平轩印务有限公司

成品尺寸：	170 mm×240 mm
印　　张：	20.75
字　　数：	396 千字

版　　次：	2024 年 6 月 第 1 版
印　　次：	2024 年 6 月 第 1 次印刷
定　　价：	88.00 元

本社图书如有印装质量问题，请联系发行部调换

版权所有 ◆ 侵权必究

扫码获取数字资源

四川大学出版社
微信公众号

前　　言

随着 2023 年 11 月第 23 届联合国气候变化大会的成功召开，节能提效作为"第一能源"的全球共识更加强烈，各国政府均将其作为实现降低碳排放、推进可持续发展的重要措施之一。节约资源是我国的基本国策，早在 2006 年颁布的《中华人民共和国国民经济和社会发展第十一个五年规划纲要》就将节能指标"单位国内生产总值能源消耗降低 16％"纳入经济社会发展规划，并规定为约束性指标。为实现"双碳"目标，2021 年 9 月出台的《中共中央 国务院关于完整准确全面贯彻新发展理念做好碳达峰碳中和工作的意见》明确提出，持续降低单位产出能源资源消耗和碳排放，到 2025 年单位国内生产总值能源消耗比 2020 年下降 13.5％、单位国内生产总值二氧化碳排放比 2020 年下降 18％。用能单位在采取各种节能技术措施减少能源消耗的同时，采用何种节能量核算方法评定节能效果显得尤为重要。在"双碳"目标和节能环保政策的驱动之下，油气田企业作为能源生产和消耗大户，在为国民经济供给油气资源的同时，更有义务和有责任做好生产过程的节能降碳，努力践行"四个革命、一个合作"能源安全新战略，建立高能效、低排放的新型油气田标杆。

在长期从事油气田节能低碳工艺技术研究和应用的过程中，特别是近几年推进油气田低碳建设、油气与新能源融合发展的进程中，我们深刻意识到科学准确开展油气田节能量核算能够增强不同油气田之间的能效水平和碳排放绩效的可比性，有利于地方政府和各级主管部门对企业节能指标进行量化考核。节能先进单位评选、节能技术改造项目等均以节能量作为基础评价依据，因此研究精准适用的节能量核算方法显得尤为重要。

为科学规范油气田企业节能管理人员与技术人员开展节能效果评价，量化展示节能技术措施在提效降耗方面的绩效表现，我们启动了《油气田节能量核算方法》的编写。本书由马建国策划、统筹、编撰和审校，历时 5 年，几经易稿。编者结合多年油气生产领域的工作经验，研究了节能低碳协调发展的方向，分析了主要耗能设备能耗数据的获取方法，评价了先进高效的节能技术措施，确定了对应节能量核算的推荐方法。

本书在撰写过程中获得了广泛的理论支持、技术支撑和实践验证，既可以作为油气田节能量核算专业人员的技术指导手册，也可以作为节能量核算的专业辅导教材。全书共计 8 章，第 1 章为节能量核算方法概述，第 2 章为主要耗能设备能耗数据采集方法，第 3 章为机采系统技措节能量核算方法，第 4 章为加热炉技措节能量核算方法，第 5 章为机泵技措节能量核算方法，第 6 章为配电网技措节能量核算方法，第 7 章为压缩机组技措节能量核算方法，第 8 章为节能与低碳协同发展。本书围绕油气田企业节能量核算工作的核心要点，对比分析了现有油气田节能量核算方法及存在的问题，系统梳理了油气田企业主要耗能设备能耗数据采集方法，重点阐述了机采系统、加热炉、机泵、配电网及压缩机的技措节能量核算方法，论证了节能与降碳协同发展方式，列举了详细的计算实例，可以帮助节能管理者分类掌握节能量核算方法的特点和适用范围，提升节能数据采集质量和节能量核算准确度。节能量核算将为油气田企业节能监测、节能收益评定、能效考核等业务提供数据支撑。

本书在撰写过程中融合了业内诸多技术人员的研究成果、重要标准和现场实例，参编人员来自长期从事油气生产能效提升的技术专家，持续参与节能低碳工艺研究、节能监测和评估的技术人员：中石油油气和新能源分公司（马建国）、中国石油天然气股份有限公司规划总院（尤元鹏）、新疆油田分公司（孟令俊、阮龙飞）、新疆油田分公司实验检测研究院节能监测中心（葛永广、杨仕轩、李鹏、马中山）、辽河油田分公司安全环保技术监督中心节能监测站（马强、张贺、陈立达、张玉峰、付自鹏、刘子洋）、大庆油田设计院（孟岚、姚洪英）、大庆油田技术监督中心节能技术监测评价中心（周胜利、田春雨、于鹏、李辉）、西南油气田分公司重庆气矿自控计量和环境监测站（程伟、冯小波、陈燕、张利华、张茂玉）、西南石油大学（贺三、周军、余锐、杜铭轩、韩雨、高忆非）。在此，谨向给予本书大力支持的专家和同仁表示诚挚的谢意。

受限于编者能力水平，不妥之处恐难避免，欢迎广大读者批评指正。

马建国
2024 年 4 月

目 录

第1章 油气田节能量核算方法概述 ………………………………（ 1 ）
 1.1 现有标准 ……………………………………………………（ 1 ）
 1.2 节能量核算标准在实际执行中存在的问题 ………………（ 5 ）
 1.3 不同核算方法间的差异 ……………………………………（ 6 ）

第2章 主要耗能设备能耗数据采集方法 …………………………（ 8 ）
 2.1 机采设备能耗数据采集方法 ………………………………（ 8 ）
 2.2 加热炉能耗数据采集方法 …………………………………（ 18 ）
 2.3 机泵能耗数据采集方法 ……………………………………（ 27 ）
 2.4 压缩机能耗数据采集方法 …………………………………（ 32 ）
 2.5 配电网能耗数据采集方法 …………………………………（ 35 ）

第3章 机采系统技措节能量核算方法 ……………………………（ 37 ）
 3.1 机采系统简介 ………………………………………………（ 37 ）
 3.2 机采系统节能技措方法 ……………………………………（ 43 ）
 3.3 机采系统技措节能量核算方法 ……………………………（ 76 ）
 3.4 实例分析 ……………………………………………………（ 80 ）

第4章 加热炉技措节能量核算方法 ………………………………（ 88 ）
 4.1 石油工业用加热炉简介 ……………………………………（ 88 ）
 4.2 加热炉节能技措方法 ………………………………………（100）
 4.3 加热炉技措节能量核算方法 ………………………………（113）
 4.4 实例分析 ……………………………………………………（130）

第5章 机泵技措节能量核算方法 …………………………………（135）
 5.1 机泵简介 ……………………………………………………（135）
 5.2 机泵节能技措方法 …………………………………………（141）
 5.3 机泵技措节能量核算方法 …………………………………（149）

5.4 实例分析 ……………………………………………………… (158)

第6章 配电网技措节能量核算方法 ……………………………… (187)
  6.1 配电网简介 ……………………………………………… (187)
  6.2 配电网节能技措方法 …………………………………… (193)
  6.3 配电网技措节能量核算方法 …………………………… (206)
  6.4 实例分析 ………………………………………………… (213)

第7章 压缩机组技措节能量核算方法 …………………………… (226)
  7.1 压缩机组简介 …………………………………………… (226)
  7.2 压缩机组节能技措方法 ………………………………… (242)
  7.3 压缩机组技措节能量核算方法 ………………………… (262)
  7.4 实例分析 ………………………………………………… (274)

第8章 节能与低碳协同发展 ……………………………………… (306)
  8.1 节能低碳发展战略与路径 ……………………………… (306)
  8.2 节能量与减碳量关联度 ………………………………… (311)
  8.3 油气田节能低碳融合发展 ……………………………… (317)

参考文献 …………………………………………………………… (323)

第1章　油气田节能量核算方法概述

节能量是指满足同等需要或达到相同目的的条件下，能源消耗/能源消费减少的数量。节能量核算标准给出了油气田在进行节能量计算时可以采用的核算方法。目前节能量核算方法较多，不同核算方法间存在一定的差异。

1.1　现有标准

油气田节能量是指油气田企业统计报告期内能源消耗量与按比较基准计算的能源消耗量之差。

1.1.1　油气田节能量核算标准概述

油气田企业采用的节能量核算标准见表1-1。

表1-1　油气田节能量核算标准

序号	标准号	标准名称
1	GB/T 13234—2018	用能单位节能量计算方法
2	GB/T 28750—2012	节能量测量和验证技术通则
3	GB/T 32040—2015	石化企业节能量计算方法
4	GB/T 32045—2015	节能量测量和验证实施指南
5	GB/T 35578—2017	油田企业节能量计算方法
6	GB/T 39965—2021	节能量前评估计算方法
7	SY/T 6838—2011	油气田企业节能量与节水量计算方法
8	SY/T 7066—2016	气田节能量计算方法
9	DB11/T 1642—2019	工业领域节能量审核指南

1.1.2 油气田节能量核算基本原则

油气田节能量核算的基本原则：

（1）油气田节能量核算所用的基期能源消耗量与报告期能源消耗量应为实际能源消耗量。

（2）节能量核算应根据不同的目的和要求，采用相应的比较基准。

（3）当采用一个考察期内的能源消耗量推算报告期的能源消耗量时，应说明理由和推算的合理性。

（4）产品产量（工作量、价值量）应与能源消耗量、用水量的统计计算口径保持一致。

（5）油气产品和产值节能量的计算需考虑油田自然递减因素的影响。

（6）企业对不同业务可采用不同的方法计算节能量，但对相同业务的计算方法应统一。

（7）油气田总节能量可为单独计算的不同业务节能量之和。

（8）油气田节能量计算值为负时表示节能。

（9）油气田节能量计算采取多角度取证方法，对任何可能影响计算结论的证据，可采取数据追溯和交叉验证等方法，从多个角度予以验证。

（10）根据项目改造主体的典型工况和项目边界内数据计量统计情况选择节能量计算方法，对于缺乏有效数据来源的项目不予计算节能量。

（11）如果存在多种确定节能量的方法，应进行交叉检查，并与用能单位统计台账、收付款凭证、购销合同等核对验证，一般情况下遵循保守性原则，即选择节能量数值较小的计算方法。

1.1.3 油气田节能量核算方法

油气田节能量核算一般通过产品节能量、产值节能量以及技术措施节能量计算等来实现。产品节能量是指用报告期油气产品单位产量能源消耗量与基期油气产品单位产量能源消耗量的修正值的差值和报告期油气产品产量计算的节能量。产值节能量是指用报告期单位油气产值能源消耗量与基期单位油气产值能源消耗量的修正值的产值和报告期油气产值计算的节能量。技术措施节能量是指企业实施技术措施前后能源消耗的变化量。

1.1.3.1 产品节能量

1. 油田产品节能量

油田产品节能量计算公式如式（1-1）：

$$\Delta E_{cy} = (e_{bcy} - k_y e_{jcy}) M_{by} \tag{1-1}$$

式中：ΔE_{cy}——油田产品节能量，tce；

e_{bcy}——报告期单位产品综合能耗，tce/t；

e_{jcy}——基期单位产品综合能耗，tce/t；

k_y——油田产品节能量计算修正系数，$k_y = \dfrac{1-(1-\sigma)\delta}{1-\delta}$，取值范围在 1.0~1.2 之间，若计算值超过 1.2，则按 1.2 计算；

σ——基期油田综合含水率，%；

δ——报告期油田自然递减率，%；

M_{by}——报告期油田油气产量，t。

2. 气田产品节能量

气田产品节能量计算公式如式（1-2）：

$$\Delta E_{cq} = \left(\dfrac{E_{bq}}{M_{bq}} - k_q \dfrac{E_{jq}}{M_{jq}}\right) M_{bq} \tag{1-2}$$

式中：ΔE_{cq}——气田产品节能量，tce；

E_{bq}——报告期能耗，tce；

E_{jq}——基期能耗，tce；

M_{jq}——基期产品量，10^4 m³；

M_{bq}——报告期产品量，10^4 m³；

k_q——气田产品节能量计算修正系数，$k_q = \dfrac{10\rho(1-D_{nq})M_{jq} + M_{jwq} + M_{joq}}{(10\rho M_{jq} + M_{jwq} + M_{joq})(1-D_{nq})}$，取值范围在 1.0~1.2 之间，若超过 1.2，则按 1.2 计算；

ρ——在标准参比条件（101.25 kPa，20℃）下天然气的密度，kg/m³；

D_{nq}——报告期气田自然递减率，用百分数表示，%；

M_{jwq}——基期产水量，t；

M_{joq}——基期凝析油量，t。

1.1.3.2 产值节能量

1. 油田产值节能量

油田产值节能量计算公式如式（1-3）：

$$\Delta E_{zy} = (e_{bzy} - k_y e_{jzy}) G_{bzy} \quad (1-3)$$

式中：ΔE_{zy}——油田产值节能量，tce；

e_{bzy}——报告期单位工业产值（或增加值）综合能耗，tce/万元；

e_{jzy}——基期单位工业产值（或增加值）综合能耗，tce/万元；

G_{bzy}——报告期工业总产值（或增加值，可比价），万元。

2. 气田产值节能量

气田产值节能量计算公式如式（1-4）：

$$\Delta E_{zq} = \left(\frac{E_{bq}}{G_{bq}} - k_q \frac{E_{jq}}{G_{jq}} \right) G_{bq} \quad (1-4)$$

式中：ΔE_{zq}——气田产值节能量，tce；

G_{jq}——基期工业总产值（或增加值，可比价），万元；

G_{bq}——报告期工业总产值（或增加值，可比价），万元。

1.1.3.3 技术措施节能量

以单耗变化为依据的技术措施节能量按式（1-5）进行计算：

$$\Delta E_{cs} = (e_{hcs} - e_{qcs}) M_{hcs} \quad (1-5)$$

式中：ΔE_{cs}——技术措施节能量，tce；

e_{hcs}——技术措施实施后单位产品（或工作量）综合能耗，tce/产品（工作量）单位；

e_{qcs}——技术措施实施前单位产品（或工作量）综合能耗，tce/产品（工作量）单位；

M_{hcs}——技术措施实施后产品（或工作量）的产量（或数量）。

以效率变化为依据的技术措施节能量按式（1-6）进行计算：

$$\Delta E_{cs} = E_{hce} \left(1 - \frac{\eta_{hcs}}{\eta_{qcs}} \right) \quad (1-6)$$

式中：E_{hce}——技术措施实施后耗能设备或系统的耗能量，tce；

η_{hcs}——技术措施实施后耗能设备或系统的平均效率，%；

η_{qcs}——技术措施实施前耗能设备或系统的平均效率，%。

以能源回收为目的的技术措施节能量，应按报告期内回收利用的能源量计算,单位为吨标准煤(tce)。

1.2 节能量核算标准在实际执行中存在的问题

节能量核算标准给出了油气田企业在进行节能量计算时可以采用的核算方法。但在实际执行过程中存在项目边界确定、数据采集、数据处理等方面的影响,因而结合实际所得出的节能量值与理论值存在误差。

节能量测量和验证的主要内容包括:

(1) 划定项目边界;

(2) 确定基期及报告期;

(3) 选择测量和验证方法;

(4) 制定测量和验证方法;

(5) 根据测量和验证方案,设计、安装、调试测试设备;

(6) 收集、测量基期能耗、运行状况等有关数据,并加以记录分析;

(7) 收集、测量报告期能耗、运行状况等有关数据,并加以记录分析;

(8) 计算和验证节能量,分析节能量的不确定度;

(9) 各方确认最终的节能量。

在划定项目边界时,所有受节能措施影响的单位、设备、系统(包括辅助、附属设施)均应划入,不能有遗漏项。有些节能措施在带来节能效果的同时也会增加消耗能源的系统或设备(例如电动机系统应用变频调速技术时增加的变频设备会带来额外的能源消耗),应将这些系统或设备也划入项目边界内。在项目的实际实施过程中,可能会给未实施节能措施的系统或设备带来影响,为完整、准确地确定项目的节能量,即使未对该部分系统或设备实施节能措施,也应将受影响的相关系统或设备划入项目边界内。如果要忽略,也需开展专门评估并获得项目相关方认可。

在确定基期及报告期时,应选择可获得足够运行记录或检查数据,并能有效总结出用能单位、系统、设备的能源消耗与影响因素的量化关系的时间段,以此作为基期和报告期。基期及报告期通常可分为以下三种:

(1) 短于一年。适用于能耗周期比较短、季节性强的情形,例如供热企业。该基期内应能涵盖设备的所有操作模式,并覆盖从最高能源消耗至最低能源消耗的完整操作或生产周期。

(2) 一年。通常选择一年作为周期。

(3) 超过一年。当一个自然年的能源消耗不具有典型性时,应选择超过一年的长周期。

在具体的实施过程中，对于数据的采集和处理尤为重要。数据来源包括但不限于：能源账单、能源审计、计量和测试数据、已实施的可比节能措施相关数据、制造商数据、国家（或其他）统计数据、标准中规定的指标、权威的节能措施参数、行业公认的生产和能效水平、技术鉴定结论、专家论证意见、调查数据、科学文献数据和相关方约定数据等。应综合考虑计算目的、可用资源条件、数据可靠性和数据获取成本，选择适宜的数据收集技术和数据来源，确保最佳的数据质量。若数据丢失，应记录采用的假设情况。具体来说，数据应满足以下要求：

（1）用于项目节能量计算的能耗数据及相关参数应均来自计量仪表，且计量仪表应处于校准/检定有效状态。

（2）热值、效率、节能率等参数应通过测试计算获得，测试应在实际运行工况下进行，可使用具备资质的第三方检测机构出具的检测结果。

（3）用于项目节能量计算的生产数据（产量、产值、面积等）应来自有效的生产统计计量。

（4）如果能耗数据存在多渠道来源，则按照计量统计数据，现场测试、实验室测试及监测结果，具有资质的第三方检测报告，财务凭证（发票或购买合同等）这个顺序来进行选择。

（5）如果采用非优先级的数据，需说明原因。

数据的质量、准确性和完整性直接影响着节能量核算结果的准确性。数据的质量主要和以下因素有关：①数据的收集方法；②数据来源；③数据获取的频率；④仪表和测量设备的精度；⑤测量的准确度；⑥数据的可重现性；⑦数据的验证。在评估说明测量和验证所得节能量结果的不确定度时，应参照相关标准规范来进行。

1.3 不同核算方法间的差异

油气田企业进行节能量核算时，可采用产品节能量计算、产值节能量计算和技术措施节能量计算这三种方法。表1-2给出了油气田企业不同业务节能量推荐算法。

表1-2 不同业务节能量推荐算法

业务类别	节能量计算方法		
	产品（工作量）节能量计算	产值节能量计算	技术措施节能量计算
油气生产	**	*	***
工程技术	**	*	***
工程建设	*	***	**
装备制造	**	***	*

注：表中 * 的多少表示计算方法的推荐程度，* 越多表示推荐程度越高。

除此之外，节能量核算方法也可以分为基期能耗-影响因素模型法、直接比较法和模拟软件法。基期能耗-影响因素模型法是通过回归分析等方法建立基期能耗与其影响因素的相关性模型，所建模型应具有良好的相关性，再计算校准能耗和其调整值，报告期能耗和校准能耗的差值即为节能量值。直接比较法是指当节能措施可关闭且不影响项目运行，在报告期内分别将节能措施开启和关闭时，将在项目边界内所得到的实际能源消耗量按照测量和验证方案中约定的计算方法确定出报告期能耗值和校准能耗值，两者相减即为节能量值。模拟软件法是通过软件模拟确定出报告期能耗值和校准能耗值。油气田企业不同业务节能量计算方法示例见表1-3。

表1-3 不同业务节能量计算方法示例

业务类别	规模	基期可用数据	节能量计算方法
企业更换锅炉	项目	年度能耗	可基于类似高效锅炉设备的实际运行能耗数据，预测节能率并计算节能量
节能汽车补贴	区域	年度能耗	可统计节能汽车平均能耗和补贴汽车的数量，计算节能量
街道照明节能改造工程	城市	功率和照明小时数	可基于照明时间和能耗的相关关系，用建模方法计算节能量
照明节能改造	用能单位	功率和照明小时数	可基于照明时间和能耗的相关关系，用建模方法计算节能量
住宅锅炉更新工程	国家	住宅总量等相干数据	可基于类似高效锅炉设备的实际运行能耗数据，预测节能率，再结合住宅总量与运行时间等数据，用建模方法计算节能量
工业生产优化	项目	生产工业相关数据	可基于产量和能耗的相关关系，用建模方法计算节能量
强制性能效标准	国家	各种来源数据	可根据产品能效提高情况，采用统计建模的方法计算节能量

第 2 章　主要耗能设备能耗数据采集方法

能耗数据采集是能源管理的关键步骤，有助于有效地监测和管理主要耗能设备的能源消耗，如机采设备、加热炉、机泵、压缩机组和配电网等，从而实现油气田节能降耗。在节能改造项目实施之前，依据节能量测量要求、计算方案，第三方节能量测量与验证机构应在项目实施前进行数据收集。

2.1　机采设备能耗数据采集方法

油气田机采作业的实际开展过程属于能量转换的过程以及能量运输的过程，每一项能量在具体的运输过程中都存在损耗，这导致油气田在开发过程中会出现极为严重的能量浪费问题。因此对油气田机采设备能耗数据进行采集十分必要。

2.1.1　能耗采集内容

第三方节能量测量与验证机构在项目实施前需采集和测量的数据可分为两部分：能量消耗数据及影响参数。

根据 GB/T 31453—2015《油田生产系统节能监测规范》等标准的要求，油田机采系统主要监测项目包括电动机功率因数、平衡度（抽油机）和系统效率。主要测试项目为电动机输入功率或电流、电压、功率因数，油压，套压，动液面，产液量，含水率等。

抽油机井监测项目与指标要求见表 2—1。

表 2—1　抽油机井监测项目与指标要求

监测项目	限定值	节能评价值
电动机功率因数	≥0.40	—
平衡度（L%）	80≤L≤110	—
系统效率（稀油井）（%）	$\geqslant 18/(K_1 K_2 K_3)$	$\geqslant 31/(K_1 K_2 K_3)$

续表

监测项目	限定值	节能评价值
系统效率（稠油热采井）（%）	≥15	≥22

注：K_1为油田储层类型对抽油机井系统效率影响系数，K_2为泵挂深度对抽油机井系统效率影响系数，K_3为井眼轨迹对抽油机井系统效率影响系数。

不同油田储层类型、泵挂深度、井眼轨迹的抽油机井系统效率影响系数见表2-2~表2-4。

表2-2 不同油田储层类型的抽油机井系统效率影响系数

油田储层类型	中、高渗透油田	低渗透油田	特低渗透油田	超低渗透油田
K_1	1.0	1.4	1.6	1.7

表2-3 不同泵挂深度的抽油机井系统效率影响系数

泵挂深度	<1500 m	1500~2500 m	>2500 m
K_2	1.00	1.05	1.10

表2-4 不同井眼轨迹的抽油机井系统效率影响系数

井眼轨迹	直井	斜井
K_3	1.00	1.05

螺杆泵井监测项目与指标要求见表2-5。

表2-5 螺杆泵井监测项目与指标要求

监测项目	限定值	节能评价值
电动机功率因数	≥0.72	—
系统效率（%）	≥23	≥37

潜油电泵井监测项目与指标要求见表2-6。

表2-6 潜油电泵井监测项目与指标要求

监测项目	限定值	节能评价值
电动机功率因数	≥0.72	—
系统效率（%）	≥22	≥35

2.1.2 测试要求

为保证结果的科学准确，对数据的采集提出如下基本要求：

数据宜采用收集的方法获得；当无法获得时，应采用测量或者约定的方法获得。报告期数据应采用统计、测量或约定的方法获得。

节能监测相关测试应在节能检查项目通过后、被测系统正常生产的实际运行工况下进行。测量时应保证运转稳定。节能监测相关测试项目如下：

（1）主要耗能设备是否使用国家公布的淘汰产品。

（2）用能设备是否正常运行，如电动机运转时有无剧烈震动和异响。

（3）油压、套压等测试仪表是否齐全正常。

（4）在线能源计量器具的配备和管理是否符合 GB 17167《用能单位计量器具配备和管理通则》、GB/T 20901《石油石化行业能源计量器具配备和管理要求》、Q/SY 14212《能源计量器具配备规范》的相关规定。

（5）用能单位是否建立能源计量器具档案和设备运行、检修记录。

（6）设备铭牌是否齐全，机采井型号、电动机型号等参数是否齐全。

（7）测试环境是否安全，如存在配电柜电源线裸露等安全隐患的情况不予测试；应选取安全情况进行测试。

（8）检查测试仪器连接无误后，应按机械采油系统的操作规定及程序进行启动，启动 10 min 后方可进行测试。

（9）应同步测试输入功率、产液量等主要参数；若无法同步测试产液量，可采用当日油井产量。

（10）测试时间应不少于 15 min，测算数值的取值应具有代表性。

（11）对于采用变频器控制的电动机，应在变频器前端测试电参数。

（12）使用满足要求的仪器按其相序对应接入配电箱电源输入端，测试机械采油系统的输入功率或电流、电压和功率因数。

（13）应按 GB/T 4756《石油液体手工取样法》规定的方法进行井口取样，按 GB/T 260《石油产品水含量的测定 蒸馏法》或 GB/T 8929《原油水含量的测定 蒸馏法》的规定进行含水率测定。

（14）在油井井口油管和套管上分别安装满足要求的压力表，测试油管压力和套管压力。

（15）在井口安装满足要求的回声仪，测试油套环空的动液面深度。

（16）在抽油机悬绳器处安装满足要求的动力示功仪，测试抽油机井的示功图面积、示功图力比、示功图减程比及光杆冲次。

测试所用仪器应能满足相关测试要求，仪器应检定/校准合格并处于检定周期内。具体测试要求如下：

(1) 液体流量测试仪器的准确度等级不应低于1.5级。

(2) 压力测试仪器的准确度等级不应低于1.6级。

(3) 电流测试仪器的准确度等级不应低于1.0级。

(4) 电压测试仪器的准确度等级不应低于1.0级。

(5) 功率因数测试仪器的准确度等级不应低于1.5级。

(6) 功率测试仪器的准确度等级不应低于1.5级。

(7) 动力示功仪的准确度等级不应低于1.0级。

(8) 回声仪的准确度等级不应低于0.5级。

测试时应保证液体流量、压力、动液面、电动机输入功率等主要参量同步测试，每组数据同步读取，取每个测试参量各次读数的算数平均值作为最后的计算值。监测时，要求测试时间不少于15 min，每隔10 min记录一组数据，每个测点数据采集的时间不少于5 min。

2.1.3 主要测试参数

机采系统的主要测试参数如下：

(1) 电参数：输入功率和电流、电压和功率因数、有功电量、无功电量等。

(2) 井口参数：油管压力、套管压力、产液量及含水率。

(3) 井下参数：动液面深度。

(4) 光杆参数：示功图面积、示功图力比、示功图减程比及光杆冲次。

2.1.3.1 能耗基础数据采集方法

能耗基础数据及影响参数这两类不同的数据可采用数据检查和监测两种方式获得。

所谓数据检查的方式，主要包括查看能源账单、原始生产记录、能源统计报表、产品产量记录、财务报表凭证等，相对监测及测试来说是比较简单的数据获取方式。

监测是另外一种获取相关数据的方式。这种方式主要采用仪器测试和仪表监测。若采用此方式需制定数据收集和测量方案，包括确定收集和测量数据清单，明确计量仪器的配备要求，改造前测量时间的要求等。

根据数据收集和测量方案，设计、安装、调试测试设备，完成基期和报告期各项数据的收集和测量，为量化评价提供必要的基础数据支持。

2.1.3.2 数据采集方法

随着能耗双控工作的深入开展和两化融合工作的推进，能源数据采集工作在全国广泛开展。目前，我国能源数据采集的几种常见方法为能源数据采集方案架构、信息系统对接、统计法、估算法、现场采集（测量法）。

1. 能源数据采集方案架构

能源监管平台需要实现对煤、电力、热力、油、天然气等能源品种的数据采集。总体来说，企业内部数据采集方式有如下几种：①对于企业建设有生产信息数据系统（如监控信息系统 SIS、生产过程数据管理系统 MES 等）以及工业控制系统（如 PLC、DCS、FCS 等）的，采用数据对接的方式在线采集数据；②对于其他不具备能源管理系统条件的企业或机构，且现场为非智能仪表的，需要重新部署安装相应的智能仪器，采用安装能耗数据采集器，通过能耗数据采集器实现对煤、电力、热力、油、天然气等能源品种在线监测数据采集；③对于现场为非智能仪表且改造困难的场景数据，可提供红外方式采集或者视频方式采集。

2. 信息系统对接

信息系统对接有如下两种常见方式：信息系统采集与工业控制系统采集。用能单位已构建信息系统（如 SIS、MES 等）的，宜通过相应接口（如 SQL 等）获取能源相关数据。用能单位已安装工业控制系统（如 DCS、PLC、FCS 等）的，且控制系统中已包含能源相关数据的，可通过 OPC 等方式从相应系统中获取数据。对于部分已拥有较为完善信息系统的企业，能源监管平台可以直接从其信息系统中接入。企业的信息系统一般可分为两个层次：第一个层次是生产监控管理系统，第二个层次是管理信息系统。对于平台原始能耗数据采集自企业信息系统的，通过数据传输与交换接口，将企业信息系统中相关数据接入能源监管平台。

3. 统计法

采用统计法时，需要收集用能单位在基期的能源统计、财务、工作台账等运行数据，具有相应资质的检验机构出具的试验报告、化验单等检测数据以及公认的或者相关方认可的节能措施相关数据。

使用统计法收集的数据必须真实可信，基期和报告期统计数据可验证。原则上要求相关方提供必要的发票、账单等原始凭证；对于计量器具记录的数据，需要有计量器具的计量校验证书。

4. 估算法

对于一些非常规调整量（如供热管网改造的风速影响、生产系统的每周轮班次数、空调系统改造导致办公人员入住率的变化等），尤其是通过具体的测量措施进行量化的，需要采用估算法来获得数据。采用估算法得到的能耗数据要得到用能单位与节能服务公司双方的认可。

5. 现场采集（测量法）

数据不全或不具备代表性的，在测量方案中需列出必要的现场测量数据，并在基期进行必要的测量，以获得基期能耗数据。测量时一般选择典型工况进行多次测量，取加权平均值。对于现场测量后能及时计算出结果的重要参数，应由节能服务公司和用能单位双方签字认可。现场采集方式主要有现场采集设备直采、红外方式采集和视频方式采集。

对没有实时信息系统、生产管理系统、控制系统或者控制系统没有包括能源测量点的企业，可以安装能源数据采集设备，通过 CJ/T 188、SY/T 6637、Q/SY 14212、Q/SY 1821 等规约，从现场仪表设备采集各种能源购进、消费、产出等相关数据。

各类数据采集要求如下：电力数据采集——工业企业的电力购进、消费或产出、外供数据，可通过具有通信接口的电子式多功能电能表采集。电能表可通过有线或无线方式直接连接数据采集器。液态物料数据采集——在输送液态物料管道进口管段或出口管段安装智能液态流量表，得到该类液态物料的流量累积数据，将该数据以有线或无线的方式发送到数据采集器。固态物料数据采集——在用能单位进出厂和消耗等环节，通过汽车衡、轨道衡、皮带秤等称重仪表及计量系统得到该固态物料的累积数据，再将得到的数据以有线或无线的方式发送到数据采集器。能源折标系数采集——对各能源品种折标系数的选择，应本着尽量接近实际情况的原则。对于有检测条件的企业，由企业按照其实际情况填报或从其已有化验室系统中对接；对于没有检测条件的企业，采用国家公布的 GB/T 2589—2020《综合能耗计算通则》中规定的参考折标系数进行分析、计算。

2.1.3.3 基期能耗基础数据采集方法

在节能改造项目实施之前，依据节能量测量、计算方案，第三方节能量测量与验证机构应在项目实施前进行数据收集，以确定基期能耗。基期能耗数据收集所采用的方法为统计法和测量法，具备条件时，辅以数据模拟方法，直接对比测试项目；可在整个项目完工验收后，设备、系统正常运行时，进行基期能耗数据的收集。

2.1.3.4 报告期能耗基础数据采集方法

在项目实施完工、验收且正常稳定运行后，第三方节能量测量与验证机构可视现场实际情况（如边界变动、测量仪器仪表与预期有差别、测量时间变动等）对原测量方案做适当调整，调整后的方案需要得到用能单位和节能服务公同双方的认可。报告期能耗基础数据采集采用的方法与基期能耗基础数据采集采用的方法基本相同。采用测量法时，应注意测量工况、测量时间段、对比参数、测量频次与基期相对应。对于现场测量以及计算得到的重要参数，应由节能服务公司和用能单位双方签字认可。

2.1.4 数据采集要求及步骤

2.1.4.1 测试对象的确定和资料的收集

应确定测试对象，划定被测系统的范围。应收集机采井的相关参数，包括机采方式、机采型号、电动机型号及额定运行参效、井史等与测试有关的资料。

2.1.4.2 测试方案的制定

测试人员应经过培训。测试负责人应由熟悉相关测试和监测标准，并有测试经验的专业人员担任。测试过程中测试人员不宜变动。

应根据有关规定，结合具体情况制定测试方案，并在测试前将测试方案提交被测单位。测试方案的内容应包括：

（1）测试任务和要求。
（2）测试项目。
（3）测点布置与所需仪器。
（4）人员组织与分工。
（5）测试进度安排等。

全面检查被测系统的运行工况是否正常，如有不正常现象应排除。应按测试方案中测点布置的要求配置和安装测试仪器。宜进行预备性测试，检查测试仪器是否正常工作，熟悉测试操作程序。

2.1.4.3 测试人员要求

节能监测工作是一项技术性很强的严肃执法活动，所以要求测试人员既要有一定的专业知识，还要了解相关法律法规，同时具有较高的政治素养、良好的工作作风，才能适应工作需要。测试人员应经过培训并取得相应资质。测试负责人应由熟悉油田泵机组工作原理和工作特点，并有测试经验的专业人员担任。测试过程中测试人员不宜变动。

测试人员在测试期间应遵守如下 HSE 要求：

(1) 进入测试现场前应接受被测单位的入厂（站）安全教育。
(2) 必须穿戴劳保工服、安全帽，正确使用安全防护用品。
(3) 测试前应熟悉测试现场工作环境和条件，进行作业风险和危害识别；确保已熟知制定的防范控制措施和应急预案。
(4) 测试过程中应严格遵守本单位及被测单位 HSE 相关规定、测试方案中有关测试安全要求、仪器操作安全规程、被测系统与设备的运行管理制度。

2.1.4.4 抽样采集

对于大规模或区域节能技术改造项目等不能全部测试的情况，宜通过抽样的方法进行数据采集。当采用抽样进行数据采集时，需在有三方认证的抽样精度和置信度的前提下进行。具体可参考图书《油气田节能监测能力提升途径》（四川大学出版社，2022年版）第二章相关内容。

2.1.4.5 测点布置与测试步骤

1. 测点布置

抽油机井测试需测试电参数、光杆参数、井口参数、计量参数等油井工作参数，具体测点布置如图 2-1 所示。

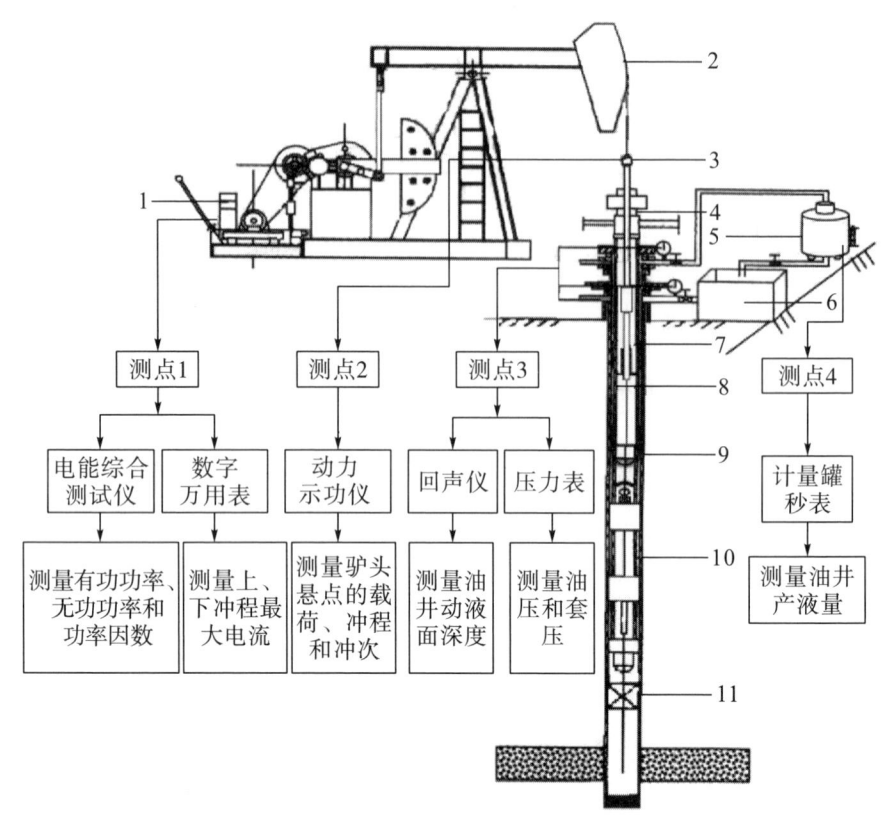

1—电动机控制箱；2—抽油机；3—悬绳器；4—井口；5—计量罐；6—储水池；
7—抽油杆；8—油管；9—套管；10—抽油泵；11—封隔器

图 2-1 抽油机测点布置示意图

其他机采方式的测点布置与抽油机测点布置类似。

2. 测试步骤

测试步骤如下：

（1）检查测试仪器，应满足测试要求。测试后应对测试仪器的状况进行复核。

（2）按测试方案中测点布置的要求配置和安装测试仪器。

（3）全面检查被测系统运行工况是否正常，如有不正常现象应予以排除。

（4）参加测试的人员应经过测试前培训，熟悉测试内容与要求。测试过程中测试人员不宜变动。

（5）宜进行预备性测试，全面检查测试仪器是否正常工作，测试人员对测试操作程序的熟悉程度，以及测试人员间的配合程度。

（6）正式测试时，各测试项目应同时进行。

（7）测试过程中记录人员应按照测试要求认真填写测试记录。测试完毕由校核人员校核并签名。

（8）测试人员必须在每次测试后及时向测试负责人汇报该次测试情况。

（9）测试结束后，检查所取数据是否完整、准确；对异常数据要查明原因，以确定是否剔除或重新测试。

（10）测试结束后，检查被测设备及测试仪器是否完好，并记录在原始记录中。将仪器仪表擦拭干净、装箱。

为了满足现场管理要求，确保测试的安全性，保证现场信息录入的完整性和准确性，应注意以下事项：

（1）监测人员进入现场后，应与被测单位管理部门负责人协调有关工作任务，明确各自责任和义务，双方负责人（各一名）遇到重要问题应协商解决。参加监测人员必须服从指挥，既有分工又相互配合，共同做好测试工作。

（2）由被测单位负责设备的安全运行，保证工况稳定，其他事项按照操作规程进行。同时，安排一名熟悉泵电动机线路的电气专业人员配合电动机参数的测试。

（3）用电能综合测试仪测量时，电气专业人员负责将钳式感应器卡在电动机入口端，监测人员现场指导，不可卡错线路和方向。电动机现场监测至少应有两人，一人负责操作仪器，另一人负责安全监护。

（4）其他监测人员到达选定的测点位置，准备测试。

3. 测试方法

（1）正式测试应在被测对象工况稳定后进行。工况稳定指被测对象的主要运行参数的波动范围在测试期间平均值的±10%以内。

（2）测试时间的选择和测算数值的取值应具有代表性。除需化验分析的项目外，对同一测试单元的各个参数的测试宜在同一时间内进行，测取数据的时间间隔为5~15 min，整个测试持续时间一般不少于1 h。

（3）对于采用变频器控制的电动机，应在变频器前端测试电参数。

（4）使用满足要求的仪器测试各种流体的流量。应按GB/T 9109.5规定的方法进行原油计量，按GB/T 10180规定的方法进行燃料（油）气计量。

（5）原油密度的测定应按GB/T 1884的规定执行。

（6）原油含水率的测定应按GB/T 260或GB/T 8929的规定执行。取样应按GB/T 4756的规定执行。

（7）应按GB/T 10180规定的方法对燃料进行取样和测定热值。

(8) 对于未改变运行工况的测试，测试过程中的油井产液量和动液面变化不应大于±5%。对抽油机井进行测试时，平衡度应控制在80%~110%之间，变化不应大于±10%；冲次的变化不应大于±0.3次；冲程应保持不变；抽油机的皮带张紧力、盘根松紧度变化不应大于±10%；测试开始和结束时，悬绳器应在同一位置。

(9) 对于改变了运行工况的测试，应在保证生产要求的条件下进行，测试相同生产周期的产液单耗。

(10) 宜根据节能产品的使用范围，进行有代表性的不同运行负荷的测定。

(11) 对用电类节能产品，对比测定的供电电压变化不应大于±5%。

2.2 加热炉能耗数据采集方法

石油工业用加热炉是油气田及油气输送管道用火焰加热原油、天然气、水及其混合物等介质的专用设备，是油气田的主要耗能设备，对加热炉进行能耗数据采集十分必要。

2.2.1 能耗采集内容

在节能改造项目实施之前，依据节能量测量计算方案，第三方节能量测量与验证机构应在项目实施前进行数据收集。一般需要采集和测量的数据分为两部分：能耗数据以及影响参数。

根据SY/T 6381—2016《石油工业用加热炉热工测定》以及GB/T 31453—2015《油田生产系统节能监测规范》等标准的要求，油田加热炉主要监测项目包括排烟温度、空气过剩系数、一氧化碳含量、外表面温度、热效率等项目。

主要测试项目为燃料消耗量、被加热介质流量、油水混合物含水率、被加热介质密度、被加热介质进出口温度、加热炉进口/出口介质压力、排烟温度、排烟处烟气成分等。

根据GB/T 31453—2015等标准的要求，油田加热炉主要监测项目包括热效率、排烟温度、空气系数、炉体外表面温度等。燃气加热炉和燃油加热炉的监测项目与指标要求分别见表2-7、表2-8。

表 2-7 燃气加热炉监测项目与指标要求

监测项目	评价指标	$D \leqslant 0.40$	$0.40 < D \leqslant 0.63$	$0.63 < D \leqslant 1.25$	$1.25 < D \leqslant 2.00$	$2.00 < D \leqslant 2.50$	$2.50 < D \leqslant 3.15$	$D > 3.15$
排烟温度（℃）	限定值	≤300	≤250	≤220	≤200	≤200	≤180	≤180
空气系数	限定值	≤2.2	≤2.0	≤2.0	≤1.8	≤1.8	≤1.6	≤1.6
炉体外表面温度（℃）	限定值	≤50						
热效率（%）	限定值	≥62	≥70	≥75	≥80	≥82	≥85	≥87
	节能评价值	≥70	≥75	≥80	≥85	≥85	≥88	≥89

注：D 为加热炉额定容量，单位为兆瓦（MW）。

表 2-8 燃油加热炉监测项目与指标要求

监测项目	评价指标	$D \leqslant 0.40$	$0.40 < D \leqslant 0.63$	$0.63 < D \leqslant 1.25$	$1.25 < D \leqslant 2.00$	$2.00 < D \leqslant 2.50$	$2.50 < D \leqslant 3.15$	$D > 3.15$
排烟温度（℃）	限定值	≤300	≤250	≤220	≤200	≤200	≤180	≤180
空气系数	限定值	≤2.5	≤2.2	≤2.2	≤2.0	≤2.0	≤1.8	≤1.8
炉体外表面温度（℃）	限定值	≤50						
热效率（%）	限定值	≥58	≥65	≥70	≥75	≥80	≥82	≥85
	节能评价值	≥70	≥75	≥78	≥80	≥85	≥87	≥88

注：D 为加热炉额定容量，单位为兆瓦（MW）。

2.2.2 测试要求

节能监测应在节能检查项目通过后、被测系统正常生产的实际运行工况下进行。测量时应保证运转稳定。节能检查项目如下：

（1）主要耗能设备不得使用国家公布的淘汰产品。

（2）在线能源计量器具的配备和管理应符合 GB 17167—2006《用能单位能源计量器具配备和管理通则》、GB/T 20901—2007《石油石化行业能源计量器具配备和管理要求》的相关规定。

（3）应有设备运行记录、检修记录。

（4）安装的节能设施应正常投入使用。

（5）设备铭牌是否配备，加热炉的型号、额定功率、效率等参数是否齐全。

（6）测试应在加热炉热工况稳定和燃烧调整到测试工况 1 h 后开始进行。加热炉热工况稳定是指加热炉主要热力参数的平均值在许可范围内波动，热工况稳定所需时间自冷态点火开始算起。

（7）对无炉墙的燃油、燃气加热炉热工况稳定时间不应少于 1 h，燃煤加热炉热工况稳定时间不应少于 4 h。

（8）对有炉墙的加热炉热工况稳定时间不应少于 8 h。

（9）进行一级、二级测试时，使用固体燃料的加热炉每次测试持续时间不应少于 4 h；使用液体燃料和气体燃料的加热炉每次测试持续时间不应少于 2 h。

（10）进行三级测试时，每次测试持续时间不应少于 1 h。

（11）测试结束时，加热炉介质液位及使用固体燃料加热炉煤斗的煤位应与测试开始时保持一致。

测试所用仪器应能满足项目测试的要求，仪器应检定/校准合格并在检定周期以内。具体要求如下：

（1）介质温度测试仪器的准确度不应低于±0.35℃。

（2）其他温度（包括烟气温度、表面温度、环境温度等，但不包含散热损失所测的各种温度）测试仪器的准确度不应低于±2.0℃。

（3）液体流量测试仪器的准确度等级不应低于 1.5 级。

（4）气体流量测试仪器的准确度等级不应低于 2.0 级。

（5）燃气压力测试仪器的准确度等级不应低于 0.4 级。

（6）其他压力测试仪器的准确度等级不应低于 1.6 级。

（7）烟气测试时，测试 O_2 含量仪器的准确度不应低于±0.2%。

（8）测试 CO 含量仪器的准确度不应低于±5.0%。

（9）测试时间的秒表的准确度不应低于±0.1 s，宜选用电子秒表。

测试时应保证燃料消耗量、介质进出口温度压力、介质流量、烟气成分等主要参量同步测试，每组数据的读取同步进行，取每个测试参量各次读数的算数平均值作为最后的计算值。

2.2.3 主要测试参数

2.2.3.1 测试项目

根据 SY/T 6381—2016《石油工业用加热炉热工测定》，测试项目应包括如下内容：

(1) 燃料元素分析、工业分析、发热量。

(2) 气体燃料的组成成分。

(3) 液体燃料的密度、温度、含水率。

(4) 燃料消耗量。

(5) 被加热介质的流量，油水混合物的含水率。

(6) 被加热介质密度。

(7) 加热炉进口、出口介质温度。

(8) 加热炉进口、出口介质压力。

(9) 固体燃料燃烧室排出炉渣、溢流灰和冷灰的温度。

(10) 炉渣、漏煤、烟道灰、溢流灰和冷灰的质量。

(11) 炉渣、漏煤、烟道灰、溢流灰、冷灰和飞灰的可燃物含量。

(12) 排烟温度，排烟处烟气成分。

(13) 入炉空气温度。

(14) 炉体外表面温度。

(15) 散热损失。

(16) 大气压力。

(17) 环境温度。

(18) 燃烧器前燃油（气）压力。

(19) 燃烧器前燃油（气）温度。

(20) 加热炉外表面积。

(21) 加热炉辅机耗电。

2.2.3.2 加热炉热效率测试方法

用节能量和节能率来评价加热炉的节能效果，都需要进行加热炉热效率和能（单）耗测试。目前，加热炉热效率及能耗测试主要包括正平衡、反平衡两种方法：

(1) 正平衡法：通过直接测量加热炉输入热量和输出（有效利用）热量来确定加热炉热效率的方法，也称直接测量法或输入输出法。

(2) 反平衡法：通过测定各种燃烧产物热损失和加热炉散热损失来确定加热炉热效率的方法。

加热炉正常运行时，其热损失主要包括以下方面：

(1) 排烟热损失：当烟气离开加热炉的最后受热面时，烟气温度高于进入加热炉的空气温度，这部分热量将随烟气排出，没被利用而形成热损失。一般情况下，排烟热损失是加热炉各项热损失中最大的一项。

（2）气体未完全燃烧热损失：由于部分CO、H_2、CH_4等可燃气体未燃烧放热就随烟气排入大气，这种热损失称为气体未完全燃烧热损失，也称为化学未完全燃烧热损失。

（3）固体未完全燃烧热损失：在烟气或油灰中含有固体碳粒未燃烧放热即随烟气排入大气或沉积在炉膛及烟道内，这项热损失称为固体未完全燃烧热损失。形成此项热损失的碳粒有两个来源：一是油滴燃烧后剩下的焦粒，二是油气分解时形成的炭黑。

（4）散热损失：在加热炉运行时各部分炉墙、炉顶、钢构架、进/出口油管、转油线、烟道等部件的温度均高于周围大气温度而向周围环境传递的热量。

加热炉热效率具体测试和计算方法见 SY/T 6381—2016《石油工业用加热炉热工测定》。

2.2.3.3 加热炉测试抽样方法

据不完全统计，2019年仅辽河油田各类在用加热炉就近7200台，为了提高测试工作效率，同时尽量减少人力、物力等成本消耗，相关测试单位对于大量加热炉，可应用统计学理论进行抽样，对抽取的样本加热炉进行测试，测试结果可较为准确地反映加热炉整体能效水平。对抽样测试结果进行统计分析，可得到每一类型每一型号加热炉在不同负荷率下的效率。

1. 设备数据统计

在进行抽样前，应统计设备相关数据。

（1）统计油田公司在运行所有类型下所有型号的加热炉数量。设共有b_t个类型（如火筒式直接加热炉、水套炉、管式加热炉、真空相变加热炉等），每个类型下有$m_i(i=1, 2, \cdots, b_t)$种型号，则总共有$H = \sum_{i=1}^{b_t} m_i$种加热炉。设某个类型下某种型号加热炉（不失一般性，设这种加热炉为a）的总体数量为N，其下属某二级单位（设为A）a设备数量为N_s，此二级单位下属某三级单位（设为B）设备数量为N_t。

（2）统计油田公司上一次加热炉的测试效率，计算所测a加热炉热效率的平均值$\bar{\eta}$，效率的标准差σ。

（3）确定抽样误差Δ：抽样误差$\Delta = \bar{\eta}k$，k为抽样误差系数，可取0.2。

（4）确定置信度：通常取置信度为95%，即置信系数$z=1.96$。

2. 测试数量

利用上述数据参数，则 a 加热炉的测试数量 n 可按式（2-1）计算：

$$n = \frac{Nz^2\sigma^2}{(N-1)\Delta^2 + z^2\sigma^2} \qquad (2-1)$$

3. 测试数量的分配

充分考虑样本结构与总体结构的一致性，企业下属二级单位 A 被测的 a 加热炉样本采用分层抽样方式确定，A 单位应监测的 a 加热炉的数量 n_s 按式（2-2）计算：

$$n_s = n\frac{N_s}{N} \qquad (2-2)$$

企业下属三级单位 B 被测的 a 加热炉数量 n_t 同样按照分层抽样的原则确定，按式（2-3）计算：

$$n_t = n_s\frac{N_t}{N_s} \qquad (2-3)$$

4. 抽样

统计学中的随机抽样方法可以分为简单随机抽样、系统抽样和分层抽样三种。

简单随机抽样方法有抽签和随机数两种。抽签法的具体做法是，先把总体中 N 个个体进行编号，然后将编号写在号签上，把号签放在一个容器中，搅拌均匀后每次从中抽取一个号签，连续抽取 n 次，得到容量为 n 的样本。随机数法是利用随机数表、随机数骰子或计算机产生随机数进行抽样。简单随机抽样有操作简便易行的优点，在总体个数不多的情况下是行之有效的。如果总体中的个体数很多，可以采用系统抽样方法。

系统抽样也称等间隔抽样。一般地，假设要从容量为 N 的总体中抽取容量为 n 的样本，可按如下步骤进行系统抽样：①将总体的 N 个个体进行编号；②确定分段间隔 k，对编号进行分段，取 $k=N/n$（当 N/n 是整数时）；③在第 1 段用简单随机抽样确定第 1 个个体编号 $l(l \leqslant k)$；④按照一定的规则抽取样本，通常是 l 加上间隔 k 得到第 2 个个体编号 $(l+k)$，再依次加上 k，最终获取 n 个样本。

抽样时，根据对总体的了解，知道总体中有比较明显的分类，为了能从各个类中按相同的比例抽取样本，将各个类称为层，即把总体分成互不交叉的层，对于每层可用简单随机抽样和系统抽样的方法抽取相应容量的样本。在测试数量的分配中，已经遵循了分层抽样的原则。

被测加热炉的选取（即测试样本的选取）可以采用分层抽样、系统抽样和简单随机抽样相结合的方法：

（1）分层。将油田所有加热炉作为整体，根据加热炉的类型、各类型中的型号分层，层数为 H。

（2）确定每一层的测试数量。应用统计学方法，计算每一层的测试数量。

（3）确定各二级单位和三级单位的测试数量。应用分层抽样保持样本结构与总体结构的一致性原理，确定各二级单位和三级单位的测试数量即样本数量。

（4）抽样。对各三级单位，采用简单随机抽样或系统抽样的方法确定样本。

如果二级单位中某一层加热炉总体数量 N_s 较小，同时用式（2-3）计算得到的样本数量也较小，则对 N_s 进行简单随机抽样或系统抽样，不再分别对三级单位进行抽样。

如果某几个三级单位中的设备数量 N_t 较小，则可以把这些加热炉作为一个总体进行简单随机抽样或系统抽样。

5. 抽样误差

抽样误差是由于被抽取样本的代表性所产生的误差，是样本统计量的实际数值与总体目标量之间的差值。如果要保证抽样误差较小，则需增加样本抽样数目，测试结果的精确度也将随之提高。

2.2.4 数据采集要求及步骤

2.2.4.1 测试方案制定

测试人员应经过培训。根据有关规定，结合具体情况制定测试方案，并在测试前将测试方案提交被测单位。测试方案的内容应包括：

（1）测试任务和要求。

（2）测试项目。

（3）测点布置与所需仪器。

（4）人员组织与分工。

（5）测试进度安排等。

全面检查被测系统的运行工况是否正常，如有不正常现象应排除。按测试方案中测点布置的要求配置和安装测试仪器。宜进行预备性测试，检查测试仪器是否正常工作，熟悉测试操作程序。

2.2.4.2 测试人员要求

测试人员要具备一定的专业知识，应经过培训并取得相应资质。测试负责人应由熟悉油田泵机组工作原理和工作特点并有测试经验的专业人员担任。测试过程中测试人员不宜变动。

测试人员在测试期间应遵守以下 HSE 要求：

(1) 进入测试现场前接受被测单位的入厂（站）安全教育。

(2) 必须穿戴劳保工服、安全帽，正确使用安全防护用品。

(3) 测试前熟悉测试现场工作环境和条件，进行作业风险和危害识别，制定防范控制措施和应急预案，并确保已熟知。

(4) 测试过程中应严格遵守本单位及被测单位 HSE 相关规定、测试方案中有关测试安全要求、仪器操作安全规程、被测系统与设备的运行管理制度。

2.2.4.3 测点布置

(1) 燃料、雾化蒸汽流量、温度、压力测量点及燃料取样口应设在进燃烧器之前。

(2) 燃烧用空气温度的测点：

①空气不预热时，应设在进燃烧器之前。

②用自身热源预热空气时，应设在鼓风机前的冷风管线上。

③用外界热源预热空气时，应设在预热器之后的热空气管线上。

(3) 排烟温度测点应设在离开最后传热面处，即在烟气余热回收段的烟气出口处；无烟气余热回收段时，则设在对流段烟气出口处。

(4) 烟气中氧含量、一氧化碳含量测试取样口应设在辐射段出口及离开最后传热面处。

(5) 炉体外表面温度测点应具有代表性，一般每 $1\sim2\ m^2$ 设一个测点。

2.2.4.4 测试步骤

(1) 燃料发热量测试：

①对于入炉原煤，每次测试采集的原始燃料数量不应少于总固体燃料的 1%，且总取样量不少于 10 kg。取样应在称重地点进行。固体燃料的取样和制备方法参考 GB/T 213《煤的发热量测定方法》，测定方法应符合 GB/T 213 的规定。

②对于液体燃料，应在整个测试期内从燃烧器前的管道中分三次（开始测

试后半小时内、测试中期、测试结束前半小时内）共抽取 2 L 以上原始试样，混合均匀后立即倒入两个约 1 L 的容器内，加盖密封，并做上封口标记，送化验室检测其发热量或进行成分分析。测定方法应符合 GB/T 384 的规定。

③对于气体燃料，可在燃烧器前的管道上开取样孔，接上燃气取样器取样，送化验室进行成分分析，气体燃料的发热量可按其成分进行计算。成分分析方法应符合 GB/T 13610 的规定。

（2）燃料消耗量测量：

①对于固体燃料，应采用衡器来称重。

②对于液体燃料，应采用流量计来测定。

③对于气体燃料，用气体流量计来测定。气体燃料的压力和温度应在流量测试点附近测量，用以将实际状态的气体流量换算成标准状态下的气体流量。

（3）应在被加热介质管路上采用流量计测定被加热介质流量。

（4）温度的测量：

①对于介质温度，可使用热电阻温度计或玻璃水银温度计进行测量。测温点应布置在管道截面上介质温度比较均匀的位置。

②对于排烟温度，可使用热电阻温度计或热电偶温度计进行测量。测温点应布置在加热炉最后一级尾部受热面后 1 m 以内的烟道上。测温热电偶温度计或热电阻温度计应插入烟道中心处，并保持热电偶或热电阻温度计插入处的密封。

③对于炉体外表面温度，用可测量表面温度的仪表进行测量。测点布置应具有代表性，一般每 0.5~1 m² 布置一个测点，取其算术平均值作为炉体外表面温度。在炉门、烧嘴孔、焊孔等附近，边距 300 mm 范围内不应布置测点。

（5）可用烟气分析仪测量烟气成分。

（6）为计算加热炉固体未完全燃烧热损失及灰渣物理热损失，应进行灰平衡测量。灰平衡是指炉渣、漏煤、烟道灰、溢流灰、冷灰和飞灰中的含灰量与入炉灰量相平衡，通常以炉渣、漏煤、烟道灰、溢流灰、冷灰和飞灰的含灰量占入炉煤总灰量的质量分数来计算。

（7）为进行灰平衡计算，应对炉渣、漏煤、烟道灰、溢流灰和冷灰进行称重和取样化验，对飞灰进行取样化验。

（8）各种灰渣的取样方法：

①装有机械除渣设备的加热炉，可在灰渣出口处定期取样（一般每15 min 取一次样）。每次采集的原始灰渣样质量不少于总灰渣质量的 2%，当煤的灰分 $A_s \geqslant 40\%$ 时，原始灰渣样质量不应少于总灰渣量的 1%，且总灰渣质量不应

少于 20 kg。当总灰渣质量少于 20 kg 时，应予全部取样，缩分后灰渣质量不少于 1 kg。

②在湿法除渣时，应将灰渣铺开在清洁地面上，待稍干后再称重和取样。漏煤与飞灰取样缩分后的质量不少于 0.5 kg。

（9）除需化验分析的有关测试项目外，所有测试参数应每隔 10 min 读数记录一次。

2.3 机泵能耗数据采集方法

泵是被某种动力机驱动，将动力机轴上的机械能传递给它所输送的液体，使液体能量增加的机器。机泵主要监测项目包括泵吸入压力、排出压力，流量，电动机输入功率等。

2.3.1 能耗采集内容

第三方节能量测量与验证机构在项目实施前需采集和测量的数据可分为两部分：能量消耗数据及影响参数。

根据 GB/T 16666—2012《泵类液体输送系统节能监测》以及 GB/T 31453—2015《油田生产系统节能监测规范》等标准要求，泵机组主要监测项目包括电动机效率、泵效率、泵机组效率和吨液百米耗电量。主要测试项目为电动机输入功率或电流、电压和功率因数，泵吸入压力、排出压力、泵流量、泵进出口压力测点到泵水平中心线的垂直距离、泵进出口法兰处管道内径等。

根据 GB/T 16666—2012 以及 GB/T 31453—2015 等标准要求，注水泵机组节能评价指标值见表 2-7。

表2-7 注水泵机组节能评价指标值

评价项目		评价指标	Q<100 m³/h	100 m³/h≤Q<155 m³/h	155 m³/h≤Q<250 m³/h	250 m³/h≤Q<300 m³/h	300 m³/h≤Q<400 m³/h	Q≥400 m³/h
机组效率（%）	离心泵	限定值	≥53	≥58	≥66	≥68	≥71	≥72
		节能评价值	≥58	≥63	≥70	≥73	≥75	≥78
	往复泵	限定值	≥72					
		节能评价值	≥78					
系统效率（%）	离心泵	限定值	≥35					
		节能评价值	≥40					
	往复泵	限定值	≥40					
		节能评价值	≥45					
节流损失率（%）	离心泵	限定值	≤6					

注：在节能损失率方面，离心泵没有节能评价值。

2.3.2 测试要求

节能监测应在节能检查项目通过后、被测系统正常生产的实际运行工况下进行。测量时应保证运转稳定。节能检查项目如下：

（1）主要耗能设备是否使用国家公布的淘汰产品。

（2）用能设备是否正常运行，如泵运转时有无剧烈震动和异响。

（3）吸入、排出压力等测试仪表是否齐全正常。

（4）在线能源计量器具的配备和管理是否符合 GB 17167《用能单位能源计量器具配备和管理通则》和 GB/T 20901《石油石化行业能源计量器具配备和管理要求》的相关规定。

（5）用能单位是否建立了能源计量器具档案和设备运行、检修记录。

（6）设备是否配备了铭牌，泵的型号、额定流量、扬程等参数是否齐全。

（7）测试环境是否安全，如配电柜的电源线有裸露、存在安全隐患的不予测试；应选取正常情况进行测试。

测试所用仪器应能满足项目测试的要求，仪器应检定/校准合格并在检定周期以内。具体要求如下：

（1）介质温度测试仪器的准确度不应低于±0.5℃。

（2）液体流量测试仪器的准确度等级不应低于1.5级。

（3）压力测试仪器的准确度等级不应低于1.6级。

（4）电流测试仪器的准确度等级不应低于1.0级。

（5）电压测试仪器的准确度等级不应低于1.0级。

（6）功率因数测试仪器的准确度等级不应低于1.5级。

（7）功率测试仪器的准确度等级不应低于1.5级。

测试时应保证液体流量、压力、电动机输入功率等主要参量同步测试，每组数据同步读取，取每个测试参量各次读数的算数平均值作为最后的计算值。监测时，要求测试时间不少于 30 min，每隔 10 min 记录一组数据，每个测点数据采集的时间不少于 5 min。

2.3.3 主要测试参数

对于油田用泵机组，主要需测量泵吸入、排出压力，泵的流量，泵进出口法兰处管道内径，电动机输入功率等参数。对于采用变频调速装置的泵机组，则要求采用能测试变频器输入、输出参数的仪器进行测量。

2.3.3.1 能耗基础数据采集方法

参考"2.1.3.1 能耗基础数据采集方法"。

2.3.3.2 数据采集方法

参考"2.1.3.2 数据采集方法",同时应注意如下事项:

现场测试要求测试必须在泵机组运行工况稳定至少 0.5 h 后进行,且该工况应具有统计值的代表性,测试期间处理气量波动在±5%以内,压力波动在±5%以内;各种参数的测量应在同一时间进行,相同性质点测取数据的时间间隔应一致,一般为 5~15 min,每个测点的测试次数应不少于 3 次,正式测试时间不少于 1 h;在测试过程中,若被测设备或仪器仪表出现故障,应立即停止测试,待排除故障后再按要求进行测试;在测试过程中,如测量超差或测试结果散布太大,应及时分析查明原因,待排除故障后重新测试;测试期间,机组不得放空,一般情况下不得排污,安全阀不得起跳;在测试过程中,若发生停水停电或其他人力不可避免的自然灾害,应及时关闭测试仪器仪表开关,停止测试,并注意安全;测试人员要巡回检查,当发生安全事故时要及时保护现场,并报安全部门进行处理;进入测试现场,要正确穿戴工衣、工鞋、安全帽、耳塞、硫化氢报警仪、可燃气体监测仪等。

2.3.3.3 基期能耗基础数据采集方法

参考"2.1.3.3 基期能耗基础数据采集方法"。

2.3.3.4 报告期能耗基础数据采集方法

参考"2.1.3.4 报告期能耗基础数据采集方法"。

2.3.4 数据采集要求及步骤

2.3.4.1 测试对象的确定和资料的收集

参考"2.1.4.1 测试对象的确定和资料的收集"。

2.3.4.2 测试方案的制定

参考"2.1.4.2 测试方案的制定"。

2.3.4.3 测试人员要求

参考"2.1.4.3 测试人员要求"。

2.3.4.4 测点布置与测试步骤

1. 测点布置

（1）电参数。

将测试仪器按其相序对应接入配电箱电源输入端，正确选择测量方式、接线方式，正确设置电流量程和电压量程，同步测量电流、电压、功率因数、输入功率等参数。对于高压电动机拖动的泵机组，其测点宜布置在计量仪表信号的输入端。

（2）泵流量。

应在介质管路上采用流量计测量泵流量，且安装环境符合仪表的使用要求。当使用超声波流量计测量时，传感器应安装在上游大于 10 倍被测管线直径、下游大于 5 倍被测管线直径的直管段上，安装部位应无漆、锈，管内必须充满流体，不应有涡状流、泡流。

（3）泵吸入和排出压力。

测点应布置在距泵进口法兰、出口节流阀连接法兰前后中心线 0.5 m 以内，且压力表引线内不应有死油（液）或空气。

（4）介质温度。

测点应布置在管道截面上介质温度比较均匀的位置。

（5）介质密度。

在泵管线取样处取样，每个样不得小于 300 mL，每次须取三个样，然后在室内进行分析测定，取测定平均值。

2. 测试步骤

测试步骤参考"2.1.4.5 测定布置与测试步骤"。

为了满足现场管理要求，确保测试的安全性，保证现场信息录入的完整性和准确性，应注意以下事项：

（1）监测人员进入现场后，应与被测单位管理部门负责人协调有关工作任务，明确各自责任和义务，双方负责人（各一名）遇到重要问题应协商解决。参加监测人员必须服从指挥，既有分工又相互配合，共同做好测试工作。

（2）由被测单位负责设备的安全运行，保证工况稳定，其他事项按照操作规程进行。同时要安排一名熟悉泵电动机线路的电气专业人员配合电动机参数的测试。

（3）用电能综合测试仪测量时，电气专业人员负责将钳式感应器卡在电动机入口端，监测人员现场指导，不可卡错线路和方向。电动机现场监测至少应有两人，一人负责操作仪器，另一人负责安全监护。

（4）其他监测人员到选定的测点位置进行准备测试，包括以下具体内容：

①核对记录和查询泵、电动机铭牌参数。

②检查了解泵运行状况，测量泵进口、出口管道尺寸（外径或内径）D（mm）。

③用空盒气压表测量、记录当地大气压（MPa），用温度计测量环境温度（℃）。

④要求用超声波流量计的场合，在选定的（进或出口）直管段上安装超声波流量计，并调试正常。

⑤用测厚仪测量管壁实际厚度，计算管道实际尺寸。

⑥在准备工作完成后，开始测试记录：进口、出口压力每 5~10 min 记录 1 次，泵流量每 5~10 min 记录（瞬时流量和累计值）1 次。监测时间为 30~60 min，数据取算术平均值。

⑦用电能综合测试仪测量电动机输入功率、输出功率负载率和效率。

2.4 压缩机能耗数据采集方法

压缩机是一种将低压气体提升为高压气体的从动的流体机械，可分为活塞压缩机、螺杆压缩机、离心压缩机、直线压缩机等。压缩机主要监测项目包括压缩机运行参数、压缩机组基础数据、气质组分等。

2.4.1 能耗采集内容

根据 Q/SY 09821—2021《油气田用往复式天然气压缩机组节能监测方法》相关要求，整个系统所需采集的能耗数据来源及采集内容包括：

（1）增压工艺流程的主要运行参数，主要通过在设备上加装测试用的仪器仪表来采集设备运行过程中的能耗数据，包括处理天然气气量、燃料气消耗量、平均大气温度、环境温度、级间压力、级间温度等。

（2）压缩机组基础数据，包括压缩机组名称、型号、压缩机缸径、余隙尺寸、生产厂家、生产日期、额定进排气压力等与能耗计算有关的资料。

（3）气质组分，包括天然气气质组分、燃料气气质组分。

2.4.2 测试要求

测试所用的仪器、仪表应能满足测试的要求，在检定周期内，并符合以下要求：

(1) 天然气流量测试仪器的准确度等级不应低于2.0级；
(2) 电动机输入功率测试仪器的准确度等级不应低于1.5级；
(3) 压力测试仪器的准确度等级不应低于1.0级；
(4) 温度测试仪器的分度值应不大于0.1℃。

2.4.3 主要测试参数

参考"2.3.3 主要测试参数"。

2.4.4 数据采集要求及步骤

2.4.4.1 数据采集要求

(1) 数据采集必须在压缩机组运行工况稳定至少0.5 h后进行，且该工况应具有统计值的代表性，数据采集期间处理量波动在±5%以内，进排气压力波动在±5%以内。

(2) 各种参数的采集应在同一时间进行，相同性质点的数据采集时间间隔应一致，一般为5~15 min，每个测点的数据采集次数应不少于3次，正式采集时间不少于1 h。

(3) 在数据采集过程中，若被采设备或仪器仪表出现故障，应先停止采集，及时排除故障，然后再按要求采集。

(4) 在数据采集过程中，如数据超差或采集结果散布太大，应及时分析查明原因，待故障排除后再重新采集。

(5) 数据采集期间，机组不得放空，一般情况下不得排污，采集期间安全阀不得起跳。

(6) 在数据采集过程中，若发生停水停电或其他人力不可避免的自然灾害，应及时关闭数据采集仪器仪表开关，停止采集，并注意安全。

(7) 数据采集人员要巡回检查，当发生安全事故时，要及时保护现场，并报安全部门进行处理。

(8) 进入数据采集观场，要正确穿戴工衣、工鞋、安全帽，带上耳塞、硫化氢报警仪、可燃气体监测仪等。

2.4.4.2 数据采集步骤

（1）落实好安全措施，对人员进行分工，确定数据记录人员、现场监督人员、数据复核人员。

（2）检查仪表是否完好无损，开关、按扭是否灵活，仪表其他配件是否完好。

（3）结合现场工艺和设备对测点进行再次确认，确认所选取的测点能正确采集所需数据并能满足准确度要求。

（4）仪器仪表要根据数据采集方案中采集部位及使用说明进行安装和接线。

（5）现场查询原料气来源，在原始记录上做好压缩天然气量和燃料气消耗量记录。若现场没有安装在线压缩天然气量和燃料气消耗量计量仪表，则用超声波流量计进行数据采集。

（6）其余参数按照数据采集方案和原始记录表进行采集，并做好记录。

（7）按照压缩机组原始记录录取相关基础资料，如动力缸排温、压缩缸排温、夹套水温、余隙尺寸等。

（8）若进行机组出厂性能试验或节能改造后效果试验需测试风机和水泵的真实功率，应停机安装扭矩测试仪，按增压机的启动运行操作规程运行机组；待机组运行正常0.5 h后，再行步骤（1）至步骤（7）。扭矩测试完毕后，停机拆除扭矩测试仪，按增压机的启动运行操作规程重新运行机组。

（9）在压缩天然气和燃料气计量处或专门的采样点分别采集天然气样品。

（10）在采集现场分析采集到的天然气样品的硫化氢含量，若被测单位近期对压缩天然气和燃料气组分进行了分析，可向被测单位索取天然气气质分析报告。

（11）测试人员应在每次测试后向测试负责人汇报该次测试情况。对记录的错误数据按《质量管理手册》中有关规定执行修改。

（12）测试结束后，检查所取数据是否完整、准确，对异常数据查明原因，以确定是否剔除或重新测试。

（13）检查被测设备及仪器仪表是否完好并记录在仪器运行记录表中，接着将仪器仪表擦拭干净、装箱。

2.5 配电网能耗数据采集方法

配电网是指从输电网或地区发电厂接受电能,通过配电设施就地分配或按电压逐级分配给各类用户的电力网。其由架空线路、电缆、杆塔、配电变压器、隔离开关、无功补偿器及一些附属设施等组成,在电力网中起分配电能的重要作用。

2.5.1 测量和验证的主要内容

测量和验证的主要内容如下：
(1) 确定项目边界；
(2) 确定基期和报告期；
(3) 选择测量和验证方法；
(4) 制定测试方案；
(5) 安装、调试测试所需的专业设备；
(6) 收集、测量基期的电力和电量消耗数据,并记录分析；
(7) 收集、测量报告期的电力和电量消耗数据,并记录分析；
(8) 计算电网节能项目节约的电力和电量,分析和评定不确定度；
(9) 编写测量和验证报告,相关各方书面确认。

2.5.2 选择测量和验证方法

(1) 测量和验证方法的选择应满足 EVO 10000-1：2014 中第 6 章的要求。
(2) 基期和报告期应选择相同的测量和验证方法。
(3) 对于新建项目,可根据设备设计参数计算基期损耗,不应使用国家明令淘汰设备。
(4) 测量和验证方法中的某些参数可以采用估计值,估计参数的来源应是下列文件之一：
①电网节能项目的可行性研究报告；
②设备制造商提供的产品说明文件或相关参数；
③第三方检测机构出具的试验报告；
④提交政府机构申请批复的项目文件；
⑤提交给融资机构进行评估的项目文件。
(5) 遵循保守性原则。因不确定因素节约的电力和电量,取相对低值。

2.5.3 测量的技术要求

（1）宜使用在线监测设备和运行记录。

（2）监测并记录的参数宜包括电压、电流、功率、功率因数、有功电量、无功电量等。

（3）测试、计量仪器仪表应符合 GB 17167—2006 中 4.3 的规定。

（4）用能设备、装置及系统的能耗监测应符合 GB/T 6422 的规定。

（5）变压器负载系数、电网功率因数、线损率、代表日负荷率的监测应符合 GB/T 16664—1996 中第 4 章的规定。

（6）对于负荷平稳或周期性变化的输配电系统，可只采集基期和报告期的代表日数据。

2.5.4 基期和报告期的设定条件

本项目基期和报告期的设定条件：

（1）基期和报告期应包括用能单位、设备、系统可能出现的各种典型工况，如包含能源消耗量由极大值到极小值一个完整的运行循环；

（2）应包括设备负载的最大值和最小值；

（3）应包括电力系统运行的夏季大负荷、夏季小负荷、冬季大负荷、冬季小负荷运行方式；

（4）基期和报告期均为 1 年。

第 3 章 机采系统技措节能量核算方法

机采系统作为油气生产单位主要生产系统，能耗量较大，同时随着油田的深入开发，大量节能技术措施被用于机采系统，对其效果的判定越来越重要。

3.1 机采系统简介

机采系统由井下泵、油管、原动机（一般为电动机）、传动及辅助设备组成，是用以将油井产物或油井产出液从井下举升到地面的采油设备总体与油井所组成的系统。

3.1.1 机采系统分类

机采系统主要分为抽油机采油系统、潜油电泵采油系统和螺杆泵采油系统。一般用机采系统效率或吨液百米能耗来表征机采系统的能源利用效率。

3.1.2 机采系统结构及特点

3.1.2.1 抽油机采油系统

抽油机开采是主要的举升方式，抽油机采油系统由地面设备和井下设备组成，其中地面设备包括抽油机、电动机、配电箱、井口装置，井下设备包括抽油杆、油管、抽油泵及辅助井下工具。电动机带动抽油机，通过抽油杆柱带动井下抽油泵工作，将油井产出液举升至地面。抽油机采油是当前国内外应用最广泛的采油方法，国内抽油机采油井约占机械采油总井数的90%以上，其适用范围较宽，从200~300 m 的浅井到3000 m 的深井，产油量从日产几吨到日产100~200 吨都适用，且设备自身不受温度、压力等生产条件的影响。

按总体结构，抽油机分为游梁式和无游梁式两种。曲柄做旋转运动，通过四连杆机构使游梁和驴头上下摆动，带动抽油泵往复工作的抽油机称为游梁式抽油机。游梁式抽油机按其结构可分为常规型、异相型、双驴头型等。无游梁式抽油机是不用游梁即可将原动机的旋转运动或直线运动转换成光杆上下往复运动的抽油机。无游梁式抽油机按其结构可分为曲柄连杆抽油机、变径轮式抽油机、塔架抽油机等。近年来，随着节能减排工作的深入开展，涌现出许多诸如下偏杠铃、后置平衡块等节能型抽油机。这些节能型抽油机在游梁式和无游梁式的基础上进行了改造，与原抽油机相比，具有冲程增大、电动机功率下降等特点，节能效果较好。

抽油机结构如图 3－1 所示。

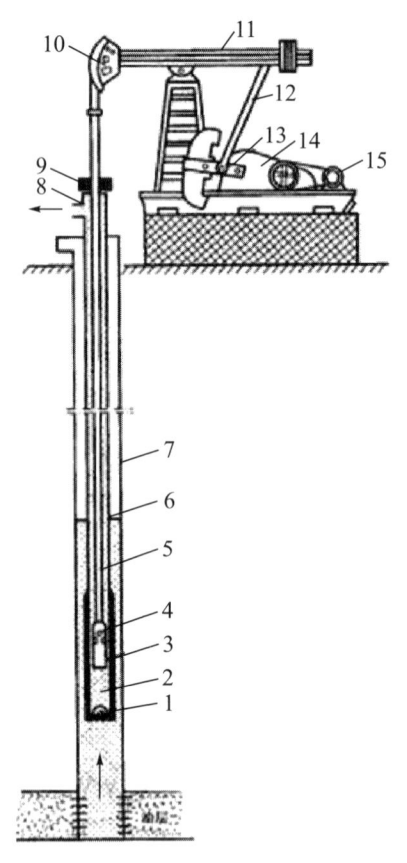

1—吸入凡尔；2—泵筒；3—活塞；4—排出凡尔；5—抽油杆；6—油管；
7—套管；8—三通；9—盘根盒；10—驴头；11—游梁；
12—连杆；13—曲柄；14—减速箱；15—电动机

图 3－1　抽油机结构

3.1.2.2 螺杆泵采油系统

螺杆泵采油系统与其他机械采油系统相比，具有结构简单、占地少、重量轻、投资少、工作安全可靠、流量均匀、压力稳定、能耗小、效率较高等特点。螺杆泵采油系统适用黏度范围广，可以举升稠油，适用于黏度在 8000 mPa·s（50℃）以下的各种含原油流体的举升，此外，也适用于高含砂井和高含气井。但螺杆泵的定子由橡胶制造，容易损坏，增加检泵费用，且不耐高温，不适用于注蒸汽井。根据井下螺杆泵的驱动方式，螺杆泵采油系统分为地面驱动螺杆泵采油系统和潜油电动机井下驱动螺杆泵采油系统两种。目前常用的是地面驱动螺杆泵采油系统。

地面驱动螺杆泵采油系统由井下螺杆泵、抽油杆柱、油管、电动机、地面控制装置（包括变频器）、传动及辅助装置组成。系统工作时，电动机通电后旋转，通过方卡带动光杆、抽油杆柱旋转，传递运动和扭矩，驱动井下螺杆泵转子转动，将油井产出液举升至地面。

潜油电动机井下驱动螺杆泵采油系统是近几年出现的一种安全高效的抽油设备，由井下螺杆泵、油管、潜油电缆、潜油电动机、地面控制装置（包括变频器）、传动及辅助装置组成。动力电缆将电力传送给井下潜油电动机，电动机通过减速器减速或使用调速电动机直接驱动螺杆泵转子转动，将油井产出液举升至地面。潜油电动机井下驱动螺杆泵采油系统省去了传递动力的细长抽油杆和地面减速器，从根本上解决了地面驱动螺杆泵杆管偏磨、停机时抽油杆反转和正常抽汲时抽油杆旋转耗能等问题，能延长系统的使用寿命，提高系统效率，延长检泵周期，大幅度降低检泵成本。

螺杆泵结构如图 3-2 所示。

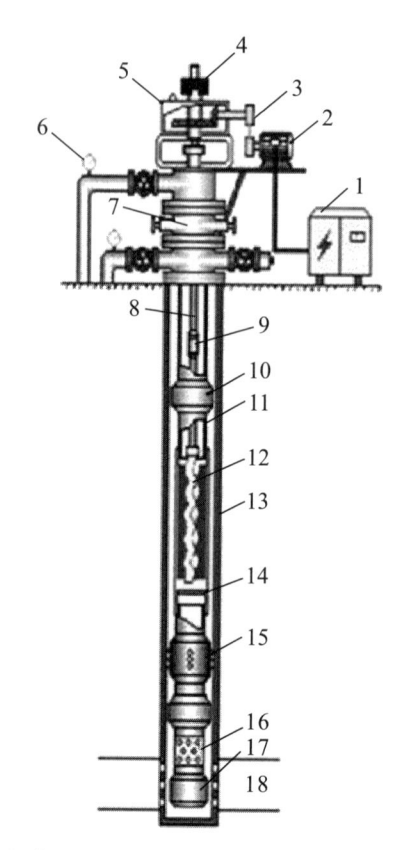

1—电控箱；2—电动机；3—皮带；4—方卡子；5—减速箱；6—压力表；
7—专用井口；8—抽油杆；9—抽油杆扶正器；10—油管扶正器；
11—油管；12—螺杆泵；13—套管；14—定位销；
15—油管防脱器；16—筛管；17—死堵；18—油层

图 3-2 螺杆泵结构

3.1.2.3 电动潜油离心泵采油系统

电动潜油离心泵采油系统由多级潜油离心泵、潜油电动机、保护器、油管柱及附属部件、动力电缆、地面控制装置（包括变频器、控制屏、接线盒等）及辅助装置（包括井口装置）组成。电动潜油离心泵采油系统与其他机械采油方式相比，具有排量大、扬程范围广、生产压差大、井下工作寿命长、地面设备简单等特点，也是一种应用较广的无杆式采油系统。当油井日产液量较大时，系统效率较高。一般油井产量在 100 m³/d 以上时，多采用电动潜油离心泵采油系统采油。

潜油电泵结构如图 3-3 所示。

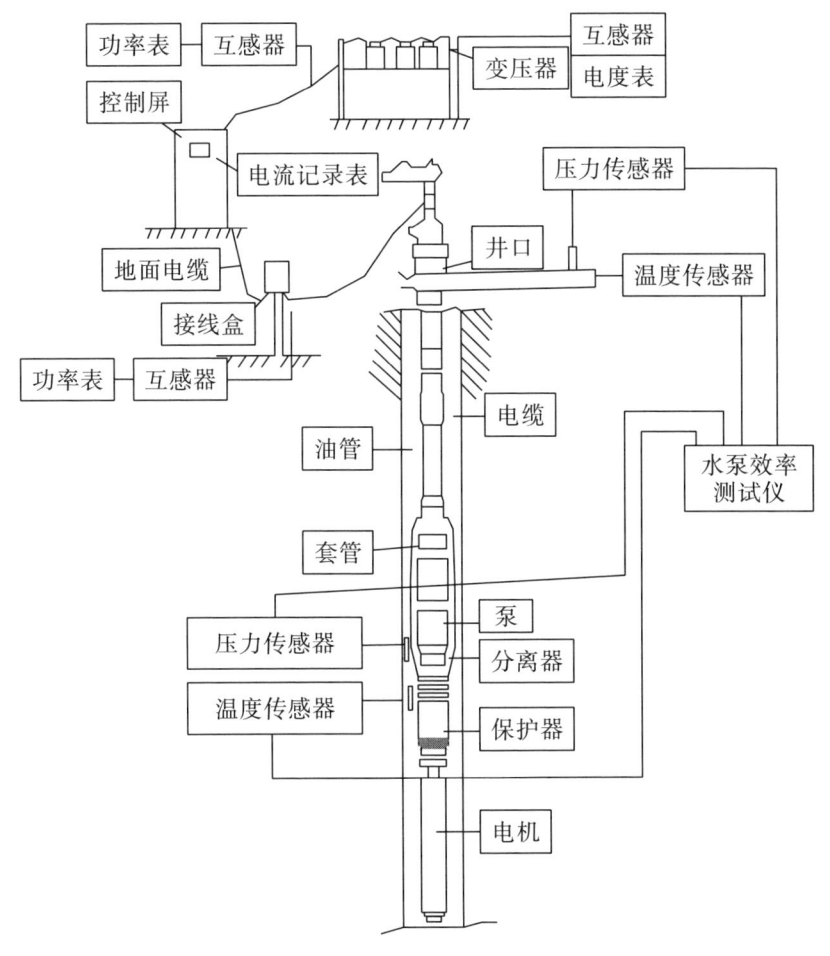

图 3-3 潜油电泵结构

3.1.3 机采系统能效影响因素

机采系统是油田电力消耗大户，其能效影响因素主要有：

(1) 抽油机系统电动机损失。

一般电动机在输出功率为额定功率（60%～100%）的条件下工作时，其效率接近于额定效率，约为 90%，即电动机损耗约占 10%。在抽油机的每一个冲程中，电动机的输出功率出现两次瞬时功率极大值和极小值，极大值可超过额定功率，而极小值一般为负功率，即电动机不仅不输出功率，还可以由抽油杆拖动发电。因此电动机输出功率的变化远远超出了额定功率（60%～100%）的范围，特别是当抽油机平衡不良时，其电动机输出功率甚至可能在-20%～120%的范围内变化,这时电动机的效率降低,损耗也必然增大。从现场实测看,电动机功率损失可高达30%～40%。因此,在抽油机的一个冲程中,大多数时间里电动机处于轻载运行,即所谓"大马拉小车",其效率和功率因数都很低,这就会造成较大的能量损失。

(2) 皮带传动损失。

皮带传动损失可分为两类:一类是与载荷无关的损失,包括绕皮带轮的弯曲损失、进入与退出轮槽的摩擦损失、多条皮带传动时由于皮带长度误差及轮槽误差造成的损失。另一类是与载荷有关的损失,包括弹性滑动损失、打滑损失、皮带与轮槽间径向滑动摩擦损失等。其传动效率的高低主要与皮带的选型、皮带的张紧程度、皮带的质量、皮带轮包角以及抽油机的平衡有关。目前,采油厂使用的皮带多为"V"形联带和"V"形单带,其传动效率较高,理论上可以达到98%左右,但如果主动轮和从动轮不能做到"四点一线",皮带松紧不合适,将严重影响皮带的传动效率。

(3) 减速箱损失。

减速箱损失包括轴承损失和齿轮损失。减速箱中有三对轴承,一般为滚动轴承,一对轴承的损失约为1%,于是减速箱三对轴承的损失约为3%。减速箱中的齿轮在传动时,相啮合的齿面间有相对滑动,因此存在摩擦与功率损失。一对齿轮传动功率损失约为2%,则抽油机减速箱三对齿轮的传动损失为6%。所以减速箱总的功率损失为9%～10%,即传动效率为90%左右。这是在减速箱润滑良好情形下的数据,如果减速箱润滑不良,功率损失将增加,效率将下降。

(4) 连杆机构损失。

连杆机构损失主要包括摩擦损失和驴头钢绳变形损失。摩擦损失主要由轴承引起,驴头钢绳变形损失是由钢绳与驴头接触发生挤压变形,同时悬点载荷周期性变化反复被拉伸引起的。由此可见,加强检查、保养是保证四连杆机构高效传动的重要因素,其效率可达到95%以上。

近年来出现了许多抽油机的平衡方式。采用这些平衡方式能不同程度地改善曲柄轴净扭矩曲线,降低曲柄轴轴距的峰值,减小扭矩曲线的波动。

实践证明,通过合理地调整平衡,每口油井平均可减少有功功率消耗0.3～1.5 kW,节电效果显著。每口井都有节电的平衡度最佳点,一般调在90%最为经济。通过调平衡来节约电耗,投入少、产出大。

(5) 盘根盒损失。

盘根盒损失主要是光杆与盘根间的摩擦损失。抽油机工作时,由于光杆与盘根盒中填料有相对运动而产生摩擦，会产生功率损失。该项功率损失与光杆运动速度和摩擦力成正比。盘根盒密封属于接触密封，接触密封的接触力使密封件与被密封面接触处产生摩擦力，一般摩擦力随工作压力、压缩量、密封材质和填料的硬度以及接触面积的增大而增大，随温度的升高而减小。正常情况下，盘根盒损失不大。如果抽油机安装不对中，那么光杆与盘根盒的摩擦力将成倍增加。日常生产和管理中，正确调整盘根松紧度能产生显著的节电效益。

（6）抽油杆损失。

抽油杆损失主要包括弹性损失和摩擦损失。其中摩擦损失是由抽油杆与油管之间的摩擦引起的，与泵挂深度、原油黏度成正比，与运动速度的平方成正比。有效防止杆管偏磨、选择材质较好的油杆、合理优化泵挂深度，是提高抽油杆传动效果的关键。

（7）抽油泵损失。

抽油泵损失包括摩擦损失、容积损失和水力损失。其中摩擦损失是指由柱塞与衬套之间的摩擦产生的损失，容积损失是指由柱塞与衬套之间的漏失造成的损失，水力损失是指原油流经泵阀时由水力阻力引起的损失。原油黏度较高时以摩擦损失为主，较低时以漏失损失为主。

（8）管柱损失。

管柱损失主要包括容积损失和水力损失。容积损失由油管漏失引起，主要是作业质量问题和螺纹漏失。水力损失是原油沿油管流动造成的，是抽油机上冲程时游动阀关闭，油柱向上运动时与油管内壁发生摩擦产生的损失。

提高机采系统效率的主要途径：一是采用或更换效率更高的节能设备，如节能抽油机、节能电动机、智能控制柜、高效泵等，从设备性能方面减小各环节的能量损失；二是通过机杆泵与地层产能的科学合理配置和不断的生产参数优化，使抽油系统与油层产能始终处于供排协调状态，实现机采系统的提效降耗和节能减排。

3.2　机采系统节能技措方法

节能技术的发展进步，对于高耗能企业不仅意味着能源消耗的大幅降低，还将极大地提高企业的工艺技术水平、装备水平、管理水平，增强企业的核心竞争力，对企业的可持续发展具有重大而深远的意义。机采系统是油田中广泛使用的设备，运用科学的节能提效技术对机采设备进行节能改造，对于石油企业节能降耗具有重要意义。机采系统的节能主要涉及泵的设计节能、技术节能和运行管理节能三个方面。

3.2.1 举升方式

3.2.1.1 螺杆泵

1. 直驱螺杆泵

地面直驱螺杆泵采油技术适用于油稠、出砂、含气井，与游梁式抽油机井相比，节能20%以上。但该项技术地面驱动部分由电动机、皮带、减速器组成，动力由电动机输出到抽油杆，虽然提高了系统效率，但是该工艺减速系统能耗约占总能耗的20%左右，因此，地面直驱螺杆泵采油技术还有降低能耗的空间。同时，由于电动机高架偏置于井口一侧，大参数运行时井口振动大；皮带减速器齿轮磨损快，会影响安全运行。

地面直驱螺杆泵现场应用如图3-4所示。

图3-4 地面直驱螺杆泵现场应用

技术原理：直驱螺杆泵由地面驱动装置、抽油杆柱和井下螺杆泵三部分组成。地面驱动装置在井口，地面部分由智能控制器和交流永磁同步电动机组成，具有减速、变速、承受轴向载荷和提供动力等功能。直驱螺杆泵改变了常规螺杆泵驱动使用减速器和皮带的传动方式，新设计为永磁力矩电动机直接驱动，电动机驱动控制器通过指令输入设置，实现了电动机速度预设置、适时速度调节、驱动转矩调节、软启动、软停机等功能，从而实现了对螺杆泵负载的直接驱动。

技术特点：与常规驱动装置相比，直驱螺杆泵主要具有以下特点。

一是节能效果明显。普通异步电动机在额定负荷下效率一般在85%左右，而直流永磁电动机在50%以上负荷时效率可达到95%以上，在轻载和重载范围内功率因数都较高。另外，皮带、减速器机械传动部件的取消减少了约20%的功率损失，通过电动机直接驱动光杆，传动效率可以达到98%。

二是设备运转更加平稳。常规驱动装置为偏置式结构，不利于高井口、高转速条件下运转，而直驱螺杆泵重心位于空心轴轴线，运转更稳定。直驱螺杆泵控制系统具备软启动和软停机功能，特别是停机后采用电动机反转产生的电能进行制动，可以自动释放抽油杆积存的扭矩，减小启机时冲击载荷对抽油杆的影响。

三是维护费用降低。普通驱动装置需要对皮带、减速箱等易损件进行维护，每年更换2次齿轮油，而直驱螺杆泵只需对电动机和机械密封部件进行维护，年可减少单井维护费用2000元左右。

四是方便日常管理。直驱螺杆泵结构简单，无齿轮、皮带等机械传扭系统，日常管理中只需检查机械密封和电动机等运动部件。

适用范围：直驱螺杆泵适合油稠、出砂、含气的机采井。受电动机输出扭矩限制，直驱装置一般适用于扭矩小于1500 N·m、泵型小于1200 mL/r的工况。电网电压波动范围规定为额定电压的15%。需注意井下螺杆泵的定子为易损件，一般2年就要进行更换。为了延长其使用寿命，需要根据油品性质进行定子橡胶的配伍性试验和针对性制造。

2. 等壁厚螺杆泵

技术原理：等壁厚螺杆泵采用能满足定子泵筒尺寸精度及机械性能的铸造工艺加工定子泵筒，以金属取代常规定子薄厚不均的橡胶基体，或采用成型工艺使定子外观呈螺旋扭曲状，仅在内腔周围的金属表面保留一层薄的橡胶。这种新结构螺杆泵定子只围绕泵筒内基础钢体的内表面固定很薄的一层合成橡胶。

技术特点：均匀的橡胶膨胀，改善了泵的工作性能——等壁厚螺杆泵定子橡胶溶胀、温胀均匀，最大变形量可减小58%，因此，运转时具有更好的型线和尺寸精度，泵密封性能好，有利于长时间维持高泵效。

良好的散热特性，延长了螺杆泵的工作寿命——等壁厚螺杆泵定子橡胶层厚度薄且均匀，具有良好的散热性能；温升低，最高温升可降低42%，以有效减缓橡胶的热老化，延长泵的使用寿命。

单级承压高，提高了系统效率——等壁厚螺杆泵厚度均匀的橡胶衬套在动态过程中抵抗变形的能力好，单级承压高，举升扬程高，摩擦损失小，运转扭矩低，提高了系统效率。

适用范围：等壁厚螺杆泵特别适用于高压工作环境，配合螺杆泵固有的防砂性能，在高含砂、高压井的开采中更具优势。直驱和皮带驱动螺杆泵都可进行等壁厚技术改造。

3.2.1.2 电潜往复泵

目前，抽油机有杆泵采油是油田的主要举升方式，虽然具有结构简单、结实耐用、配套较为成熟等优点，但存在杆管偏磨无法消除、系统提效空间小、检泵周期短、安全智能控制不足、存在环保风险等问题，无法满足油田开采新的需求。无杆举升技术取消了抽油杆，可以从根本上消除杆管偏磨，简化地面传动环节，从源头上提高系统效率，是现阶段降本提效的较好技术方案。

技术原理：电潜往复泵主要由地面控制装置、往复潜油泵（如柱塞抽油泵）、电缆、直线电动机等组成，该技术将数控往复潜油电泵潜入油井套管内油层底部，以直线电动机作为动力源，通过电动机带动柱塞抽油泵做往复运动，将油液举升。由于传动链短，节能效果、系统效率大大提高；由于去掉了抽油驱动杆，因而避免了杆脱扣、断裂以及下井深度受限等问题；相对于斜井来说，无需使用抽油杆使得杆管偏磨问题得到了解决，提高了采油时间与油液采收率。

电潜往复泵结构如图3-5所示。

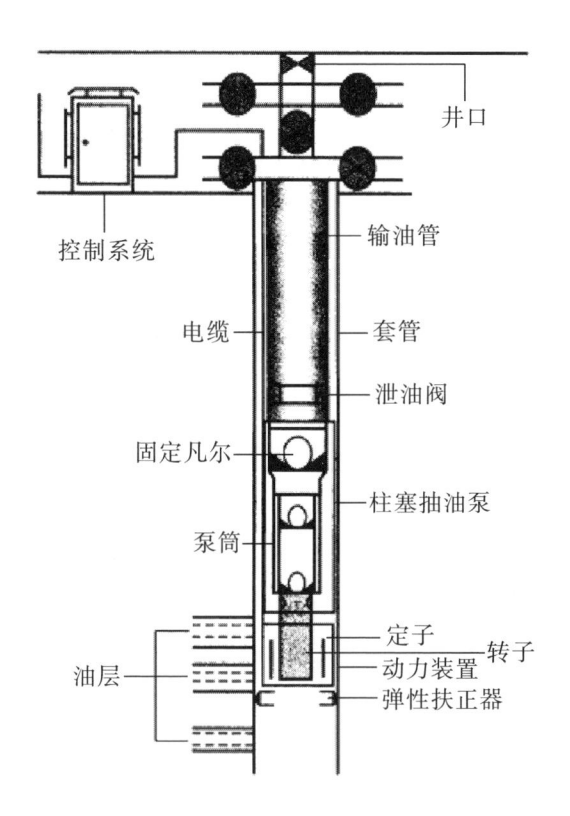

图 3-5 电潜往复泵结构

新疆油田采用了电潜往复泵+玻璃钢敷缆复合连续油管举升技术，玻璃钢敷缆复合连续油管实现管缆一体，解决了常规电潜泵容易损坏电缆的问题，同时可实现动力、信号传输和加热功能的集成。

技术特点：①无杆柱，彻底消除杆管偏磨；②直线电动机直接驱动柱塞抽油泵做柱塞运动而不需要任何中间传动环节，能够有效提升系统运行效率，与有杆泵相比节能30%以上，节能效果显著；③系统组成简单，地面只有采油树，不产生噪声，没有运动部件，不存在设备安全和环保风险，且井口占地面积小；④应用数控方式调整系统运行参数，提高了油井数字化和智能化管理水平，降低了后期运行维护成本和劳动强度。

适用范围：电潜往复泵适用于日产液 2~10 m³ 的低渗透率井，泵挂深度 2000 m 以内、套管尺寸 5.5 in 及以上的定向井、大斜度井，以及其他杆管偏磨严重的油井，油层温度一般≤85℃，介质黏度一般<1000 mPa·s（50℃）。适合在人口稠密地区、环境敏感地区等环境复杂的地区使用。

电潜往复泵对出砂、油稠等井况适应性有限，对结蜡井应配套采取避免对电缆及机组伤害的清防蜡措施。由于动子是高发热部件，在低产井、低液面井中应注意井下电动机的散热问题。

3.2.1.3 电潜螺杆泵

电潜螺杆泵与电潜往复泵一样，是针对抽油机有杆泵采油存在杆管偏磨无法消除、系统提效空间小、检泵周期短、安全智能控制不足、有一定环保风险等问题而开发的新型采油技术，可以从根本上消除杆管偏磨，简化地面传动环节，从源头上提高系统效率。

新疆油田针对常规的电潜螺杆泵举升工艺中电缆绑在油管外侧、作业复杂、电缆易损伤、维修成本高等问题，试验了玻璃钢敷缆复合连续油管的管缆一体化结构，形成电潜螺杆泵+玻璃钢敷缆复合连续油管举升技术。随着技术进步，针对非金属管材耐压、耐温性能差，局部损坏需整根更换，价格较高，金属与非金属连接处易脱，断脱后打捞困难等问题又进行了投捞电缆式电潜螺杆泵工艺试验。

技术原理：电潜螺杆泵+玻璃钢敷缆复合连续油管是井下机组与地面设备通过玻璃钢敷缆复合连续油管连接，电缆一端与潜油电动机相连，另一端与控制柜相连。地面变频控制柜通电后，动力通过电缆传送到潜油电动机，潜油电动机通过减速器、保护器、联轴器（扰性轴）驱动螺杆泵的转子转动，从而将井筒流体举升至地面。

投捞电缆式电潜螺杆泵工艺和电潜螺杆泵+玻璃钢敷缆复合连续油管举升工艺相比，主体举升原理不变，改变的是电缆下入的方式。将潜油电动机及其他组件通过油管下入预定位置，在潜油电动机的上部设置对接插头，再用特殊的潜油承荷电缆连接对接头，从油管内下入，在井内实现插接和密封。该技术的核心部位是电缆插头组件，必须确保其具有良好的密封性和稳定性，以实现电缆的井下对接。

电潜螺杆泵采油如图3—6所示。

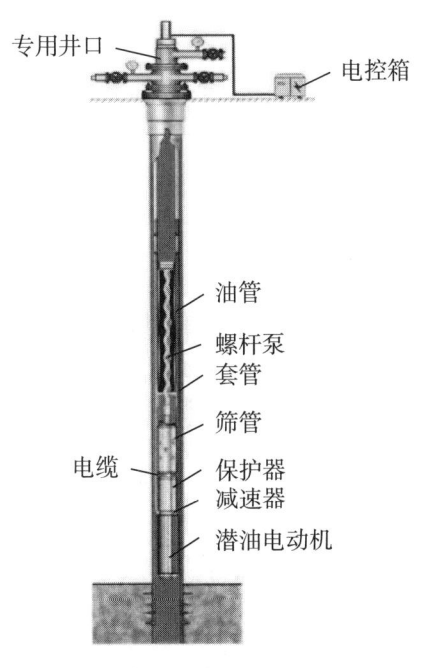

图 3-6 电潜螺杆泵采油

技术优点：①消除杆管偏磨；②效率高，节能效果显著；③地面只有采油树，不存在设备安全和环保风险。

适用范围：适用于稠油、含砂、含蜡和含气井；适用于泵挂深度 2500 m 以内、套管尺寸 5.5 in 及以上的直井、定向井、水平井、大斜度井，油层温度一般≤120℃。适合在人口稠密、环境敏感等环境复杂的地区使用。

3.2.1.4 塔架式长冲程抽油机

传统游梁式抽油机由于其自身笨重（耗钢材多）、冲程短、耗能高、效率低、安全性差等缺陷，以及冲程、冲次调整范围小、技术改造空间小，不能适应油田后期长冲程、低冲次开采的要求，也不能满足油田从浅层油气藏转向深层油气藏的开发需求。在此背景下，转速低、力矩大、能耗低的塔架式长冲程抽油机被研发出来。目前，已经发展成搭配使用复式永磁电动机、开关磁阻电动机以及直线直驱电动机等多种形式的塔架式长冲程抽油机。

技术原理：塔架式长冲程抽油机在整体结构上取消了普通游梁式抽油机的四连杆机械传动部分，采用电动机直接驱动的方式，并在智能变频控制器的控制下实现抽油杆的上下往复运动，是一种结构简单、能耗较低的新型油田抽油设备。采用的复式永磁电动机、开关磁阻电动机一般置于塔架顶部，电动机两端的皮带轮通过皮带连接抽油杆和配重箱。当电动机受智能化变频柜控制做往复转动时，抽油杆和配重箱做方向相反的上下往复直线运动，即完成抽油杆的抽油动作。而采用直线直驱电动机的塔架式长冲程抽油机是将电能直接转换成直线往复运动的机械能，带动抽油杆做往复运动。其组成部件除电动机外，还有塔架、皮带、后平衡装置和智能电气控制柜等。几种塔架式长冲程抽油机现场应用如图3-7~图3-9所示。

图3-7 复式永磁电动机塔架式长冲程抽油机现场应用

图3-8 开关磁阻电动机塔架式长冲程抽油机现场应用

图 3-9　直线直驱电动机塔架式长冲程抽油机现场应用

技术特点：①采用塔架式结构，省略了四连杆、减速箱、曲柄和驴头等部件，传动效率高，可实现长冲程、低冲次；②采用天平式直接平衡，通过改变配重箱中的配重可精确调整抽油机平衡，平衡度可达95%以上；③配套节能电动机，启动电流小、输出扭矩大，降低了装机功率，综合节能效果好；④重量轻、占地面积小，体积约为常规抽油机的50%；⑤操作简单、调参方便，可实现修井自动让位；⑥润滑点少，维护保养简单。

适用范围：塔架式长冲程抽油机主要适用于稠油、深井、水平井和大斜度井，可满足小泵深抽、大泵提液以及长冲程、低冲次的采油工艺要求。采用直线直驱电动机的塔架式长冲程抽油机制造成本较高，单机造价达80万元以上，更适用于7 m以上冲程、3600 m以上井深、日产液量20 t以上的井；采用复式永磁电动机的塔架式长冲程抽油机，由于高温情况下易出现退磁失效，不适合在频繁过载和长期高温环境下使用。

另外，塔架式长冲程抽油机皮带易磨损，寿命只能达到2年左右，需要及时检查和更换，以保证抽油机安全运行；整体结构受风载荷影响较大，在沿海及开阔戈壁滩等风速较大地区需进行风载影响评估。

3.2.1.5 一机双采抽油机

随着油田开发进入中后期，由于单井产量低、开采成本高，所以油田开采效益差。为提高油田开采效益，降低油田开采成本，需要从降低初期投入和降低运行成本两个方面做工作。油田普遍使用常规四连杆抽油机，虽然运行可靠、维护保养简单、操作方便，但设备一次性投资大、运行能耗高，也会对油田生产成本造成较大压力。因此，研究开发投资少、能耗低、维护保养简单的举升设备，是处于中后期开采阶段油田降本增效的重要方向。在这种背景下，研究形成了一机双井采油技术，保留了常规游梁式抽油机的特点，1台抽油机带动2口油井生产，能够有效降低初期投入、提高运行效率、降低运行能耗。

技术原理：目前在吉林油田推广应用的双驴头式一机双采抽油机结构如图3-10所示，其由1个电动机、1个减速箱、2个驴头组成，2个驴头分别对应2口油井，由1台电动机拖动，利用2口油井互相平衡，提高了设备举升效率，同时实现了节能降耗（见图3-11）。

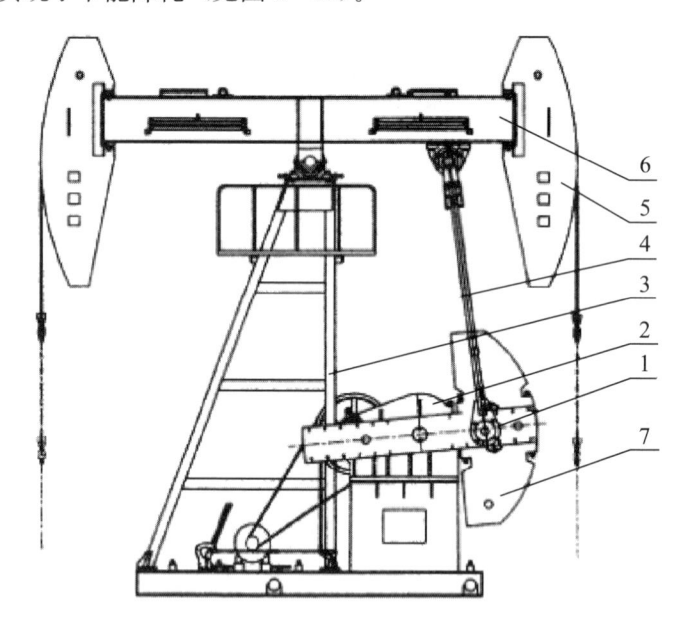

1—曲柄；2—减速箱；3—支架；4—连杆；5—驴头；6—游梁；7—平衡块

图3-10 双驴头式一机双采抽油机结构

图 3-11　双驴头式一机双采抽油机现场应用

大庆油田利用丛式井在同一平台的条件，试验应用了以"T"字形塔架结构为主体的塔架式一机双采抽油机。其由永磁同步电动机、减速箱、驱动轮、配重导向轮、调节轮、配重箱、底座等部分组成，采用天平平衡原理，利用双井载荷互动平衡，实现1台抽油机抽汲2口油井。运行时通过变频器控制调速换向电动机驱动缠绕在滚筒上的钢丝绳来带动2口油井的柱塞做上下往复运动。利用2口油井载荷维持自平衡，使抽油机负载的变化更加平缓，电动机所做的功仅是用来平衡液柱做功，其能耗要明显小于常规抽油机的能耗。

塔架式一机双采抽油机现场应用如图 3-12 所示。

图 3-12　塔架式一机双采抽油机现场应用

技术特点：双驴头式一机双采抽油机，保留了四连杆机构，设备维护技术成熟，操作简单。1台抽油机带动2口油井生产，减少耗电，综合节电率可达 30%～50%（不同工况下会有差异）。节省设备，一次性投资减少 20%～40%；

游梁可以伸缩，适用于5.2～9.0 m的井距范围（不同机型）。

大庆油田应用的塔架式一机双采抽油机，传动效率高、平衡度高，2口油井通过调节驱动轮的外径可同时在不同冲程情况下运行，生产参数各自可调，冲速、冲程调节方便。

适用范围：一机双采抽油机适合在平台井上应用，尤其是产能新建阶段按照一机双采抽油机设计井距，既可节约投资，又能减少能耗。

吉林油田双驴头式一机双采抽油机适用井距为5.2～9.0 m（不同机型），与常规四连杆抽油机适用范围基本相同，2口油井举升载荷越接近平衡性越好，运行也会更加平稳和节约电能。虽然一口井作业，另一口井可以正常生产，但是考虑到运行安全，如果一口井修井，另外一口井需要停井。

大庆油田的塔架式一机双采抽油机主要适用于两井井距为6.5～9.0 m、井深小于1500 m、日产液量小于25 t、双井日产液量差小于15 t的低产液丛式井。

3.2.1.6　液压抽油机

液压抽油机采油技术研究从2014年开始，进行了四种主机、四种液压系统的现场试验，形成了成熟的主机与液压系统，并在现场应用中达到了降本节能的目的。

技术原理：液压抽油机由主机、液压站、电控箱三个独立单元构成。工作时由液压站的液压泵向主机的液压缸提供动力驱动，通过液压活塞的伸长和收缩带动活塞做上下往复运动，提升液体。

液压抽油机现场应用如图3—13所示。

图3—13　液压抽油机现场应用

技术特点：液压抽油机可以实现一井、双井及多井工作。地面液压主机只有同型号游梁抽油机重量的10%～20%，可实现长冲程、低冲次、大泵径举升，减少了杆管磨损，延长了免修期。节省占地面积，一站双井系统能减少土地使用面积50%以上。设备简单、噪音低、安全性高，能有效降低市区、村屯安全生产事故发生率。

适用范围：液压抽油机不仅适用于常规油井开采，还特别适用于深井、稠油井开采；尤其适用于平台井开采，易于实现一机多井工作；地面无裸露运动部件，适用于环境敏感地域的油井开采。

液压抽油机举升技术允许一站双井与一站单井两种模式切换，以适应修井等变化的工况。液压系统需要定期更换维护液压油与密封件。

3.2.1.7 异相曲柄平衡抽油机

目前，国内油田使用最多的节能型抽油机是异相曲柄平衡抽油机，其结构如图3-14所示。

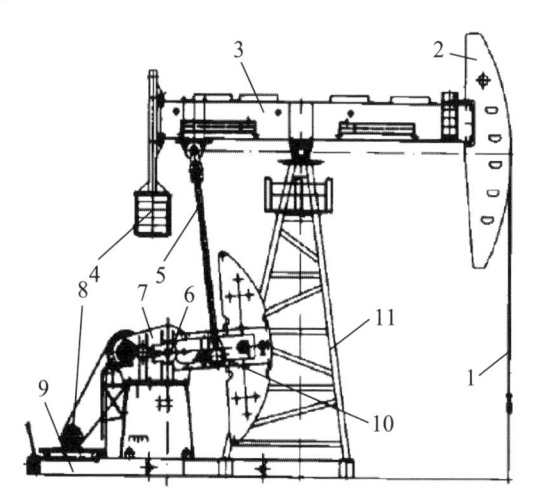

1—吊绳；2—驴头；3—游梁；4—游梁平衡重；5—连杆；6—曲柄装置；
7—减速器；8—电动机；9—底座；10—曲柄销；11—支架

图3-14 异相曲柄平衡抽油机结构

技术原理：异相曲柄平衡抽油机的曲柄销与曲柄轴孔中心连线对于曲柄自身的轴线有一个偏置角，并且当悬点位于上、下死点时，连杆间有一个极位夹角，这种结构形式使得平衡块扭矩曲线的相位提前，在一定程度上消除了负扭矩，因而使得电动机电流的波动减小，能量损失减少，抽油机地面效率提高。

技术特点：由于存在极位夹角，上冲程所用时间较长，下冲程所用时间较短。冲程时间变长既可以改善泵的充满程度，又可以减少惯性载荷，因此可使抽油机井下效率提高。

适用范围：这种抽油机自问世以来，已在全国各油田得到广泛应用

3.2.1.8 异型游梁式抽油机

异型游梁式抽油机是相对于常规游梁式抽油机而言的抽油机设备，其结构如图3-15所示。

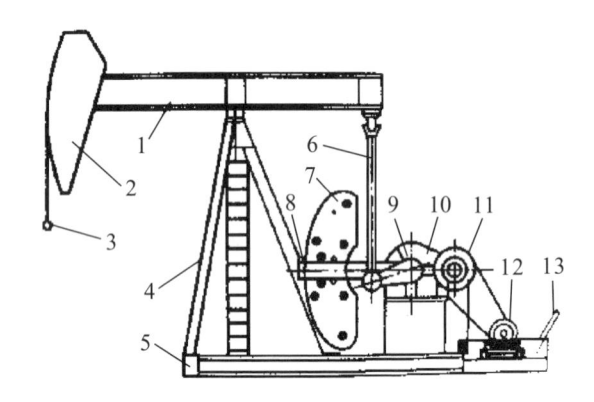

1—游梁；2—驴头；3—悬绳器；4—支架；5—底座；6—连杆；7—平衡块；
8—曲柄；9—输出轴；10—减速器；11—皮带轮；12—电动机；13—底座

图3-15 异型游梁式抽油机结构

技术原理：异型游梁式抽油机以常规游梁式抽油机为基础模型，并对其四连杆机构进行了关键性变革，采用了变径圆弧形状的游梁后臂，在游梁与横梁之间采用了柔性连接件等特殊结构。

技术特点：与常规游梁式抽油机相比，异型游梁式抽油机不但保留了结构简单、工作可靠、坚固耐用、操作维护简便等优点，而且具有冲程长、动载小、负载能力大、净扭矩波动小、能耗低、效率高等优点，所配电动机功率、启动电流以及最大工作电流均有较大幅度减小，因此电网容量和电路损耗也大大降低。

适用范围：异型游梁式抽油机适用于油层能量不足以自喷的中、低黏度原油和高含水原油井的开采。

3.2.1.9 下偏杠铃抽油机

技术原理：下偏杠铃抽油机是在常规游梁式抽油机的游梁尾端，利用变矩原理增加简单的下偏杠铃形成的一种节能抽油机。下偏杠铃抽油机利用游梁偏

置平衡与曲柄平衡相结合，使部分悬点载荷达到完全平衡，充分利用平衡重的势能，减小电动机的输入功率，达到节能降耗的目的。下偏杠铃与游梁采用刚性连接，安全可靠，其余部件不变，操作简单，方便易行；平衡块数量及位置根据油井工况适当调整。

在抽油机运行中，下偏杠铃装置重心运行轨迹是一段圆弧，其力臂随着驴头的移动而改变。驴头由下死点开始上行时悬点载荷最大，此时游梁平衡重的力臂最长；驴头由上死点开始下行时悬点载荷变小，游梁平衡重的力臂变短达到调径变矩的目的，使抽油机具有良好的平衡效果。

下偏杠铃抽油机有游梁变矩复合和弯梁变矩复合两种形式，但是二者结构型式不同。游梁变矩下偏杠铃抽油机（见图3-16）属内插式下偏杠铃装置，是以曲柄动平衡为主、游梁尾部下偏变矩平衡为辅构成的复合平衡方案，曲柄平衡可以调节，游梁尾部平衡不可以调节。弯梁变矩下偏杠铃抽油机（见图3-17)为后翘式下偏杠铃装置，以游梁尾部下偏变矩平衡为主、曲柄固定平衡为辅构成复合平衡方案，游梁尾部下偏平衡可以调节，曲柄固定平衡不可以调节。

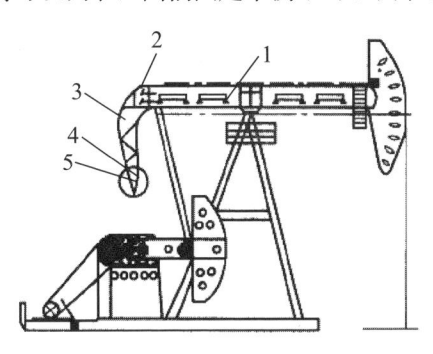

1—常规机；2—原机配重；3—下偏体；4—配重；5—调节孔

图3-16 游梁变矩下偏杠铃抽油机结构

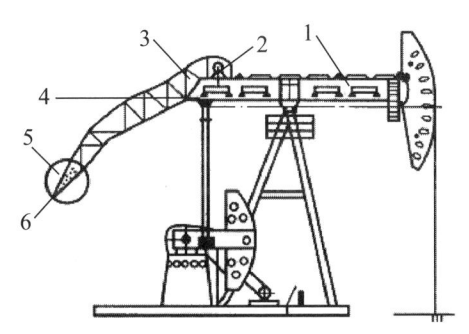

1—常规机；2—支座；3—下偏体；4—调整块；5—配重；6—调节孔

图3-17 弯梁变矩下偏杠铃抽油机结构

技术特点：下偏杠铃抽油机继承和保留了常规游梁式抽油机结构简单、性能可靠、皮实耐用、操作维护方便、维护成本低等优点，同时可以根据井况合理匹配下偏杠铃的位置和重量。其改造技术是目前最简单易行的，节能效果比较明显，可达到20%左右。

适用范围：下偏杠铃抽油机既适用于常规游梁式抽油机的节能改造，也适用于新机制造。一般来说，下偏杠铃抽油机的额定悬点载荷为30～120 kN，冲程为1.8～4.2 m，冲次为3～10次/min，减速器额定输出扭矩为6.5～53 kN·m。

3.2.1.10 前置式抽油机

技术原理：前置式抽油机结构如图3-18所示，它在常规游梁式抽油机的基础上把减速器向驴头方向前移。

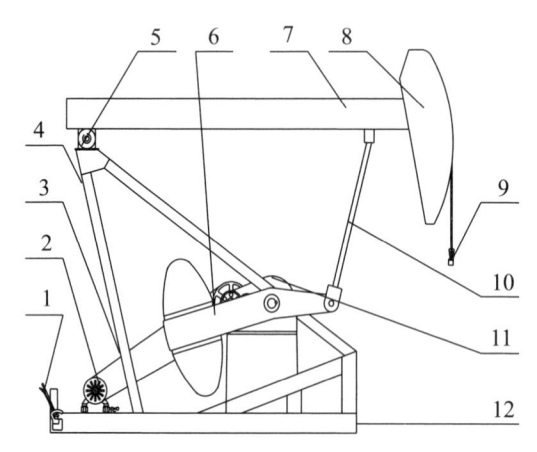

1—刹车装置；2—电动机；3—皮带；4—支架；5—尾轴承座；6—曲柄装置；
7—游梁；8—驴头；9—悬绳器；10—连杆；11—减速器；12—底座

图3-18 前置式抽油机结构

技术特点：前置式抽油机平衡后的理论净扭矩曲线是一条比较均匀的接近水平的直线，因此其运行平稳，减速箱齿轮基本无反向负荷，连杆、游梁不易疲劳损坏，机械磨损小，噪声比常规游梁式抽油机低，整机寿命长。前置式抽油机可配置较小功率的电动机，节能效果显著。此外，与常规游梁式抽油机相比，前置式抽油机还具有体积小、重量轻、节省钢材等优点。

3.2.1.11 曲游梁式抽油机

技术原理：与常规游梁式抽油机相比，曲游梁式抽油机有相同系列的动力传动部件，相同类型的底座、支架、连杆横梁、曲柄装置、驴头等结构件。不同点是其游梁为弯曲状，尾轴承座在游梁的上部；在弯曲游梁的尾部设置有一定量可调的平衡块，以满足不同井况的需要。

曲游梁式抽油机结构如图3-19所示。

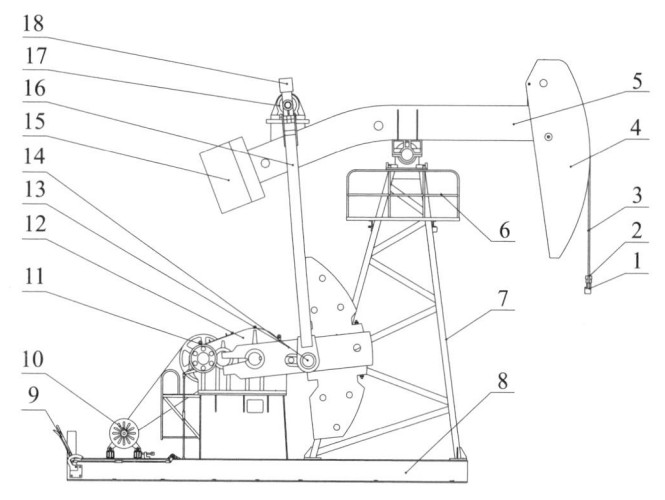

1—悬绳器；2—光杆卡瓦；3—悬绳；4—前驴头；5—游梁；6—平台；7—支架；
8—底座；9—刹车装置；10—电动机；11—刹车安全装置；12—减速器；13—曲柄装置；
14—曲柄销装置；15—游梁平衡块；16—连杆；17—尾轴承座；18—横梁

图3-19 曲游梁式抽油机结构

技术特点：曲游梁式抽油机游梁平衡力臂的变化规律与载荷形成一种合理的对应关系。当前驴头处在上死点时，悬点载荷最小，这时候需要的平衡扭矩应该较小，此时的游梁平衡力臂正好最短；相反当驴头处在下死点时，悬点载荷最大，游梁平衡力臂最长。这种特殊的多组合式游梁和曲柄平衡配置，可以与悬点载荷进行较好的平衡，有效地减小输出净扭矩的波动值，达到减小动力配置、提高效率和降低能耗的目的。

3.2.2 拖动方式

3.2.2.1 永磁同步电动机

油田机采系统采用的拖动电动机主要是三相异步电动机和一定数量的（超）高转差电动机，这两种电动机属于异步电动机，可以很好地适应油田抽油机的交变负载特性；但作为异步电动机，由于需要外部电源供电进行励磁才能建立转子磁场，因此损耗较大。另外，由于抽油机在一个冲程中大部分时间是低负载运行的，对于异步电动机，在低负载下运行时其电动机效率、功率因数都比较低，会造成能源浪费。为了改变抽油机用异步电动机的低效高耗问题，油田应用永磁同步电动机拖动抽油机。由于永磁同步电动机转子磁场是永磁体，无需外部电源励磁，而且在25%~120%负载下均可保持较高的效率和功率因数，因此与异步电动机相比，效率可以提高2%~8%，线路损耗也将大幅降低。然而，永磁同步电动机由于其固有的硬特性，在抽油机上应用需要解决适应性问题。

技术原理：永磁同步电动机主要由转子、端盖及定子等部件组成。永磁同步电动机的定子结构与普通的感应电动机的定子结构非常相似，转子结构与异步电动机转子结构的最大不同是在转子上装有高质量的永磁体磁极。永磁同步电动机依靠转子绕组的异步转矩实现启动，启动完成后转子绕组不再起作用，由永磁体和定子绕组产生的磁场相互作用产生驱动转矩。

技术特点：永磁同步电动机效率高，无需励磁电源，损耗小，且在25%~120%负载下均可保持较高的效率，在轻载时效率远高于普通异步电动机。

适用范围：永磁同步电动机适用于负载率较低、供电电压平稳、振动载荷较小（平衡度好）的抽油机。

3.2.2.2 开关磁阻电动机

通过对低渗透油田大量抽油机的测试发现，常规游梁式抽油机正常运行时，电动机负载率主要范围为10%~30%，对应电动机效率范围为40%~70%，电动机效率提升空间最大。分析电动机效率低的原因：一是电动机恒转速运行与"波动负载"不匹配，电动机"倒发电"现象较普遍；二是三相异步电动机的"高效区间"与油井工况不匹配，抽油机"重载启动、轻载运行"的特点必然导致"大马拉小车"，正常运行时负载低，对应电动机效率低。

技术原理：开关磁阻电动机是利用转子磁阻不均匀而产生转矩的电动机，又称反应式同步电动机，其结构及工作原理（见图3-20）与传统的交、直流电动机有很大区别。它不依靠定子、转子绕组电流产生磁场的相互作用产生转矩，而是依靠"磁阻最小原理"产生转矩，即磁通总是沿着磁阻最小的路径闭合，从而产生磁拉力，进而形成磁阻性质的电磁转矩和磁力线，具有力图缩短磁通路径以减小磁阻和增大磁导的本性。开关磁阻电动机的磁阻随着转子凸极与定子凸极的中心线对准或错开而变化，因为电感与磁阻成反比，当转子凸极和定子凸极中心线对准时，相绕组电感最大、磁阻最小；当转子凹槽和定子凸极中心线对准时，相绕组电感最小、磁阻最大。

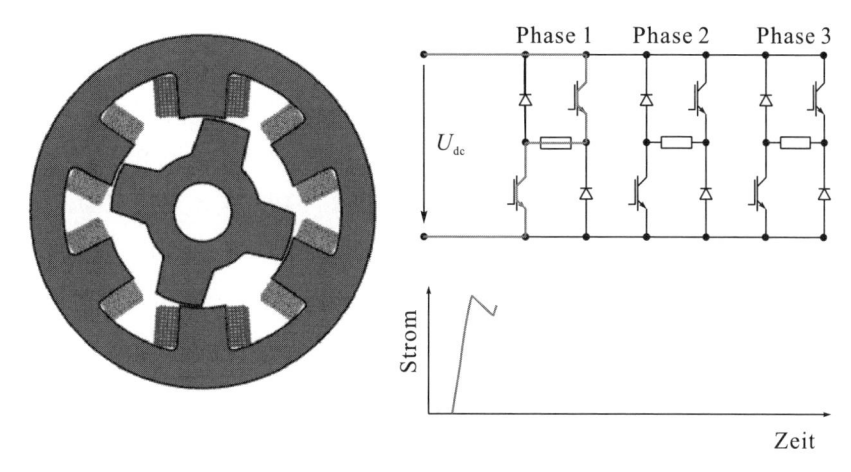

图 3－20　开关磁阻电动机原理

技术特点：①系统效率高。开关磁阻电动机调速系统在其宽广的调速范围内，整体效率比其他调速系统高出至少 10%；在低转速及非额定负载下，高效率更加明显。②调速范围宽。低速下，开关磁阻电动机可长期运转，在零到最高转速范围内均可带负荷长期运转。③功率因数高。开关磁阻电动机在空载和满载下的功率因数均大于 0.8 以上。④可实现软启动。开关磁阻电动机启动转矩大，启动电流低，过载能力强，其调速系统启动转矩达到额定转矩的 150% 时，启动电流仅为额定电流的 30%，对电网无冲击。⑤可频繁启停及正反转切换。在有制动单元及制动功率满足要求的情况下，开关磁阻电动机启停及正反转切换可达每小时两千次以上。⑥可靠性高。由于开关磁阻电动机的转子无绕组和鼠笼条，抗冲击能力强，转子惯量小，频繁正反转时机械强度高，可靠性高。⑦开关磁阻电动机内置传感器能够检测电动机扭矩变化情况，通过传感器将扭矩信息反馈到控制系统，如此控制系统就可以通过曲柄转角的检测计算出相应的转矩，从而调节电动机转速，使输出转矩与实际相符，抑制电动机的反发电。

适用范围：开关磁阻电动机可用于替代游梁式抽油机拖动装置，特别适合于负载率在 10%～30% 之间的电动机提效，以及泵效≤40% 且工况变化大的抽油井，能平均提高电动机运行效率 10 个百分点以上。与"三相异步电动机＋变频"相比，开关磁阻电动机一次投入成本较高、噪声稍大（平均噪声≤75 分贝），需要特制控制箱。控制箱里精密元器件较多，需要做防高温、防风沙的特殊设计，购置和维护成本较高。

3.2.2.3 永磁半直驱电动机（大扭矩）

常规游梁式抽油机的工作机理是通过曲柄连杆将机械减速齿轮箱的旋转运动转变为抽油杆的往复运动。其中减速箱由感应电动机经过皮带连接。牵引式的驱动对变速箱产生单方向受力，引起变速箱轴承变形、齿轮过大磨损。常规游梁式抽油机有电动机、皮带、齿轮箱三个旋转驱动环节。原电动机通常为异步电动机，但由于抽油机每一个冲次内负载转矩不均衡，而感应电动机轻载时的效率及功率因数很低，因此平均效率和平均功率因数不高。齿轮箱需要定期更换润滑油，容易产生渗油、漏油等环境问题。皮带非常容易打滑磨损，通常每年需要更换4~5次。以往异步电动机负载能力低、自身耗能高，选用供电电源过大（变压器高于电动机功率）时会增加成本，并且不能起到节能效果。针对以上问题，油田应用了永磁半直驱电动机。

技术原理：抽油机用永磁半直驱电动机是专为油田游梁式抽油机设计的低转速大扭矩同步拖动装置，其取消了皮带传动系统，利用超薄机身直接驱动减速箱输入轴，高效节能，安全可靠。

永磁半直驱电动机采用软性连接，结构简单，安装方便，可根据客户需求定制电动机性能与外形尺寸，特别适用于现有抽油机的节能升级改造（见图3-21）。

图3-21 永磁半直驱电动机现场应用

技术特点：永磁半直驱电动机直接安装在减速机轴身上，不改变原设备的任何尺寸和部件。抽油机应用永磁半直驱电动机后，无需皮带减速机构，减少了检修及维护工作量，提高了系统传动效率，使系统运行更安全。

适用范围：永磁半直驱电动机不仅适用于所有抽油机井，更适用于间抽油井和低产液油井。目前，永磁半直驱电动机运行需要配套使用同步变频控制柜，与异步变频控制柜不兼容；若变频控制柜出现故障不能及时维修，无法用其他变频控制柜代替，只能停机。另外，安装难度较高，电动机安装时，需要在原抽油机减速箱底座进行焊接。

3.2.2.4 双功率电动机

技术原理：双功率电动机在三相异步电动机的基础上增加了一副定子绕组，因此也被称为双定子电动机。双功率电动机的定子绕组由两组可并联的绕组组成。抽油机启动时两组绕组同时接通，增大启动力矩；启动完成后，根据油井工况可以进行单一绕组工作；当扭矩载荷增至最大时，两组绕组再次同时运行。

技术特点：双功率电动机在正常工作时的性能指标与普通感应电动机相当，而在启动时启动转矩大、启动电流小。由于该电动机的工作损耗小，发热问题不严重，适用于野外及风沙大的工作区域。

适用范围：该电动机所有材料与普通电动机相同，不需要特殊材料，使用成本较低，适于在油田推广。不足之处在于无法解决系统配合问题，联轴时对同轴度要求较高，现场安装难度大。

3.2.2.5 超高转差率电动机

技术原理：超高转差率电动机是通过增加转子电阻来增加电动机的转差率，从而使电动机在重负荷期间速度降低并增加扭矩、在轻负荷期间速度增加并减小扭矩，更好地匹配抽油机的机械特性，以达到节能的目的。

技术特点：当交变正弦曲线扭矩载荷达到峰值时，超高转差率电动机转速下降，扭矩上升；当扭矩曲线趋于平缓、载荷较小时，电动机转速上升，扭矩下降。如此，曲柄轴净扭矩曲线峰值得以削弱，且电动机启动电流小、启动力矩大，能够用较小容量的电动机取代较大容量的电动机，与常规抽油机电动机相比，装机容量降低40%。

适用范围：超高转差率电动机在国内外的使用效果差异很大，美国生产的超高转差率电动机驱动抽油机可提高功率因数，节电率为22.7%，国内的综合节电率为17.42%。产生节电效果较大差异的原因在于超高转差率电动机的适用条件：首先，抽油井具有较大的振动载荷；其次，转差率大小限定在6%～8%，不可过高。由于超高转差率电动机滑差高，且国内油井惯性载荷及振动载荷较小，因此适用范围较窄。

3.2.2.6 低速电动机

技术原理：低速电动机是在频率（f）不变的情况下，改变异步电动机的磁极对数（P），以改变其同步转速（n）（$n=60f/P$），从而使电动机在某一负荷下的稳定速度发生变化，达到调整抽汲速度的目的。低速电动机是通过降低抽油机冲次来达到节能目的的，其特点是启动转矩大，可使用更低型号的电动机。

技术特点：低速电动机转速低、功率小，且具有较大的启动转矩，可以控制和消除抽油机的负转矩，提高电动机的负载率，使系统效率有较大提高，最低冲次可达2次/min。由于低速电动机运转速度较慢，所以抽汲系统各部分的摩擦、碰撞强度有所缓和，相对延长了地面设备以及井下管、杆、泵的寿命，一定程度上延长了抽油机井的检泵周期。

适用范围：低速电动机适用于地层供液能力差或采用措施后液面下降速度较快的油井。

3.2.2.7 变频调速电动机

技术原理：变频调速电动机是在普通电动机电源上加装变频器，以改变电动机转速。

技术特点：变频调速电动机可以降低抽油机电动机的装机容量，使负荷率得到较大提高，并且改变了上、下冲程的速比，也改善了机采系统的配合。采用变频调速电动机，可根据油井的实际供液能力，动态调整抽汲速度。

3.2.2.8 双速电动机

技术原理：双速电动机的结构与普通异步电动机基本相同，区别只在于定子绕组的结构，可实现电动机的非倍级变速，如6级可变为6/8级，8级可变为8/12级。

技术特点：根据油井的工况变化，双速电动机可在两个不同的转速下运转，比较容易地实现抽油机井冲次的调整。使用双速电动机，不论在哪种级数下，不论抽油机停在什么位置，都能成功启动。当抽油机的负荷率在20%～

80%之间变化时，电动机均在高效区运行。

3.2.3 控制方式

节能控制箱主要分为三类：第一类是实现自动调整电动机接线方式，变换电动机工作功率的控制箱；第二类是实现自动调节电动机工作电压的控制箱；第三类是实现自动无功补偿的控制箱。

3.2.3.1 星角转换控制箱

技术原理：电动机在正常工作时，定子三相绕组是接成三角接法后接入380 V电网的，这样每相绕组承受380 V的线电压；而轻载时将电动机的绕组由三角接法改为星接法，每相绕组只承受220 V的电压，即为额定电压的三分之一，电动机的转矩仅为额定转矩的三分之一。

星角转换控制箱就是在抽油机重载启动时，采用三角接法全压启动，低负载率时负载率<33%，再改为正常的星接法，电动机的电压由380 V降为220 V，电流差不多降为全压启动电流的（220 V/380 V）0.58倍，与电流的平方成正比的铜耗损也随之降低，如此达到节能的目的。星接法运行时，当遇到负载增加、电流增大时，电路立即转换成三角接法工作。

星角转换一般采用交流接触器来实现，也可以通过可控硅开关来实现。

星角转换控制箱工作原理如图3-22所示。

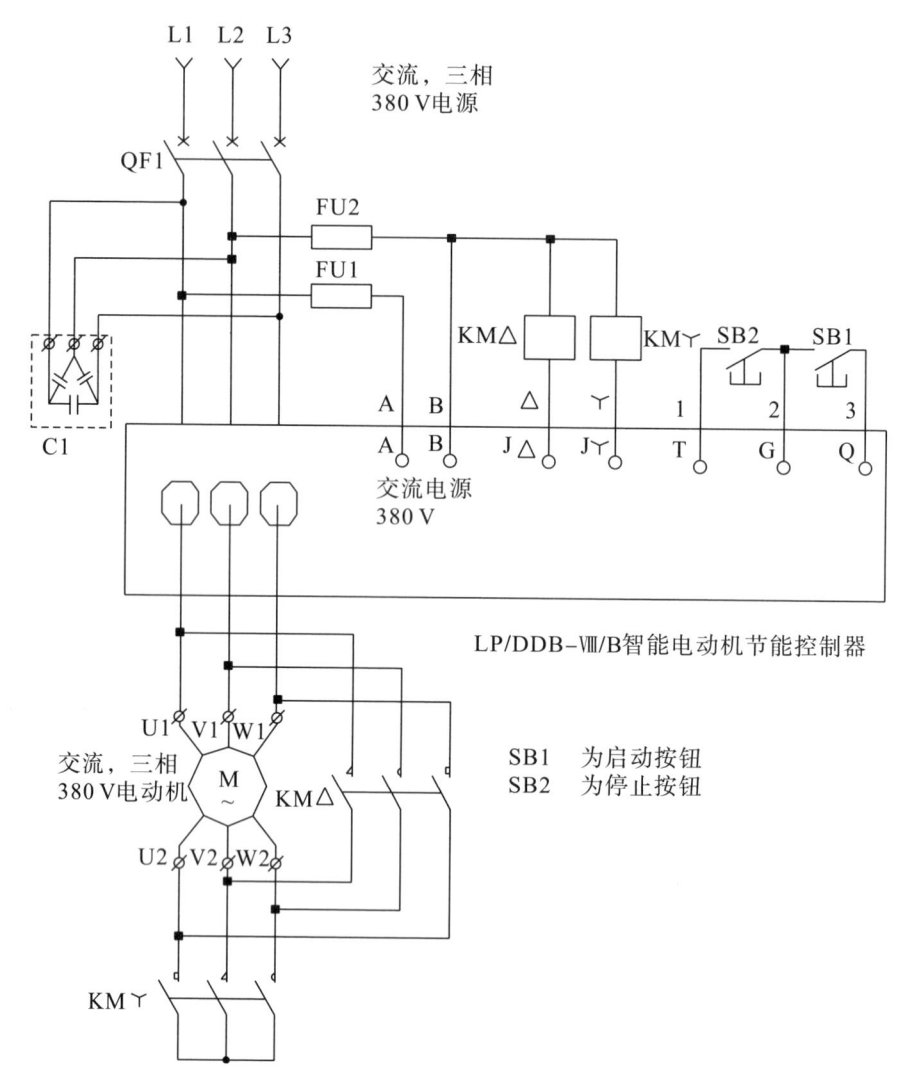

图 3-22 星角转换控制箱工作原理

当电动机转换成三角接法、负载短时间减小时,定子三相绕组连接方式并不立即转换,只有在负载变小的持续时间稍长时电动机才会转换成星接法运行。当电动机在星接法下运行时,遇到负载增加、电流增大时,电路立即转换成三角接法工作。

技术特点:星角转换技术是一项投资少、见效快的节能技术,能够有效提高电动机负载率和功率因数;但是易发生故障,使用寿命较短。

适用范围:电动机负载率越低,使用星角转换控制箱节能效果越好,通常负载率小于15%的电动机具有明显的节电效果。星角转换技术属于电动机调压节电方式，电压只能在 380 V、220 V 两者间跳跃变化，不能随负载率变化任意调整电压与负载的最佳匹配，因此改造后，部分电动机还无法实现最佳经济运行的目的。

3.2.3.2　ADEC 控制箱

技术原理：ADEC 控制箱采用的是断续供电技术，通过在不同时段制动通电或者断电来达到节能目的。在抽油机驴头上行的过程中需要功率的时间段，电动机通电；在抽油机驴头下行的过程中轻载或者发电的时间段，电动机断电，断电后，抽油机并不停机，而是凭借惯性及势能释放继续运行。ADEC 控制箱可以时刻自动跟踪工况的变化，根据不同的工况采取不同的节电方式、设计不同的节能控制策略。节能控制策略包括断续供电、断续供电和星角转换相结合、断续供电/星角转换和电容动态补偿相结合、电容的动态补偿、电动机星角自动辨识切换五种，其集合了星角转换、无功补偿、可控硅调压三种功能，节能效果显著。

技术特点：ADEC 控制箱解决了断电后再通电时的电流冲击问题，使得断电后再通电时没有冲击电流。另外，ADEC 控制箱可以时刻自动跟踪工况的变化，根据不同的工况采取不同的节电方式，设计不同的节能控制策略。

适用范围：ADEC 控制箱适合于所有安装普通电动机的抽油机井，尤其在负荷不平衡及电动机驱动的抽油机井上使用节能效果更显著。

3.2.3.3　智能间抽控制技术

技术原理：智能间抽控制技术是指当油井出液量不足或发生空抽时，关闭抽油机，等待井下液量蓄积，当液面超过一定深度时再开启抽油机，这样就提高了抽油机的工作效率，避免了电能的大量浪费。

技术特点：智能间抽控制技术缩短了抽油时间，减少了能量的消耗。

适用范围：智能间抽控制技术适用于日产液较少、沉没度低于 50 m、泵效低于 30% 的油井，且无人值守和人工间开效果不理想、长期处于供液不足且多为间歇性出液的低产井。

智能间抽控制系统如图 3-23 所示。

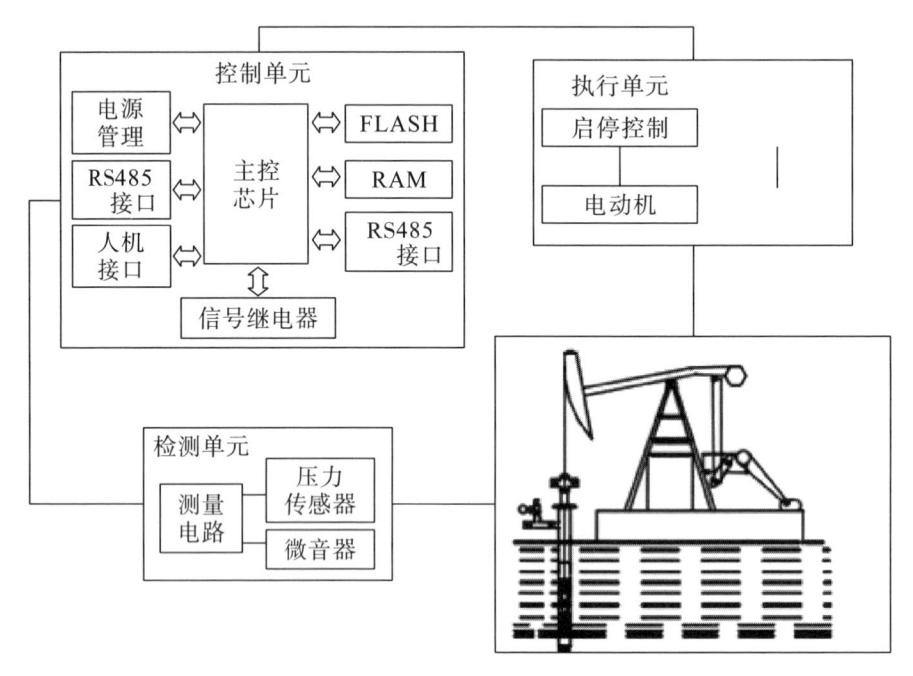

图 3—23　智能间抽控制系统

3.2.3.4　丛式井组数字化集中控制节能装置

技术原理：丛式井组数字化集中控制节能装置以低产丛式井组生产参数为基础，依据影响机采井系统效率的主要因素，集成软启动、动态功率因数补偿、共直流母线、无级变频调参、动态调功五项节能技术，实现对油井生产参数的优化，达到集中控制、综合节能的目的。

集成软启动技术会使启动电流远远低于额定电流，不但可以减少电动机启动对电网的冲击，而且可以延长设备使用寿命及维修周期，减少设备维修费用，此外还可以减轻电网及变压器的负担，降低线损。

动态功率因数补偿技术采用全矢量控制型变频器，内置直流电抗器和外加装改善功率因数交流电抗器，根据电动机的运行特性动态改变输出，使功率因数达到0.9以上。

共直流母线技术能够收集抽油机下冲程运行时所发电能，多台抽油机的控制变频器共用一台整流器，将直流母线并联在一起，这样一个或多个电动机产生的再生能量就可以被其他电动机以电能的方式消耗、吸收，即将下冲程运行的抽油机所发出来的电能提供给丛式井组中其他上冲程运行的抽油机，即使有多个部位的电动机处于发电状态，也不用再考虑其他处理再生能量的方式，这样不仅消除了电动机所做的负功，减少了对电网的污染，而且提高了电动机的运行效率。共直流母线技术原理如图3-24所示。

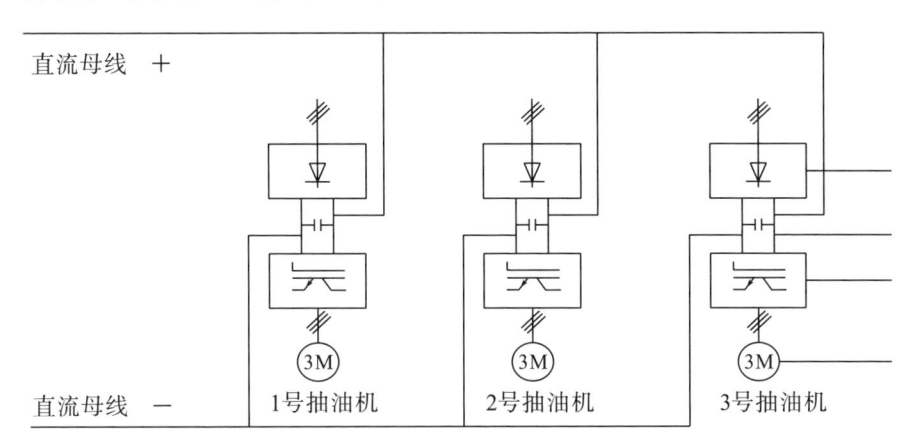

图3-24 共直流母线技术原理

无极变频调参技术可分别设定抽油机的上、下冲程速度，同时可根据动液面的情况来调整抽油机的最佳运行冲次，以适应液面的变化。降低抽油机下冲程速度可提高液体在泵内的充盈系数，提高上冲程速度可减少提升过程中液体在泵内的漏失系数，从而提高单位时间的产液量，从而提高泵效。

动态调功技术自动改变加在电动机上的端电压，保证电动机在最小功率状态下运行，即：负载轻、电流小时，加在三相交流异步电动机定子绕组上的端电压就小；负载重、电流大时，加在三相交流异步电动机定子绕组上的端电压就大。

技术特点：丛式井组数字化集中控制节能装置具有油井生产参数自动采集、远程传输、上/下位机数据同步更新显示等功能，并通过场站数字化控制平台，实现抽油机远程启停控制和无级智能调参等数字化管理功能，适应"远程监控、智能管理"的数字化油田建设需要。这样一来，不再需要停机就能实现无级调参，方便了人员操作，降低了劳动强度。

丛式井组数字化集中控制节能装置不但能降低抽油机运行时的无功损耗，减少抽油机启动过程中的机械冲击，而且能提高电动机的功率因数，延长设备的使用寿命，提高电网的经济运行效率，实现电网的"增容"改造，进而实现油田生产节能、增效的自动化运行。

适用范围：丛式井组数字化集中控制节能装置适用于低产丛式井组。

3.2.3.5 不停机间抽控制技术

技术原理：不停机间抽控制技术是采用抽油机加装智能控制器，使曲柄以整周运行与摆动运行组合方式工作，将长时间停机的常规间抽工艺改为曲柄低耗摆动、井下泵停抽的不停机短周期间抽工艺技术。不停机间抽控制技术控制装置如图 3-25 所示。

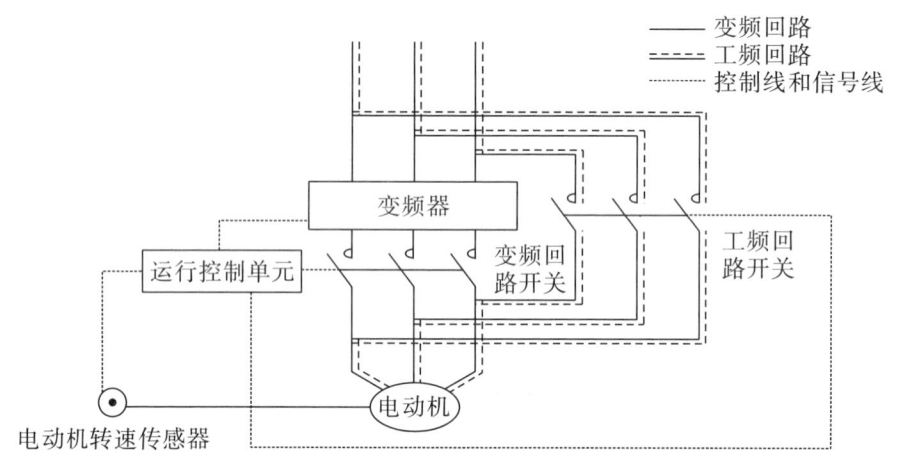

图 3-25　不停机间抽控制技术控制装置

为进一步降低设备成本和运行能耗，不停机间抽控制技术配套完善了低成本控制和曲柄无冲击低能耗摆动技术，充分发挥了不停机间抽的效果效益。

技术特点：当抽油机应用不停机间抽控制技术，停抽时曲柄做低能耗小角度摆动，使杆柱在井筒中扰动井液，防止井筒结蜡；抽油时井下动液面基本稳定、地面抽汲参数合理匹配，实现高效运行。

适用范围：不停机间抽控制技术适用于对常规间抽井上配备的电控箱的升级改造。

3.2.3.6 数字化抽油机技术

长庆油田地处鄂尔多斯盆地，横跨陕、甘、宁、内蒙古、晋五省（区），其主要采取丛式井组定向井开发方式进行油田开采。机采系统由于受低压、低渗等储层物性影响，单井产液量比较低，油井间歇出油，地面、地下综合因素造成油田机采系统效率整体偏低。通过推广数字化抽油机，形成规模化应用效益，提升了机采系统整体效率。

技术原理：数字化抽油机技术依托油田数字化平台，采用 PLC 控制器和网络通信技术实现油井能耗参数从单井到场站中控室的自动采集、远程传输、数据同步更新显示，抽油机远程启停控制和无级调参等数字化管理；结合"油井工况动态分析系统"实现油井工况和电参实时分析诊断，达到系统效率实时监测、运行冲次动态调整的目的，为优化油井工作参数、提高系统效率提供了技术依据。数字化抽油机技术还集成了基于泵功图诊断的智能调参技术、基于动液面在线监测的智能调参及间开技术、抽油机自动调平衡技术等。其中，抽油机自动调平衡技术实现了抽油机平衡度实时监测、动态分析及自动调整，提高了平衡调节精度，减轻了一线员工的劳动强度，提高了工作效率。抽油机自动调平衡执行机构如图3-26所示。

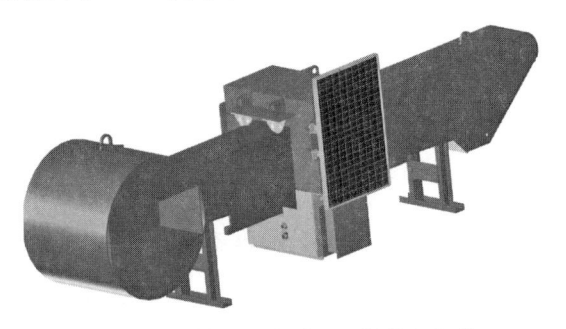

图3-26 抽油机自动调平衡执行机构

技术特点：数字化抽油机技术集成了油井数字化控制技术、基于泵功图诊断的智能调参技术、基于动液面在线监测的智能调参及间开技术、抽油机自动调平衡技术。具体如下：

（1）根据油井的实际供液能力，调整抽油机的运行冲次，在保证产液量的前提下，使抽油机在最优生产参数下运行，有针对性地提高油井系统效率，从源头上节能。

（2）提高电动机功率因数，降低峰值电流，减轻电网及变压器的负荷，降低线损，使抽油机的装机功率降低一个挡。

（3）减少地面和井下设备的机械冲击，降低噪声及振动，延长三抽设备使用寿命，避免抽油机的无效运转，降低日常维护成本。

适用范围：数字化抽油机技术具备数据远传和控制功能，能适应数字化油田建设需要，适用于常规抽油机的数字化升级改造。但是单井升级改造投入成本偏高，投资回收期长。

3.2.3.7 抽油机衡功率运行技术

技术原理：抽油机衡功率运行技术以"载荷大减速、载荷小提速"的瞬时变速运行为手段,把原来"衡转速、变功率"运行转变为"变转速、衡功率"运行。

技术特点:抽油机衡功率运行技术优化了光杆扭矩与平衡扭矩的匹配关系,大幅降低了峰值功率及波动幅度,实现了系统随载荷变化的动态优化控制和高效运行。

3.2.3.8 动态无功补偿技术

技术原理:动态无功补偿技术就是将补偿电容器组直接与电动机并联运行,电动机启动和运行时所需的无功功率由电容器提供,有功功率则仍由电网提供。

技术特点:动态无功补偿技术可以最大限度地减少拖动系统的无功功率需求,使整个供电线路的容量及能量损耗、开关设备和变压器的容量都相应减小,提高供电质量。

3.2.3.9 抽油机智能(远程)控制技术

针对抽油机井生产过程中存在的低产、低效、产液量波动大、系统效率低、运行能耗高等问题,长庆油田在全面分析系统效率影响因素的基础上,以井口产量不降低为约束条件,以提高泵效、降低能耗为目标,建立了根据地层供液能力自动控制冲次和根据抽油机悬点负载实时调整单周期内运行速度、加速度以及时长的智能控制技术;华北油田研发了抽油机柔性运行闭环控制一体化装置,并制定了抽油机井智能控制技术企业标准。

技术原理:闭环控制——以抽油机井井口产液量或动液面深度作为调整抽油机井抽汲工作制度的控制依据,当油井产液量或动液面深度超过某一临界值时,闭环控制装置依据当前产液量或动液面深度自动计算新的抽汲工作制度,并自动控制抽油机井调参;如果新的抽汲工作制度仍然达不到预设的目标值,则重复上述步骤,直到使抽油机井的生产状态达到供排协调为止。闭环控制技术分为大闭环和小闭环两种。

柔性控制——智能变速控制器实时采集电动机运行电流和功率数据,内置程序基于电流监测—频率控制—载荷验证的方式进行抽油机柔性运行控制输出,将频率控制信息输出到变频器,进而控制电动机实现变速运行、按需输出。柔性控制可以降低抽油杆柱振动载荷与电动机负载波动,大幅降低能耗、改善工况。

技术特点:抽油机智能(远程)控制技术可自动调参,实现快提慢放。智能变速控制器实时采集抽油机井的示功图和电参数进行分析计算、控制变频器输出,从而实现抽油机井的自动供采协调闭环控制和单周期内的变转速柔性控制。通过变频实现电动机软启动,大幅度降低启动电流,实现抽油机驱动电动机容量的降级配置。变频降冲次和优化上下冲程速度,可改善抽油杆的循环特性和受力状况,延长抽油杆使用寿命,使机采井的使用寿命和检泵周期延长30%以上,节约机械维修和井下作业费用。提高功率因素,电动机功率因数可由 0.25～0.50 提高到 0.8 以上。具备数据远传功能,监测参数全面。

适用范围:抽油机智能(远程)控制技术适用于常规游梁式抽油机举升系统的地面控制系统的升级,系统供电电压为 380 V,适用于泵效≤40%且工况变化大的抽油井。控制箱里精密元器件较多,需要有防高温、防风沙的特殊设计,购置和维护成本较高。

3.2.4 机采系统节能量计算方法适用性分析

根据机采系统的节能技措、能耗影响因素分析,以及各节能量计算方法的使用范围,现提出表 3－1 所列算法推荐。

表 3－1 机采系统节能量计算方法推荐

序号	技措	运行方式	项目	推荐方法	推荐理由	操作性
1	举升方式	改变工况	(1) 直驱螺杆泵采油技术	单耗法/效率法	螺杆泵井运行较稳定,可采用效率法	简单/简单
			(2) 等壁厚螺杆泵采油技术	单耗法/效率法	螺杆泵井运行较稳定,可采用效率法	简单/简单
			(3) 电潜往复泵采油技术	单耗法/效率法	电潜泵井运行较稳定,可采用效率法	简单/简单
			(4) 电潜螺杆泵采油技术	单耗法/效率法	螺杆泵井运行较稳定,可采用效率法	简单/简单
			(5) 塔架式长冲程抽油机采油技术	单耗法	机采井运行负荷变化较大	简单
			(6) 一机双采抽油机采油技术	单耗法	机采井运行负荷变化较大	简单
			(7) 液压抽油机采油技术	单耗法	机采井运行负荷变化较大	简单
			(8) 异相曲柄平衡抽油机采油技术	单耗法	机采井运行负荷变化较大	简单
			(9) 异型游梁式抽油机采油技术	单耗法	机采井运行负荷变化较大	简单
			(10) 下偏杠铃抽油机采油技术	单耗法	机采井运行负荷变化较大	简单

续表

序号	技措	运行方式	项目	推荐方法	推荐理由	操作性
1	举升方式	改变工况	(11) 前置式抽油机采油技术	单耗法	机采井运行负荷变化较大	简单
			(12) 曲游梁式抽油机采油技术	单耗法	机采井运行负荷变化较大	简单
2	拖动方式	未变工况	(1) 永磁同步电动机	单耗法	项目实施后，技措无法关闭	简单
		未变工况	(2) 开关磁阻电动机	单耗法/直接比较	项目实施后，技措可关闭	简单/简单
		改变工况	(3) 永磁半直驱电动机（大扭矩）	单耗法	项目实施后，技措无法关闭	简单
		改变工况	(4) 双功率电动机	单耗法/直接比较	项目实施后，技措可关闭	简单/简单
		改变工况	(5) 超高转差电动机	单耗法	项目实施后，技措无法关闭	简单
		改变工况	(6) 低速电动机	单耗法	项目实施后，技措无法关闭	简单
		改变工况	(7) 变频调速电动机	单耗法/直接比较	项目实施后，技措可关闭	简单/简单
		改变工况	(8) 双速电动机	单耗法	项目实施后，技措无法关闭	简单
3	控制方式	未变工况	(1) 星角转换控制箱	单耗法/直接比较	项目实施后，技措可关闭	简单/简单
		未变工况	(2) ADEC 控制箱	单耗法/直接比较	项目实施后，技措可关闭	简单/简单
		改变工况	(3) 智能间抽控制技术	单耗法	项目实施后，技措无法关闭	简单
		改变工况	(4) 丛式井组数字化集中控制节能装置	单耗法	项目实施后，技措无法关闭	简单
		改变工况	(5) 不停机间抽控制技术	单耗法	项目实施后，技措无法关闭	简单
		改变工况	(6) 数字化抽油机技术	单耗法	项目实施后，技措无法关闭	简单
		改变工况	(7) 抽油机衡功率运行技术	单耗法	项目实施后，技措无法关闭	简单
		改变工况	(8) 动态无功补偿技术	单耗法	项目实施后，技措无法关闭	简单
		改变工况	(9) 抽油机智能（远程）控制技术	单耗法	项目实施后，技措无法关闭	简单

基于对节能量计算方法的适用性分析，可确定"三类二十九项"技措的节

能量计算方法,详见表3-2。

表3-2 节能量计算方法

	技措	直接比较法	效率法	基期能耗-影响因素法
举升方式	(1) 直驱螺杆泵采油技术		√	√
	(2) 等壁厚螺杆泵采油技术		√	√
	(3) 电潜往复泵采油技术		√	√
	(4) 电潜螺杆泵采油技术		√	√
	(5) 塔架式长冲程抽油机采油技术			
	(6) 一机双采抽油机采油技术		√	
	(7) 液压抽油机采油技术		√	√
	(8) 异相曲柄平衡抽油机采油技术		√	√
	(9) 异型游梁式抽油机采油技术		√	√
	(10) 下偏杠铃抽油机采油技术		√	√
	(11) 前置式抽油机采油技术		√	√
	(12) 曲游梁式抽油机采油技术		√	
拖动方式	(1) 永磁同步电动机	√		√
	(2) 开关磁阻电动机	√		√
	(3) 永磁半直驱电动机（大扭矩）			√
	(4) 双功率电动机	√		√
	(5) 超高转差电动机			√
	(6) 低速电动机	√		√
	(7) 变频调速电动机	√		√
	(8) 双速电动机	√		
控制方式	(1) 星角转换控制箱	√		√
	(2) ADEC控制箱	√		√
	(3) 智能间抽控制技术			√
	(4) 丛式井组数字化集中控制节能装置	√		√
	(5) 不停机间抽控制技术			√
	(6) 数字化抽油机技术			√
	(7) 抽油机衡功率运行技术			√
	(8) 动态无功补偿控控制技术	√		√
	(9) 抽油机智能（远程）控制技术			√

3.3 机采系统技措节能量核算方法

机采系统节能量测量和验证的项目边界可以按单台机采井系统划分,也可以按多台机采井系统划分。机采系统边界如图3-27所示。其中,机采系统边界内主要的耗能设备如下:

(1)机采系统存在相互影响运行的多台采油设备,应将所涉采油设备划入系统边界。

(2)机采系统改造(如变频器改造)需新增耗能设备,应将新增耗能设备划入系统边界。

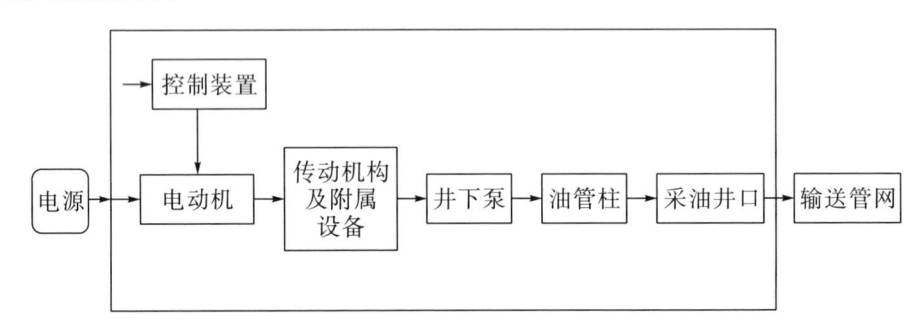

图3-27 机采系统边界

3.3.1 计算节能量的基本公式

按照GB/T 28750—2012《节能量测量和验证技术通则》中4.2节给出的公式计算节能量:

$$E_s = E_r - E_a \tag{3-1}$$

式中:E_s——机采系统节能量,kW·h;

E_r——机采系统报告期能耗,kW·h;

E_a——机采系统校准能耗,kW·h。

注意,根据式(3-1)计算的结果为负值。

3.3.2 基期能耗-影响因素模型法

1. 适用条件

基期能耗-影响因素模型法适用于通过测量、计量手段可以获得基期和报告期能耗的机采系统改造项目。大部分的技改措施都适用本方法计算节能量。

通常可以选择以下两类影响因素作为GB/T 28750—2012中5.1.1所述的

基期能耗影响因素：

（1）单位液量平均能耗、总产液量；

（2）系统效率、输出功率和运行时间。

2. 以单位液量平均能耗、总产液量建立基期能耗-影响因素回归模型（单耗法）

可根据机采系统的相关数据，采用回归分析等方法建立基期能耗与单位液量平均能耗及总产液量的数学模型。在建立数学模型时，应至少使用3组独立的基期能耗与基期总产液量数据。

（1）项目实施后未改变工况时。

①机采系统基期有功能耗按式（3−2）计算：

$$k_{Qb,y} = \frac{E_{b,y}}{H_b Q_b} \times 100 \qquad (3-2)$$

式中：$k_{Qb,y}$——基期单位液量平均有功能耗，kW·h/(100m·t)；

$E_{b,y}$——基期有功能耗，kW·h；

Q_b——基期总产液量，t；

H_b——基期有效扬程，m。

②机采系统基期无功能耗按式（3−3）计算：

$$k_{Qb,w} = \frac{E_{b,w}}{H_b Q_b} \times 100 \qquad (3-3)$$

式中：$k_{Qb,w}$——基期单位液量平均无功能耗，kvar·h/(100m·t)；

$E_{b,w}$——基期无功能耗，kvar·h。

③机采系统报告期有功能耗按式（3−4）计算：

$$k_{Qr,y} = \frac{E_{r,y}}{H_r Q_r} \times 100 \qquad (3-4)$$

式中：$k_{Qr,y}$——报告期单位液量平均有功能耗，kW·h/(100m·t)；

$E_{r,y}$——报告期有功能耗，kW·h；

Q_r——报告期总产液量，t；

H_r——报告期有效扬程，m。

④机采系统报告期无功能耗按式（3−5）计算：

$$k_{Qr,w} = \frac{E_{r,w}}{H_r Q_r} \times 100 \qquad (3-5)$$

式中：$k_{Qr,w}$——报告期单位液量平均无功能耗，kvar·h/(100m·t)；

$E_{r,w}$——报告期无功能耗，kvar·h。

⑤项目有功节能量按式（3−6）计算：

$$\Delta E_y = \frac{(k_{Qb,y} - k_{Qr,y})Q_r H_r}{100} \tag{3-6}$$

式中：ΔE_y——有功节能量，kW·h。

⑥项目无功节能量按式（3-7）计算：

$$\Delta E_w = \frac{(k_{Qb,w} - k_{Qr,w})Q_r H_r}{100} \tag{3-7}$$

式中：ΔE_w——无功节能量，kvar·h。

⑦项目综合节能量按式（3-8）计算：

$$\Delta E = \Delta E_y + K_Q \Delta E_w \times 100 + A_m \tag{3-8}$$

式中：K_Q——无功经济当量，kW/kvar；

A_m——校准能耗调整值，kW·h，一般情况下为0；

K_Q——取值应符合GB/T 12497的规定，宜取0.03。

（2）项目实施后改变工况时。

①机采系统基期有功能耗按式（3-9）计算：

$$k_{Qb,y} = \frac{E_{b,y}}{Q_b} \tag{3-9}$$

②机采系统基期无功能耗按式（3-10）计算：

$$k_{Qb,w} = \frac{E_{b,w}}{Q_b} \tag{3-10}$$

③机采系统报告期有功能耗按式（3-11）计算：

$$k_{Qr,y} = \frac{E_{r,y}}{Q_r} \tag{3-11}$$

④机采系统报告期无功能耗按式（3-12）计算：

$$k_{Qr,w} = \frac{E_{r,w}}{Q_r} \tag{3-12}$$

⑤项目节能量按式（3-13）计算：

$$\Delta E = (k_{Qb,y} - k_{Qr,y})Q_r + K_Q(k_{Qb,w} - k_{Qr,w})Q_r + A_m \tag{3-13}$$

一般情况下 A_m 为0。

3. 以系统效率、输出功率和运行时间建立基期能耗-影响因素回归模型（效率法）

以机采系统的系统效率、输出功率和运行时间建立基期能耗-影响因素回归模型：

$$\eta_b = \frac{P_b t_b \times 100\%}{E_b} \tag{3-14}$$

式中：P_b——基期机采系统输出功率，kW；

t_b——基期机采系统总运行时间，h；

η_b——基期机采系统的系统效率，%；

E_b——基期机采系统输入能耗，kW·h。

将报告期的测量数据带入建立的回归模型，按式（3-15）对机采系统校准能耗进行计算：

$$E_a = \frac{P_r t_r}{\eta_b} + A_m \qquad (3-15)$$

式中：P_r——报告期机采系统输出功率，kW；

t_r——报告期机采系统总运行时间，h。

当以机采系统的系统效率、输出功率和运行时间建立基期能耗-影响因素回归模型计算节能量时，报告期能耗 E_r 也可以按式（3-16）计算：

$$E_r = \frac{P_r t_r}{\eta_r} \qquad (3-16)$$

式中：η_r——报告期机采系统的系统效率，%。

当以机采系统的系统效率、输出功率和运行时间建立基期能耗-影响因素回归模型计算节能量时，按式（3-17）计算：

$$\Delta E = \frac{P_r t_r}{\eta_r} - \frac{P_r t_r}{\eta_b} + A_m \qquad (3-17)$$

3.3.3 直接比较法

1. 适用条件

直接比较法适用于节能措施可关停且对系统正常运行无影响的机采系统改造项目的节能量计算。

2. 节能量计算

节能量按式（3-18）或式（3-19）计算：

$$E_s = [(P_{1y,on} - P_{1y,off}) + K_Q(P_{1w,on} - P_{1w,off})]t_r \qquad (3-18)$$

式中：$P_{1y,on}$——节能措施开启时机采系统输入有功功率，kW；

$P_{1y,off}$——节能措施关闭时机采系统输入有功功率，kW；

$P_{1w,on}$——节能措施开启时机采系统输入无功功率，kvar；

$P_{1w,off}$——节能措施关闭时机采系统输入无功功率，kvar；

t_r——报告期机采系统总运行时间，h。

$$E_s = \left[\left(\frac{P_{2y,on}}{\eta_{on}} - \frac{P_{2y,off}}{\eta_{off}}\right) + K_Q\left(\frac{P_{2w,on}}{\eta_{on}} - \frac{P_{2w,off}}{\eta_{off}}\right)\right]t_r \qquad (3-19)$$

式中：$P_{2y,on}$——节能措施开启时机采系统输出有功功率，kW；

$P_{2y,off}$——节能措施关闭时机采系统输出有功功率，kW；

$P_{2w,on}$——节能措施开启时机采系统输出无功功率，kvar；

$P_{2w,off}$——节能措施关闭时机采系统输出无功功率，kvar；

η_{on}——节能措施开启时机采系统的系统效率，%；

η_{off}——节能措施关闭时机采系统的系统效率，%。

3.4 实例分析

机采系统节能技措的节能量评价方法主要有直接比较法、单耗法、效率法、基期能耗-影响因素模型法。

3.4.1 永磁变频同步抽油机智能控制拖动装置

对大庆油田第三采油厂二矿203队安装了ZTCYT组合式永磁变频同步抽油机智能控制拖动装置的B2-D6-435、B2-D5-29井进行测试，结果见表3-3。

表3-3 安装永磁变频同步抽油机智能控制拖动装置的抽油机井测试数据

序号	单位		第三采油厂			
1	矿别		二矿			
2	井号		B2-D6-435		B2-D5-29	
3	队别		203			
4	测试状态		基期	报告期	基期	报告期
5	电动机额定功率	kW	37	37	55	55
6	有功功率	kW	5.69	4.51	6.39	5.66
7	无功功率	kvar	5.59	2.90	6.27	4.40
8	功率因数	—	0.7133	0.8414	0.7138	0.7895
9	油压	MPa	0.35	0.34	0.46	0.46
10	套压	MPa	0.50	0.50	0.51	0.51
11	动液面深度	m	720.0	720.1	750.0	743.1
12	含水率	%	94.00	93.70	88.00	86.50
13	产液量	t	19.18	18.30	12.82	13.00
14	原油密度	t/m³	0.8600	0.8600	0.8600	0.8600
15	上电流	A	18.00	11.00	30.00	25.00
16	下电流	A	18.00	12.00	30.00	22.00
17	冲次	—	3.25	3.00	4.65	4.24

(1) 由装置现场运行情况及测试数据可知，该技改措施未改变工况，采用单位液量平均有功能耗进行计算。

(2) 项目基期能耗数据见表 3-4。

表 3-4 安装永磁变频同步抽油机智能控制拖动装置的抽油机井测试基期能耗数据

井号	有功功率 kW	无功功率 kvar	产液量 t	有效扬程 m	有功吨液百米能耗 kW·h/(100m·t)	无功吨液百米能耗 kvar·h/(100m·t)
B2-D6-435	5.69	5.59	19.18	704.56	1.01	0.99
B2-D5-29	6.39	6.27	12.82	744.80	1.08	1.61

(3) 项目报告期能耗数据见表 3-5。

表 3-5 安装永磁变频同步抽油机智能控制拖动装置的抽油机井测试报告期能耗数据

井号	有功功率 kW	无功功率 kvar	产液量 t	有效扬程 m	有功吨液百米能耗 kW·h/(100m·t)	无功吨液百米能耗 kvar·h/(100m·t)
B2-D6-435	4.51	2.90	18.30	703.62	0.84	0.54
B2-D5-29	5.66	4.40	13.00	737.89	1.42	1.10

(4) 该项目的节能量计算式如下：

$$\Delta E_y = \frac{(k_{Qb,y} - k_{Qr,y})Q_r H_r}{100}$$

$$\Delta E_w = \frac{(k_{Qb,w} - k_{Qr,w})Q_r H_r}{100}$$

$$\Delta E = \Delta E_y + K_Q \Delta E_w + A_m$$

B2-D6-435 井节约电量：

$$\Delta E = (1.01 - 0.84) \times 18.30 \times \frac{704.56}{100} + 0.03 \times (0.99 - 0.54) \times 18.30 \times \frac{704.56}{100} + A_m$$

$$= 23.66(\text{kW} \cdot \text{h}), A_m = 0$$

年节能量：

23.66×8000×1.229＝23.26（tce）

B2-D5-29 井节约电量：

$$\Delta E = (1.61 - 1.42) \times 13.00 \times \frac{744.80}{100} + 0.03 \times (1.58 - 1.10) \times 13.00 \times$$

$$\frac{744.80}{100} + A_m$$

$$= 19.79(\text{kW} \cdot \text{h}), A_m = 0$$

年节能量：

19.79×8000×1.229=19.46（tce）

注：年运行时间按 8000 h 计，电力折标准煤系数按 1.229 tce/(10^4 kW·h) 计。

3.4.2 抽油机井不停机间抽技术

对大庆油田第九采油厂龙虎泡作业区两口应用了不停机间抽控制技术的抽油机井进行测试，结果见表 3-6。

表 3-6 应用不停机间抽控制技术的抽油机井测试数据

序号	单位		第九采油厂			
1	矿别		龙虎泡			
2	井号		L24-09		L104-07	
3	队别		一队			
4	测试状态		基期	报告期	基期	报告期
5	有功功率	kW	3.34	2.78	3.47	1.55
6	无功功率	kvar	14.62	3.40	12.97	1.35
7	功率因数	—	0.2227	0.6332	0.2585	0.7533
8	油压	MPa	0.70	0.70	0.35	0.35
9	套压	MPa	0.55	0.55	0.10	0
10	动液面深度	m	1267	1169	1319	1177
11	含水率	%	35	35	92	92
12	产液量	t	5.30	6.40	5.50	3.50

（1）由装置现场运行情况及测试数据可知，该技改措施改变了工况，采用单位液量平均有功能耗进行计算。

（2）项目基期能耗数据见表 3-7。

表 3-7　应用了不停机间抽控制技术的抽油机井测试基期能耗数据

井号	有功功率 kW	无功功率 kvar	产液量 t	有效扬程 m	有功能耗 kW·h/t	无功能耗 kvar·h/t
L24-09	3.34	14.62	5.30	1283.60	0.63	2.76
L104-07	3.47	12.97	5.50	1344.76	0.63	2.36

（3）项目报告期能耗数据见表 3-8。

表 3-8　应用了不停机间抽控制技术的抽油机井测试报告期能耗数据

井号	有功功率 kW	无功功率 kvar	产液量 t	有效扬程 m	有功能耗 kW·h/t	无功能耗 kvar·h/t
L24-09	2.78	3.40	6.40	1185.60	0.43	0.53
L104-07	1.55	1.35	3.50	1213.06	0.44	0.39

（4）该项目的节能量计算式如下：

$$\Delta E_y = \frac{(k_{Qb,y} - k_{Qr,y})Q_r H_r}{100}$$

$$\Delta E_w = \frac{(k_{Qb,w} - k_{Qr,w})Q_r H_r}{100}$$

$$\Delta E = \Delta E_y + K_Q \Delta E_w + A_m$$

L24-09 井节约电量：

$$\Delta E = (0.63 - 0.43) \times 6.40 \times \frac{1283.46}{100} + 0.03 \times (2.75 - 0.53) \times 6.40 \times$$

$$\frac{1283.46}{100} + A_m$$

$$= 21.90(kW \cdot h), A_m = 0$$

年节能量：

$21.90 \times 8000 \times 1.229 = 21.53(tce)$

L104-07 井节约电量：

$$\Delta E = (0.63 - 0.44) \times 3.5 \times \frac{1344.76}{100} + 0.03 \times (2.36 - 0.39) \times 3.5 \times$$

$$\frac{1344.76}{100} + A_m$$

$$= 11.72(kW \cdot h), A_m = 0$$

年节能量：

11.72 × 8000 × 1.229 = 11.53(tce)

注：年运行时间按 8000 h 计，电力折标准煤系数按 1.229 tce/(10^4 kW·h) 计。

3.4.3 直驱螺杆泵技术

对大庆油田第二采油厂 N2-2-B712、N7-1-740 两口应用了直驱螺杆泵技术的螺杆泵井进行测试，结果见表 3-9。

表 3-9 应用直驱螺杆泵技术的螺杆泵井测试数据

序号	单位		第二采油厂			
1	矿别		作业二区			
2	井号		N2-2-B712		N7-1-740	
3	队别		41			
4	测试状态		基期	报告期	基期	报告期
5	有功功率	kW	2.82	2.52	3.87	3.48
6	油压	MPa	0.37	0.37	0.28	0.28
7	套压	MPa	0.39	0.39	0.30	0.30
8	动液面深度	m	202.24	203.45	510.29	521.38
9	产液量	t	7.54	7.98	15.80	16.20

（1）由装置现场运行情况以及测试数据可知，该技改措施工况稳定，采用效率法进行计算。

（2）项目基期能耗数据见表 3-10。

表 3-10 应用直驱螺杆泵技术的螺杆泵井测试基期能耗数据

井号	有功功率	产液量	输出功率
	kW	t	kW·h/t
N2-2-B712	2.82	7.54	0.17
N7-1-740	3.87	15.80	0.91

（3）项目报告期能耗数据见表 3-11。

表 3−11 应用直驱螺杆泵技术的螺杆泵井测试报告期能耗数据

井号	有功功率	产液量	输出功率
	kW	t	kW·h/t
N2-2-B712	2.52	7.98	0.18
N7-1-740	3.48	16.20	0.96

（4）该项目的节能量计算式如下：

$$\Delta E = \frac{P_r t_r}{\eta_r} - \frac{P_r t_r}{\eta_b} + A_m$$

式中：t_r——报告期机采系统总运行时间，h。

N2-2-B712 井节约电量：

$$\Delta E = 0.18/(0.18/2.52) - 0.18/(0.17/2.82) + A_m$$
$$= -0.47(\text{kW·h}), A_m = 0$$

年节能量：

$0.47 \times 8000 \times 1.229 = 0.46(\text{tce})$

N7-1-740 井节约电量：

$$\Delta E = 0.96/(0.96/3.48) - 0.96(0.91/3.87) + A_m$$
$$= -0.60(\text{kW·h}), A_m = 0$$

年节能量：

$0.60 \times 8000 \times 1.229 = 0.59(\text{tce})$

注：年运行时间按 8000 h 计，电力折标准煤系数按 1.229 tce/(10^4 kW·h) 计。

3.4.4 抽油机井无功补偿技术

对大庆油田第二采油厂 10 口应用无功补偿技术的抽油机井进行测试，数据见表 3−12。

表 3−12 应用无功补偿技术的抽油机井测试数据

序号	井号	状态	有功功率	无功功率	功率因数	动液面深度	含水率	产液量
			kW	kvar	—	m	%	t
1	N1-40-P134	基期	18.32	39.24	0.423	663.96	96.9	81.30
		报告期	18.30	23.52	0.614	663.96	96.9	81.30

续表

序号	井号	状态	有功功率 kW	无功功率 kvar	功率因数 —	动液面深度 m	含水率 %	产液量 t
2	N2-4-B41	基期	16.29	40.40	0.374	735.22	95.6	53.30
		报告期	16.18	26.30	0.524	735.22	95.6	53.30
3	2G184-64	基期	9.82	22.10	0.406	642.22	85.2	22.50
		报告期	9.79	14.60	0.557	642.22	85.0	22.50
4	2G172-58	基期	11.65	26.45	0.403	289.21	98.5	45.00
		报告期	11.48	14.08	0.632	289.21	98.5	45.00
5	N2-1-B033	基期	7.68	26.64	0.277	624.74	97.6	40.20
		报告期	7.59	16.69	0.414	624.74	97.6	40.20
6	N2-D2-B462	基期	8.47	25.34	0.317	427.61	92.8	76.60
		报告期	8.51	12.45	0.564	427.61	92.8	76.60
7	N2-D40-P236	基期	6.45	14.69	0.402	778.09	78.0	17.30
		报告期	6.44	8.28	0.614	778.09	78.0	17.30
8	2G182-66	基期	9.39	20.89	0.410	715.26	88.2	26.00
		报告期	9.40	11.90	0.620	715.26	88.2	26.00
9	N3-31-652	基期	15.15	36.88	0.380	909.14	95.2	57.70
		报告期	15.11	21.39	0.577	909.14	95.2	57.70
10	N4-20-P038	基期	4.60	20.89	0.215	878.27	93.1	14.50
		报告期	4.56	13.69	0.316	878.27	93.1	14.50

（1）由装置现场运行情况以及测试数据可知，该技改措施可以关停，采用直接比较法进行计算。

（2）项目基期能耗见表3-13。

表3-13 应用无功补偿技术的抽油机井测试基期能耗数据

序号	井号	状态	有功功率 kW	无功功率 kvar	有功电量 kW·h	无功电量 kvar·h	总电量 kW·h	折标准煤量 t
1	N1-40-P134	基期	18.32	39.24	14.66	31.39	15.60	19.17
2	N2-4-B41	基期	16.29	40.40	13.03	32.32	14.00	17.21

续表

序号	井号	状态	有功功率	无功功率	有功电量	无功电量	总电量	折标准煤量
			kW	kvar	kW·h	kvar·h	kW·h	t
3	2G184-64	基期	9.82	22.10	7.86	17.68	8.39	10.31
4	2G172-58	基期	11.65	26.45	9.32	21.16	9.95	12.23
5	N2-1-B033	基期	7.68	26.64	6.14	21.31	6.78	8.34
6	N2-D2-B462	基期	8.47	25.34	6.78	20.27	7.38	9.08
7	N2-D40-P236	基期	6.45	14.69	5.16	11.75	5.51	6.77
8	2G182-66	基期	9.39	20.89	7.51	16.71	8.01	9.85
9	N3-31-652	基期	15.15	36.88	12.12	29.50	13.01	15.98
10	N4-20-P038	基期	4.60	20.89	3.68	16.71	4.18	5.14
	合计		—	—	—	—	—	114.08

（3）项目报告期能耗见表3－14。

表3－14　应用无功补偿技术的抽油机井测试报告期能耗数据

序号	井号	状态	有功功率	无功功率	有功电量	无功电量	总电量	折标准煤量
			kW	kvar	kW·h	kvar·h	kW·h	t
1	N1-40-P134	报告期	18.30	23.52	14.64	18.82	15.20	18.69
2	N2-4-B41	报告期	16.18	26.30	12.94	21.04	13.58	16.68
3	2G184-64	报告期	9.79	14.60	7.83	11.68	8.18	10.06
4	2G172-58	报告期	11.48	14.08	9.18	11.26	9.52	11.70
5	N2-1-B033	报告期	7.59	16.69	6.07	13.35	6.47	7.95
6	N2-D2-B462	报告期	8.51	12.45	6.81	9.96	7.11	8.73
7	N2-D40-P236	报告期	6.44	8.28	5.15	6.62	5.35	6.58
8	2G182-66	报告期	9.40	11.90	7.52	9.52	7.81	9.59
9	N3-31-652	报告期	15.11	21.39	12.09	17.11	12.60	15.49
10	N4-20-P038	报告期	4.56	13.69	3.65	10.95	3.98	4.89
	合计		—	—	—	—	—	110.36

（4）项目节能量：

$$114.08 - 110.36 = 3.72(t)$$

第 4 章 加热炉技措节能量核算方法

4.1 石油工业用加热炉简介

石油工业用加热炉是油气田及油气输送管道用火焰加热原油、天然气、水及其混合物等介质的专用设备。在油气田的集油站、集气站和联合站等站（库）内，加热炉对原油、油气井产物、生产用水和天然气等介质进行加热，以满足油气集输与处理工艺要求。在原油和天然气输送管道中，加热炉对原油和天然气进行加热，以满足原油和天然气输送要求。

加热炉的特征如下：

（1）被加热物质在管内流动（管式加热炉或水套炉），故仅限于加热气体或液体。这些气体或液体通常是易燃易爆的烃类物质，同锅炉加热水或蒸汽相比，危险性大，操作条件苛刻。

（2）加热方式为直接受火式。

（3）多数烧液体或气体燃料。

（4）长周期连续运转，不间断操作。

加热炉是油气田的主要耗能设备，能耗约占油气田总能耗的四分之一。

4.1.1 加热炉分类

4.1.1.1 按功能分类

油田加热炉主要分布于油田生产系统中的井口、转油站、脱水站、原油稳定厂、原油库等处，被加热介质主要有油气水混合物、含油污水、高含水油、低含水乳化油、净化油、清水、含水天然气等，按功能可以划分为以下九类：

（1）井口加热炉：主要用于井口原油加热，可直接加热井口采出的油气水混合物，也可加热掺水（油）与采出油气水混合物。

（2）掺水加热炉：建于工艺转油站或转油放水站等站场内，用来加热集油所需掺水。

（3）热洗加热炉：主要用于油井和管线热洗工艺，通常建于转油站或转油放水站等站场内，用来加热清洗油井井筒和管线结蜡所需的热水。

（4）含水油外输炉：用于转油站含水油外输，通常建于转油站或转油放水站等站场内，用来加热含水原油。

（5）脱水加热炉：主要用于乳化油脱水工艺，通常建于脱水站内，用来加热低含水率的乳化油。

（6）净化油外输炉：当脱水站与下一站场距离较远时，需要对净化油再次加热后再外输，故在脱水站有时也会建有加热炉。

（7）原油稳定加热炉：主要用于脱除原油中易挥发性轻烃，从而达到稳定原油的目的，通常建于原油稳定站场内，用来加热脱水后净化油。

（8）原油输送加热炉：主要用于原油输送前加热，通常建于原油库内。

（9）采暖加热炉：主要用于北方地区站场内的冬季采暖和设备及管线伴热，通常用来加热采暖伴热用清水。

4.1.1.2 按结构形式分类

按结构形式，加热炉可以分为管式加热炉和火筒式加热炉两类。管式加热炉包括立式圆筒形管式加热炉和卧式圆筒形管式加热炉，火筒式加热炉包括火筒式直接加热炉和火筒式间接加热炉。

管式加热炉是一种被加热介质直接受热式加热设备，主要用于加热液体或气体，所用燃料通常有燃料油和燃料气。其主要由辐射室、对流室、燃烧器和通风系统几部分构成，传热方式以辐射传热和对流换热为主。

水套加热炉是最为常见的火筒式加热炉，随着技术进步，又衍生出真空相变加热炉。火筒式加热炉主要以对流换热为主，其基本结构是卧式内燃两回程的火筒烟管结构形式，火筒布置在壳体的中部空间，火筒与烟管形成"U"形结构。对于大负荷的加热炉，一般采用几根烟管组成火筒，并有可靠的固定装置，以保证火筒不产生非轴向位移，且不得限制火筒的自由膨胀。当火筒式加热炉采用几组火筒时，每组火筒宜有独立的燃烧系统和烟囱。

4.1.1.3 其他分类

油田加热炉除按功能和结构形式分类外，其他的分类方法如下：

（1）按被加热介质种类分类：原油加热炉、天然气加热炉、含水原油加热炉、掺热水加热炉。

(2) 按使用燃料分类：燃油加热炉、燃气加热炉、油气两用加热炉。

(3) 按燃烧方式分类：负压燃烧加热炉、微正压燃烧加热炉。

(4) 按加热炉在工艺过程中的作用分类：单井计量用加热炉、热化学沉降用加热炉、电脱水用加热炉、原油外输加热炉等。

此外，随着设备功能的复合和结构优化，合一装置不断推广应用，按功能组合形式可分为：二合一装置，具有加热和缓冲的功能；三合一装置，具有加热、分离和缓冲的功能；四合一装置，具有加热、分离、缓冲和游离水脱除功能；五合一装置，具有加热、分离、缓冲、游离水脱除和电脱水功能。目前，油田将这些合一装置称为加热缓冲装置，通常应用在转油站内。尽管合一程度不同，但内部结构大同小异，基本由隔板将壳体分成两段或多段结构，如一侧实现介质加热缓冲的工艺要求，另一侧实现收油等目的。

4.1.2 常用加热炉结构及特点

油田常用加热炉包括管式加热炉、水套加热炉、相变加热炉及热媒加热炉，本节将对这几类加热炉的结构、工作原理和特点做简要介绍。

4.1.2.1 管式加热炉

管式加热炉主要由燃烧器、辐射管、对流管构成，通过热辐射和对流方式直接对炉管内的介质加热。外壳起到封闭火焰和炉管的作用，不承压。通常在炉内设置一定数量的炉管，被加热介质在炉管内连续流过，通过炉管管壁将燃料在燃烧室内燃烧产生的热量传递给被加热介质，而使其温度升高，常用于油、水或含油污水的加热。

1. 结构

管式加热炉主要包括炉管、炉管连接件及支承件、钢结构、炉衬、余热回收系统、燃烧器、烟囱、吹灰器、烟囱挡板、各种阀门、门类（看火门、人孔门、防爆门、清扫孔门和装卸孔门等）和仪表接管（热电偶套管、测压管、氧分析仪接管和烟气采样口接管等）。目前，在油田广泛应用的是卧式圆筒形管式加热炉，下面以此为例进行介绍。

（1）辐射室：炉内火焰与高温烟气以辐射传热方式为主与炉管进行热交换的空间，一般兼作燃烧室。辐射室由钢制卧式圆筒内衬轻质耐火保温材料制成，沿内壁圆周方向敷设炉管。辐射室是整个管式加热炉主要的热交换区域，也是炉内温度最高的地方。

（2）对流室：烟气与对流管束进行对流换热的部分，一般为矩形钢结构内衬轻质耐火保温材料。

（3）辐射室烟道：将烟气由辐射室导入对流室而设置的通道，一般为半圆形。

（4）弯头箱：将管弯头与烟气隔开的封闭箱体，一般分辐射室弯头箱和对流室弯头箱。有的管式加热炉不设置弯头箱。

（5）炉管：管式加热炉的受热面，要求能承受一定的内压力和温度，一般由裂化钢管焊制。布置在辐射室内以吸收辐射热为主的炉管称为辐射炉管，辐射炉管一般为 1~2 管程，直径较大，常用的辐射炉管外直径为 114 mm、127 mm、152 mm。布置在对流室内以对流传热为主的炉管称为对流炉管，对流炉管一般直径较小，多采用 4~6 管程，常用的对流炉管外直径为 60 mm、89 mm、114 mm。为了加强对流传热系数，有时采用钉头管和翅片管作对流炉管。

（6）燃烧器：将燃料和助燃空气混合并按所需流速集中喷入加热炉内进行燃烧的装置。油田加热炉应用较多的为油燃烧器和天然气燃烧器。

（7）烟囱：主要作用是将炉内废烟气排入大气并产生抽力，烟囱高度及直径由燃烧方式及炉内阻力确定。同时还应符合环保要求。

（8）吹灰器：利用压缩空气或蒸汽作介质吹扫对流炉管上积灰的装置。对流炉管采用翅片管或钉头管时必须设置吹灰器，采用光管时一般不设置吹灰器。

（9）防爆门、看火门和人孔门：防爆门是在发生爆燃等意外事故致使炉膛内压力瞬时升高时，能使炉内气体自动排出的装置；看火门的作用是观察炉内火焰、管、炉衬状况；人孔门是供检修人员进入炉内的孔门。

2. 工作原理

液体（气体）燃料通过燃烧器在加热炉辐射室（炉膛）中燃烧，产生高温火焰和烟气，以辐射传热的形式将热量传给辐射炉管，使炉管内介质温度升高，烟气温度下降；烟气经过辐射室烟道进入对流室，以较高的速度掠过对流炉管，将热量传递给对流炉管内介质；烟气经过烟囱排入大气。

以原油被加热过程为例，被加热的原油首先进入加热炉对流室炉管，原油温度一般为 35℃~50℃。炉管主要以对流方式从流过对流室的烟气（600℃~750℃）获得热量，这些热量以传热方式由炉管外表面传导到炉管内表面，再以对流方式传递给管内流动的原油。

原油由对流室炉管进入辐射室炉管，在辐射室内，燃烧器喷出的火焰主要以辐射方式将热量的一部分辐射到炉管外表面，另一部分辐射到敷设炉管的炉墙上，炉墙再次以辐射方式将热量辐射到背火面一侧的炉管外表面上。这两部分辐射热共同作用，使炉管外表面升温并与管壁内表面形成温差，热量以传导方式流向管内壁，管内流动的原油又以对流方式不断从管内壁获得热量，这样就实现了加热原油的工艺要求。

管式加热炉加热能力的大小取决于火焰的强弱程度（炉膛温度）、炉管表面积和总传热系数的大小。火焰越强，炉膛温度则越高，炉膛与油流之间的温差越大，辐射传热量越大；火焰与烟气接触的炉管面积越大，对流传热量越多；炉管的导热性能越好，炉膛结构越合理，传热量也越多。

火焰的强弱可用控制燃烧器的方法调节，但对一定结构的加热炉来说，在正常操作条件下，炉膛温度达到某一值后就不再上升。

炉管表面的总传热系数对一台加热炉来说是一定的，所以，每台加热炉的加热能力有一定的范围，在实际使用中，燃烧不充分和炉管结焦等都会影响加热炉的加热能力，所以要注意控制燃烧器使之完全燃烧，防止因局部炉管温度过高而结焦。

3. 特点

根据结构及工作原理，管式加热炉主要具有如下特点：

(1) 被加热介质通常是易燃易爆的烃类物质，危险性大，操作条件苛刻。

(2) 管式加热炉的火焰直接加热炉管中的被加热介质，加热温差大，温升快，允许介质压力高，单台功率可以很大，能以较小的换热面积获得较大的加热功率。

(3) 在加热原油和易结垢介质时，管壁结垢快，会严重影响换热，且结垢不均匀，会导致管壁局部过热、失效等，甚至引起爆炸事故。

(4) 可长周期连续运转，不间断操作，便于管理。

4.1.2.2 水套加热炉

水套加热炉主要由火管、烟管和受热盘管构成，壳体内的介质是清水，盘管内的介质通常是矿场原油和天然气。该炉型主要通过烟管和火管内的烟气对壳体内的清水进行加热，再由热水对盘管内的介质进行水浴加热，提升盘管内介质的温度。通常盘管内的介质压力较高，以便外输。水套加热炉是油田生产和油气集输过程中的主要加热设备，担负着油田产品的升温与油气集输系统热能供给的任务，主要用于井口、计量站、接转站的油气加热。

1. 结构

水套加热炉属于火筒式间接加热炉。卧式内燃两回程的火筒烟管结构是水套加热炉基本的结构形式，火筒布置在壳体的下部空间，烟管布置在火筒的另一侧，火筒与烟管形成"U"形结构；加热盘管布置在壳体的上部空间；燃烧器和烟囱一般布置在水套加热炉的前部。水套加热炉的主要结构如下：

（1）火管（辐射段）：燃料燃烧的地方，是"U"形结构（火筒）的第一回程，由于火管中的火焰主要以辐射方式把热量传递给筒壁，也称为水套加热炉的辐射段。

（2）烟管（对流段）：燃料在火管内燃烧后的烟气，经过连接段进入烟管（"U"形结构的第二回程），由于烟管中的烟气主要以对流方式把热量传递给烟管壁，所以"U"形结构的第二回程也称为对流段。

（3）壳体（水套）：用钢材制成的加热炉外壳，壳体内装有火筒、加热盘管和加热媒介物（清水）。

（4）加热盘管：一般置于加热炉壳体内上半部，盘管内流动被加热介质，加热炉火筒及对流烟管把热量传递给水，再由水把热量传递给盘管内的被加热介质。

（5）烟囱：具有通风和排烟作用，一般为钢制，高度根据加热炉的热负荷和环境条件确定。

（6）防爆门：位于加热炉前部，与烟管烟气出口处相连，是防止炉体内超压爆炸而设置的控制装置。当炉内发生爆炸时，先将炉门炸开，降低炉内气体压力，保护炉体不致破坏。防爆门只能在爆炸不严重时起保护炉体的作用。

（7）安全阀：置于加热炉壳体顶部，与壳体内相通，用于防止壳体内压力过高，起到安全保护的作用。

（8）压力表：置于加热炉壳体顶部，用于测量壳体内的压力。

（9）液位计：一般置于加热炉前部，用于观察加热炉壳体内的水位。

（10）检查孔：用于观察炉膛内燃烧情况的小孔，平时用挡板盖住。

（11）排污口：安装于加热炉底部，用于清除加热炉壳体内的污物。

（12）阻火器：安装于燃烧器上，是在停炉或紧急情况下用于阻止燃烧器燃烧的装置。

（13）燃烧器：将燃料和助燃空气混合并按所需流速集中喷入加热炉内进行燃烧的装置，一般分为燃气燃烧器、燃油燃烧器以及油气混用燃烧器。

2. 工作原理

燃料通过燃烧器在炉体火筒内燃烧加热火管和烟管，热量通过火筒烟管壁面以辐射、对流等传热形式将热量传递给水套中的中间传热介质水，使其温度升高并部分汽化，再由水及其蒸汽将热量以对流和传导形式传递给盘管内流动的被加热介质，使被加热介质获得热量，温度升高。工作过程中，火管、烟管和烟气出口管附近的水受热后因密度减小而上升，在与被加热介质盘管接触传热温度下降后又因密度增加而下沉，再次被加热后又上升，如此不断循环，以加热盘管内的被加热介质。

3. 特点

根据结构及工作原理，与管式加热炉相比，水套加热炉主要具有如下特点：

（1）安全性好，不结焦。由于水套加热炉采用以水为被加热介质加热的方式，火筒不直接与被加热介质接触，避免或减轻了火筒的结垢和腐蚀，不易出现结焦。

（2）压力降小，耗钢量少，结构简单，可与其他设备组合成带有加热功能的合一设备。

（3）单台热负荷小，热效率低。目前，单台水套加热炉热负荷一般不超过4000 kW，因水套加热炉通过中间介质加热，通常热效率比管式加热炉低。

4.1.2.3 相变加热炉

相变加热炉属于微负压或常压容器，通过加热中间介质水产生蒸汽，再由蒸汽加热受热盘管，过程中蒸汽被受热盘管吸收热量后冷凝为水，如此反复循环达到加热目的。因此，这种加热炉也被称为蒸汽换热加热炉。相变加热炉可以实现集油、掺水、采暖等加热功能，具有效率高、炉体小、钢耗低等优点，是油田油气集输的新炉型。根据燃料不同，相变加热炉可分为燃煤相变加热炉和燃油（气）相变加热炉；根据筒体压力不同，相变加热炉可分为真空相变加热炉、微压相变加热炉和压力相变加热炉，其中真空相变加热炉又称负压相变加热炉，简称真空炉；根据换热盘管结构的不同，相变加热炉可分为一体式相变加热炉和分体式相变加热炉。

1. 结构

相变加热炉本体为两回程式背式结构，主要由燃烧器、加热盘管、烟囱、盘管进出口管线、炉胆及各种阀门和仪表等组成，盘管在水面以上，顶部设有真空阀，防爆门位于加热炉前部，与烟管烟气出口处相连。

（1）燃烧器：将燃料与空气按一定比例混合进行燃烧的装置。

（2）加热盘管：被加热介质从盘管中流过，并吸收盘管所吸收的热量，达到升温的目的。

（3）烟囱：产生吸力和排出烟气。

（4）炉胆：燃料进行燃烧的场所，并且也是布置炉膛壁面的炉管吸收火焰辐射热的空间。

（5）汽空间：以对流换热的方式传热给加热盘管。

2. 工作原理

燃烧器将燃料充分燃烧，通过辐射和传导将热量传递给炉壳内的中间介质水，水受热沸腾产生蒸汽，蒸汽与低温的盘管壁换热，冷凝成水，将热量传递给盘管换热器内流动的工质；凝结后的水继续被加热汽化，如此循环往复，实现加热炉的换热。液体相变换热的主要特点是液体温度基本保持不变，并在相对较小的温差下达到较高强度的放热和吸热目的。

安装于加热炉上的测温元件，将内部的蒸汽温度和被加热介质温度信号传至温度控制仪，与设定的上限温度、下限温度相比较，做出判断，以控制燃烧器的工作状态。通过对温度的动态控制，被加热介质输出温度始终控制在需要的范围内。

加热炉上装有液位变送器和压力变送器。当炉壳内水位低于下限水位时，报警仪发出声光报警；当水位低于缺水水位时，自动切断燃料阀，停止燃烧。如果炉壳内压力意外超压，安全阀因故障未能及时开启，控制仪会发出报警同时立即切断燃烧。

3. 特点

相变加热炉是在水套加热炉技术的基础上发展起来的一种新炉型，其主要特点如下：

（1）安全可靠。正常工作时，壳体承受低于大气压力的负压，降低了加热炉本体的爆炸危险系数；配备防爆燃装置，在燃烧室产生爆燃后可以自动打开，确保燃烧室无爆炸危险；即使在非正常情况下，特别设计的安全保障系统也能确保加热炉的安全使用。中间介质在密闭空间工作，正常运行状态下无须补充，避免了筒体内氧化腐蚀的发生。筒体、盘管受热均匀稳定，减少了热应力破坏，有效缓解了传统加热炉存在的腐蚀、裂纹、鼓包、爆管、结焦、结垢、过热烧损等问题。

（2）节能高效。相变加热炉设计热效率通常在90%以上，节能效果好，不用除氧器，占地面积小，运行费用低。

（3）环保。相变加热炉烟气排尘浓度及烟气黑度等污染参数值明显优于国家标准限定值。

（4）一炉多用。设计带有多组盘管（换热管），一台加热炉可同时加热原油、油水混合物、天然气和水等工质，满足生产生活需要。

(5) 便于实现自动化。设置的温度、压力、液位等自动控制及报警功能，可实现燃烧、启炉、停炉、负荷自动调节等。在特殊情况下，也可通过手动进行操作。

(6) 体积小，集成度高。相变加热炉体积只有传统加热炉（管式加热炉、火筒加热炉等）体积的 1/2~1/3，质量仅为传统加热炉质量的 1/3~1/4，占地面积及空间占位小。炉前操作间与主机可整装出厂，燃烧器和绝大部分控制及检测仪表、阀门等出厂时均可集成在主机上；大容量（7 MW 以上）相变加热炉一般分模块出厂，便于安装和运输。

4.1.2.4 热媒加热炉

热媒加热炉是在管式加热炉的基础上发展起来的一种新炉型，加热炉将燃料燃烧所产生的热量在炉内传递给载热介质（热媒），载热介质离开加热炉后进入换热器，将大部分热量传递给被加热介质，把被加热介质加热到所需温度；冷却后的载热介质再送回加热炉吸收热量，完成对被加热介质的间接加热。与直接加热被加热介质的加热炉相比，可提高加热效率，避免炉管结焦，提升安全性能。为此，对载热介质有一定要求：①在工作温度范围内应该呈液态，便于泵送；黏度低，可减少热媒泵的功率消耗。②在工作温度范围内有较高的比热和导热系数，只使用较少数量的热媒就可满足被加热介质的加热要求。③热媒对炉管没有腐蚀性或腐蚀性较小，具有良好的热稳定性，不易分解且不易与任何物质发生化学反应。

1. 结构

热媒加热炉由燃烧器、炉膛盘管、对流盘管、前炉墙和后炉墙、支撑和烟囱等组成。

(1) 燃烧器：实现燃料燃烧过程的专用装置，按一定比例和一定混合条件将燃料和助燃空气引入燃烧，满足高效燃烧和加热等需要。

(2) 炉膛盘管：用支架支撑于辐射室内，由燃烧器燃烧产生热量对盘管内的热媒进行加热。

(3) 对流盘管：高温热媒流入换热系统后，对原油进行辐射加热，最终实现原油的整个热交换过程。

(4) 前炉墙和后炉墙：由耐火层、绝热层和隔热层组成，保护炉壳和减少热损失。

(5) 支撑：加热炉自重等各种载荷的直接承载部分，由槽钢、角钢及板材焊接而成。

(6) 烟囱：一种为锅炉、加热炉或壁炉产生的热烟气或烟雾提供通风的结构。

2. 工作原理

热媒加热炉的原油加热系统一般由压缩空气供给系统、热媒加热炉系统、热媒-原油换热系统和热媒稳定供给系统四部分组成。加热炉燃油或燃气经燃烧器在加热炉的炉膛内燃烧，产生高温烟气，以辐射和对流的形式将热量经炉管传递给炉管内流动的热媒导热油，由热媒循环泵使热媒在系统内强制循环，被加热的高温热媒在被加热介质换热器中将热量传递给被加热介质，实现加热被加热介质的目的；换热后的低温热媒再返回加热炉内进行再加热，如此往复循环，连续供热。

被加热的导热油会因受热而膨胀，膨胀增加的导热油由膨胀管流入膨胀罐。当系统中导热油因温度下降体积缩小或系统中有漏油现象时，膨胀罐内的导热油顺膨胀管自动流回系统，同时膨胀罐产生的高位压差为循环泵提供稳定的入口压力。氮封系统利用氮气对膨胀罐和储油罐的导热油进行覆盖以隔绝空气，防止导热油氧化变质。系统配有全自动燃烧系统和控制系统，可以实时调节燃烧器的功率输出比例以保证稳定的热媒输出温度。系统设有氮气灭火系统，在导热油炉的炉管出现泄漏着火现象时，可以启动氮气灭火系统进行灭火。

油田使用的热媒加热炉，大多采用液体或气体燃料（即原油、天然气等）；烟气采用强制通风方式，炉膛正压或微正压燃烧；热媒在加热过程中始终呈液体状态，不发生相变，靠热媒泵的压力实现流动循环。

3. 特点

热媒加热炉与普通加热炉相比，具有如下特点：

(1) 热媒系统运行更加安全。热媒系统运行压力较低（循环泵出口压力一般低于 0.8 MPa），导热油在系统中连续循环，对系统无腐蚀，可靠的自控系统能提高运行的安全性。

(2) 精确控制。通过设定的温度实现燃烧器热负荷自动调节，为用热单元提供达到工艺温度所需的热量。

(3) 安全可靠。能在较低工作压力下获得较高的工作温度，解决普通加热炉易燃易爆的问题，适用于高温、防爆、需要间接加热的站库。另外，该系统设置了氮气覆盖及灭火系统，当炉膛内着火时，可自动向炉膛内喷入氮气灭火。

(4) 热效率高。与普通加热炉相比，热媒加热炉中的导热油在 0.3 MPa 压力下运行时，被加热介质温度可达 200℃以上（普通加热炉一般在 130℃左右）。在相同工作压力下，热媒加热炉的工作温度更高，换热效果更好。

（5）由于采用间接加热方式，对于储罐类容器中的原油采用热水循环进行加热，大大减少了对换热盘管的腐蚀，延长了使用寿命；对于进出站原油通过导热油换热，避免了直接加热导致炉管过热或穿孔而造成的重大火灾事故。

4.1.3 加热炉能效影响因素

加热炉用能情况最主要的评价指标是热效率，而影响加热炉热效率的主要因素有过剩空气系数、排烟温度、热负荷和结垢积灰等。

4.1.3.1 过剩空气系数

过剩空气系数（α）过大，表示向炉内供入的空气太多，使炉膛温度降低，对燃烧不利，多余的冷空气被加热，由烟囱排走，从而引起排烟热损失（q_2）增加；过剩空气系数过小，则不能保证燃料的完全燃烧，增加气体未完全燃烧热损失（q_3）和固体未完全燃烧热损失（q_4）。因此，选取合理的过剩空气系数需要同时考虑 q_2、q_3 和 q_4，即 $q_2+q_3+q_4$ 之和最小时的 α 取值为最优值。

1. α 与 q_2 的关系

排烟热损失（q_2）在加热损失中占很大部分，因此在运行中要尽可能保证在完全燃烧的条件下降低 q_2，从而提高加热炉的热效率。随着 α 的增加，q_2 增加的速率大于 α 增加的速率，排烟温度越高越明显。当排烟温度一定时，q_2 与 α 大致呈线性关系。

2. α 与 q_3 的关系

气体未完全燃烧热损失（q_3）指燃料中的可燃物质没有与氧气充分反应，而在排出的烟气中含有 CO、H_2、CH_4 等可燃气体所引起的热损失，称为化学未完全燃烧热损失。α 与 q_3 呈线性关系：$q_3=3.2\alpha \times CO$。在正常运行情况下，若燃料不发生变化，CO 的量很小且基本不变，可以把它看成一个定值，所以 α 增大时，q_3 增加；当 α 过小时，引起不完全燃烧，烟气中的可燃物含量急剧增加，引起 q_3 的增加。

3. α 与 q_4 的关系

固体未完全燃烧热损失（q_4）又称机械未完全燃烧热损失，是由于进入炉膛的燃料中有一部分没有参与燃烧而被排出炉外所引起的热损失。当 α 增加时，q_2 增加的速率大于 α 增加的速率，因此 q_4 反而会减少；在 α 过大、排烟温度不高的情况下，即使 q_2 增加的速率较小，q_4 也会增加。

要确定最佳的 α 值，可从加热炉热效率 n 的关系来进行判定。各项热损失越小，热效率越大。q_2 和 q_4 占全部热损失的 80% 以上，因此可以认定，当 q_2 和 q_4 最小时所对应的 α 为最佳。α 值过大或过小都会使热损失增加，热效率降低。在加热炉的实际运行过程中，热效率降低往往是 α 过大造成的。在保证完全燃烧的前提下，应尽量减小过剩空气系数。

4.1.3.2 排烟温度

排烟热损失指烟气离开加热炉末级受热面进入烟囱时带走的部分热量，其大小主要取决于排烟温度的高低和排烟处烟气量的大小。在燃料及送风条件保持稳定时，排烟量的变化可以忽略，排烟温度的高低直接影响着热效率的大小：排烟温度越高，热效率越低。因此在实际生产中，应该尽量降低排烟温度，提高热效率。在条件允许的情况下，采用烟气余热回收技术。可以采用空气预热器回收烟气余热来预热燃烧用空气，通常情况下燃烧用空气温度每提高 15℃～20℃，加热炉热效率约提高一个百分点。但排烟温度也不宜过低（不要低于烃露点），否则易在加热炉尾部产生滴水现象，诱发加热炉尾部受热面腐蚀问题。一般情况下，加热炉安全排烟温度应高于烟气水露点 5℃～10℃。

4.1.3.3 热负荷

在加热炉的运行过程中，由于保温材料并非完全绝热，加热炉的热量会通过炉墙、烟风道等外表面散发出来，该部分散失的热量即炉体表面散热损失。

加热炉运行时，加热炉表面的温度变化不大，总的散热量也就没有太大的变化。加热炉的散热损失和加热炉的负荷成反比例变化。

加热炉热负荷受季节影响较大，特别是冬夏两季的热负荷差别较大，冬季时要求热负荷较大，而夏季时要求热负荷较小。加热炉散热损失的大小主要取决于加热炉散热表面积、负荷率、炉体外表面温度、保温层的性能和厚度，以及周围空气的温度及风速等。可以通过加强保养维护，整修加热炉本体及管道保温层，防止和减少炉体表面热量损失。

4.1.3.4 结垢积灰

加热炉结垢积灰会导致加热炉受热面导热系数大大降低，影响传热效果，造成排烟温度升高，加热炉热效率下降。严重时，甚至会导致加热炉爆管事故的发生。加热炉盘管结垢主要与其传热介质有关，真空相变加热炉一般采用蒸馏水作为传热介质，不易结垢。烟道积灰主要与其燃料有关，燃油加热炉燃烧不充分极易导致烟道积灰，而燃料气内杂质也易造成烟道积灰。

4.2 加热炉节能技措方法

目前，油气田加热炉的节能提效措施主要有使用高效节能燃烧器、节能燃烧技术、余热回收技术、涂料除垢阻垢等。

4.2.1 优化控制燃气燃烧器

1. 技术原理

（1）优化控制燃气燃烧器的一次配风和二次配风均采用旋切混合技术，气量分布均匀，混合充分。

（2）对于烟道靠近燃烧器的加热炉，可在加热炉的烟道中安装余热回收装置，利用烟气余热给冷空气加热，保证稳定燃烧时进入燃烧室的空气为预热后空气。

（3）可提高加热炉仪表精度和计算精度：优化控制燃气燃烧器的燃气阀和风门为可连续调节的电动调节阀，可调控精度较高；满足水套加热炉和蒸汽锅炉需求的优化控制算法。

（4）自适应控制技术，1200 kW 以上的加热炉增加氧含量在线检测，在线实时测量烟气氧含量，保证燃烧始终处于最佳状态。

2. 优缺点

优点：汇集空气预热技术和自适应控制技术，并有远程通信及远程控制功能；适用燃气热值范围广；具有高节能率和安全可靠性。

缺点：改造难度较大。

3. 适用条件

适用于各种中大型燃气（包括天然气、油田伴生气）锅炉，以及油田专用的燃气（包括天然气、油田伴生气）水套炉、真空相变加热炉、热水炉、蒸汽锅炉和注汽锅炉。考虑到投资和性价比，优化控制燃气燃烧器更适用于站内各种中大型燃气（包括天然气、油田伴生气）锅炉与加热炉。

4. 应用效果

应用此技术后，节能率提升 5%，静态投资回收期在 4 年左右，投资节能量约为 1.66 tce/万元，有效使用年限在 10 年左右。

优化控制燃气燃烧器结构如图 4-1 所示。

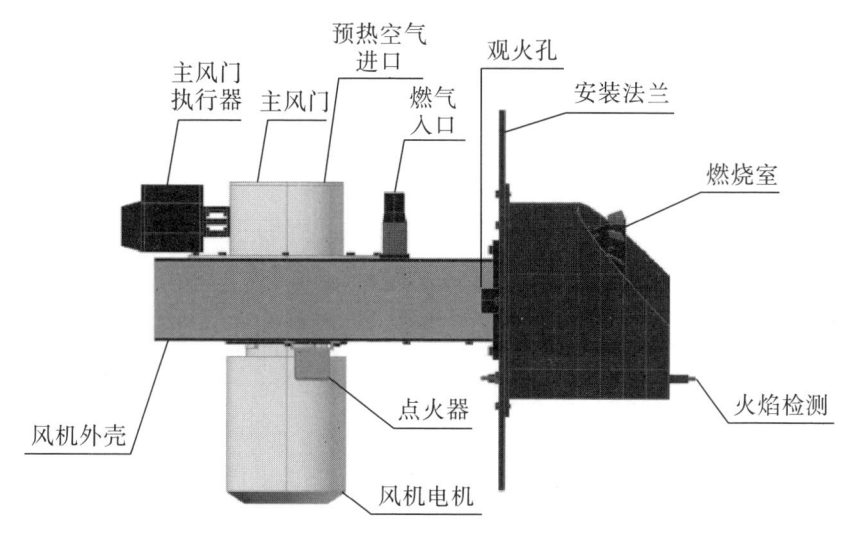

图 4-1　优化控制燃气燃烧器结构

4.2.2　膜法富氧燃烧技术

1. 技术原理

利用空气中氧气和氮气通过富氧膜时渗透率的差异,在压差驱动下得到富氧空气,用这种比自然状态下含氧量高的空气作助燃空气的燃烧称为富氧燃烧。富氧燃烧装置把膜法富氧发生器与加热炉燃烧器结合在一起,可提高火焰温度和热量利用率,降低空气过量系数,减少排烟损失。

一种膜法富氧燃烧技术在加热炉上的在线应用如图 4-2 所示。

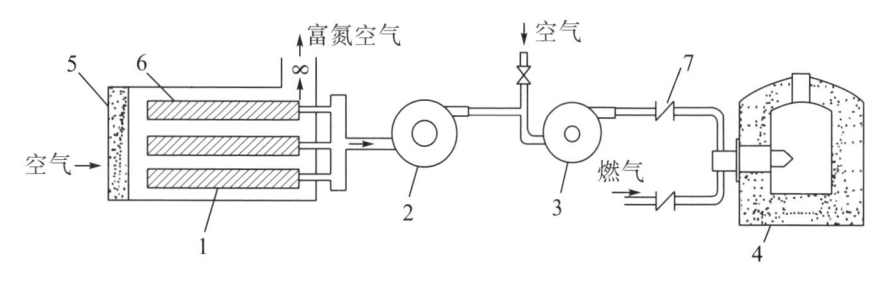

1—氧气富化膜室;2—引风机;3—助燃风机;4—加热炉;
5—过滤器;6—富化膜;7—调节阀

图 4-2　一种膜法富氧燃烧技术在加热炉上的在线应用

2. 优缺点

优点：燃料燃烧更充分，可降低燃料消耗，延长设备使用寿命。

缺点：尾气中氮氧化物含量较高，应考虑环保问题；操作中需要定期冲洗，维护成本较高。

3. 适用条件

适用于 2 MW 以上油气田加热炉。

4. 应用效果

应用此技术后，节能率提升 3.5%，静态投资回收期在 2 年左右，投资节能量约为 1.34 tce/万元，有效使用年限在 5 年左右。

4.2.3 温包式加热炉温度自动控制装置

1. 技术原理

温包是散热器恒温阀的组成元件，其是用来感受温度变化并产生驱动动作的部件，又称感温包，其中的工质通常为液体、固体或气液混合体。温包式加热炉温度自动控制装置主要是根据温包的热胀冷缩原理来控制加热炉进气量，以此来控制加热炉温度的装置。当炉膛内温度升高时，温包内工作介质体积急剧增大，使密封容器的压力增大，推动阀芯向上移动，自动关小阀门，减小进气量；反之，开大阀门，增大进气量。另外，该装置还设有手动变温调整装置，调整手轮，定温设定值随之改变，被调介质温度亦随之改变。如此，被调介质可以根据生产需要保持在某一所需温度附近。

温包式加热炉温度自动控制装置流程如图 4-3 所示。

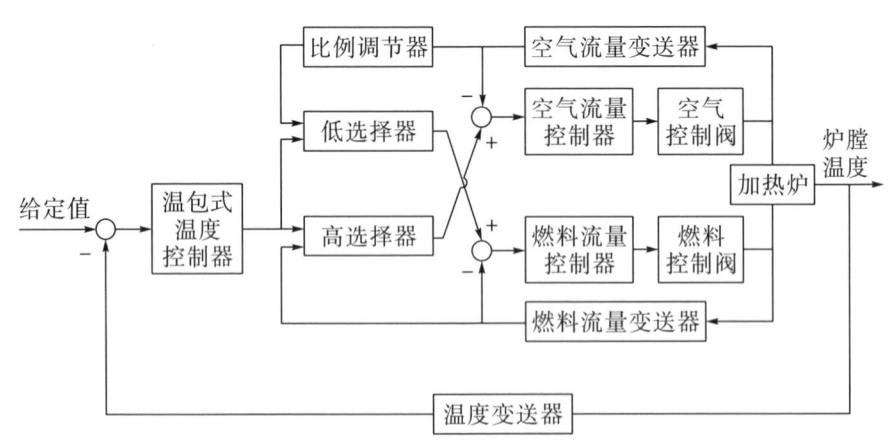

图 4-3 温包式加热炉温度自动控制装置流程

2. 优缺点

优点：结构简单，调节方便。

缺点：提效效果低，控制精度略低。

3. 适用条件

适用于油田水套炉。

4. 应用效果

应用此技术后，节能率提升1.5%，静态投资回收期在1.1年左右，投资节能量约为1.67 tce/万元，有效使用年限在10年左右。

4.2.4 无机传热技术

1. 技术原理

无机传热技术是将若干种无机盐配制成的无机材料放在密封的真空容器中，这些无机盐一旦接触到热量就激发出微粒进行高速运动并相互碰撞，以此实现快速传热、高效传热、极低热量损耗，及传递温度几乎不降低。无机传热技术是传统热管技术的升级，如果使用高效传热介质，可使传热效率增大3倍或以上。利用无机传热技术制成高效热管可提高加热炉换热效率。

无机传热加热炉实物如图4-4所示。

图4-4 无机传热加热炉实物

2. 优缺点

优点：换热效率高，体积小，使用温度高（可达1000℃），安全稳定，维护费用低。

缺点：静态投资回收期较长。

3. 适用条件

适用于各类加热炉,且可用于加热炉烟气余热回收。

4. 应用效果

应用此技术后,节能率提升5%,静态投资回收期在5.2年左右,投资节能量约为1.28 tce/万元,有效使用年限在6年左右。

4.2.5 引射式辐射管

1. 技术原理

引射式辐射管主要是利用天然气自身能量引射空气,并使天然气在辐射管内燃烧,即燃气把空气引射到辐射管的喷嘴内,并在喷嘴出口燃烧,加热辐射管。引射式辐射管采用直管式,由耐高温不锈钢板卷制焊接而成,被加热的辐射管外表面能够以漫辐射的方式将热量投射到火筒内表面,使火焰燃烧高温区传递到火筒的热负荷均匀化,降低局部热流密度最高值;同时,将辐射管出口处的烟气温度控制在保证火筒壁面不过热的安全温度以下,仍然采用对流换热方式加热火筒,避免火筒因高温而烧损。

引射式辐射管实物如图4-5所示。

图4-5 引射式辐射管实物

2. 优缺点

优点:燃烧器的型式和辐射管的直径对燃烧无影响,燃烧状况稳定,无爆燃、脱火和回火现象发生,对紫外火焰检测器无影响;筒壁面热流密度的分布比不使用辐射管时明显均匀,温差通常小于50℃,局部热负荷显著降低,可延缓火管烧损或由辐射引发的穿孔现象,避免重大火灾的发生;辐射管的安装对燃烧器的输出功率无影响,烟气排放指标不变,排烟温度下降,加热炉热效率提高;另外,降低了由于高温火焰冲刷造成的火管烧损鼓包的可能性。

缺点：使用该设备的燃烧器必须有熄火保护，当熄火保护发生故障后易发生闪爆。

3. 适用条件

适用于燃气火筒式加热炉，尤其适用于二合一加热炉。

4. 应用效果

应用此技术后，节能率提升2%，静态投资回收期在0.8年左右，投资节能量约为8.23 tce/万元，有效使用年限在6年左右。

4.2.6 可抽式烟火管技术

1. 技术原理

可抽式烟火管技术主要是实现加热炉炉管的可拆性连接，基本原理是采用一个火管和一组细烟管束分层排列，细烟管束尽量集中排列，以便节省炉膛空间；将火管、烟管焊接在管板法兰上，将法兰与管板法兰采用螺栓连接，烟火管由滚筒支撑，组成可抽式烟火管结构，管板法兰与封头上接管采用法兰连接。当需要清炉维修或更换时，可不割开封头，将烟火管从炉体内抽出，维修或更换完毕再将烟火管送入炉膛内，实现加热炉的可持续维修，可延长使用寿命，使加热炉热效率始终保持较高水平。

2. 优缺点

优点：细烟管技术提高了传热系数，热效率高；烟火管抽送自如，清垢方便彻底；加热炉使用寿命长。

缺点：加热炉清淤空间变小；燃烧器更换微正压燃烧器，对燃气要求较高。

3. 适用条件

适合在火筒式加热炉上使用，适用于采出液黏度较大的情况，如注聚合物驱油的采出液处理。

4. 应用效果

应用此技术后，节能率提升3%，静态投资回收期在2.4年左右，投资节能量约为1.28 tce/万元，有效使用年限在10年左右。

4.2.7 刮板机械式自动除防垢加热装置

1. 技术原理

刮板机械式自动除防垢加热装置为分体式结构，即加热炉和换热器分体设置。刮板机械式自动除防垢加热装置工作时，载热体由加热介质管道进入换热器管程，同时被加热介质进入换热器壳程，在换热器内载热体与被加热介质充分换热，冷却后的热载体通过介质回口管道流回加热炉重新加热升温，被加热介质吸热升温后由被加热介质出口流出。在工作中，刮板机械式自动除防垢加热装置的减速机驱动主轴带动除垢钢刷在换热器内的换热体上下表面运动，除掉或防止污垢沉积在换热体的表面，从而达到除垢目的。

刮板机械式自动除防垢加热装置如图 4-6 所示。

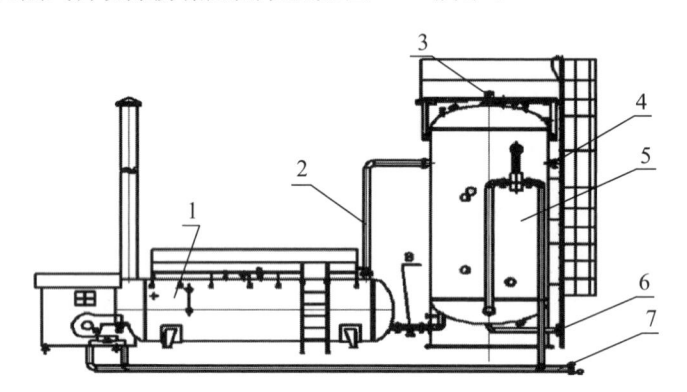

1—火筒炉；2—加热介质管道；3—减速机；4—被加热介质出口；
5—机械式自动除垢换热器；6—排污口；7—被加热介质入口

图 4-6 刮板机械式自动除防垢加热装置

2. 优缺点

优点：自动除垢；热载体有传热效果好和钝化金属表面的作用，保护炉体不受腐蚀；火筒上安装了高效热管，可增强换热；在加热聚合物驱、三元复合驱采出液及其污水时，具有明显优势。

缺点：由于换热器为立式安装运行，和其他"二合一"同站操作时，液位调控稍有难度；由于除防垢效果好，出换热器被加热介质含垢量大，加大了管线结垢压力。

3. 适用条件

适用于油田转油站、联合站的泵前加热流程，用以加热原油和含各种杂质（聚合物、颗粒物）的污水。

4. 应用效果

应用此技术后，节能率提升 7%，静态投资回收期在 3.1 年左右，投资节能量约为 2.12 tce/万元，有效使用年限在 10 年左右。

4.2.8 化学清洗除垢技术

1. 技术原理

化学清洗除垢技术是将清洗剂注入循环系统，通过酸碱等化学反应，将附着在系统管线壁上的垢质分解、溶解、脱落，随后同废液一起排掉。除了清洗剂外，还要添加络合剂，降低清洗剂对被清洗容器的腐蚀程度。通常，清洗剂采用碱性清洗剂或酸性清洗剂：碱性清洗剂主要是除去换热面介质侧的油垢；酸性清洗剂主要是除去换热面介质侧的碳酸盐、硅酸盐等垢质，酸洗过程还需添加缓蚀剂。除垢后宜对换热面介质侧进行钝化处理，以减缓投产后的结垢速度。在除垢清洗过程中，可增加气体扰动以提高除垢速度和除垢质量。

2. 优缺点

优点：使用广泛，清除污垢彻底、速度快。

缺点：不可避免会产生部分有毒气体；酸碱清洗废液处理不当容易对环境造成污染；对管线的腐蚀作用明显，会缩短加热炉使用寿命；清洗过程持续时间较长，且不能彻底清垢；垢渣积存在系统中，不易完全冲洗干净。

3. 适用条件

适用于各种油田加热炉。

4. 应用效果

应用此技术后，节能率提升 4%，静态投资回收期在 0.4 年左右，投资节能量约为 17.28 tce/万元，有效使用年限在 1 年左右。

4.2.9 空穴射流清洗技术

1. 技术原理

空穴射流清洗技术运用的是流体力学领域中的"空穴效应"原理。清洗器由交错叠加的韧性叶片组成，当水流通过清管器时，压力急剧降低，流速急剧升高，产生汽化空泡，水中游移空泡溃灭的冲击压力不断作用到物体表面，微射流的冲击作用将像锤击一样连续打击垢面，使垢面产生龟裂，破坏垢面的连续性，进而减小垢在壁面上的附着力，使其从壁面脱落。清洗效果如图 4-7 所示。

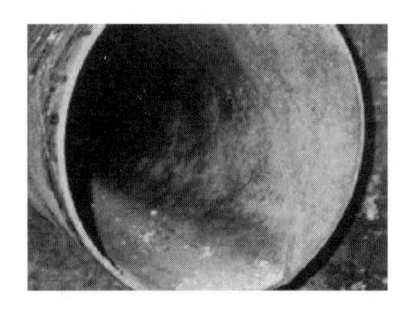

（a）清洗前　　　　　　　（b）清洗后

图 4－7　空穴射流清洗效果

2. 优缺点

优点：对加热炉盘管损伤小。

缺点：不如化学清洗彻底，需要进行汇集器改造。

3. 适用条件

适用于真空加热炉。

4. 应用效果

应用此技术后，节能率提升 2.5%，静态投资回收期在 1 年左右，投资节能量约为 6.81 tce/万元，有效使用年限在 1 年左右。

4.2.10　空气预热技术＋高效燃烧集成技术

1. 技术原理

空气预热技术＋高效燃烧集成技术主要由空气预热技术（板式空气预热技术或热管空气预热技术）、高效燃烧技术等组成，其主要利用空气预热器吸收烟气中的余热，对助燃空气进行预热，以减少排烟损失。系统主要由热风型燃烧器、离心风机、空气预热器、风管道、烟管道及仪表自控系统等组成。其中，燃烧器主要有两种形式，一种是普通机械式燃烧器，另一种是电子比调式燃烧器。如果选用电子比调式燃烧器，该集成技术还需要考虑配套烟气氧含量检测控制系统。

2. 优缺点

优点：改善并强化燃烧，当经过预热器后的热空气进入炉内后，加速了燃料的干燥、着火和燃烧过程，保证炉内稳定燃烧，起着改善、强化燃烧的作用；强化传热，由于炉内燃烧得到改善和强化，加上进入炉内的热风温度提高，炉内平均温度水平也有提高，从而可强化炉内辐射传热；减小炉内损失，降低排烟温度，提高锅炉热效率。

缺点：若设计不当，存在低温露点腐蚀，影响设备使用寿命；不能适应加热炉高低负荷的变化，自动调节能力差；体积较大，存在漏风的情况；适用于排烟温度较高的场合。

3. 适用条件

适用于排烟温度≥180℃的油田加热炉、注汽炉等。

4. 应用效果

应用此技术后，节能率提升7%，静态投资回收期在2年左右，投资节能量约为2.1 tce/万元，有效使用年限在8年左右。

4.2.11 热管介质预热+高效燃烧集成技术

1. 技术原理

热管介质预热+高效燃烧集成技术主要采用热管被加热介质预热技术和高效燃烧技术集成，一方面，利用热管回收的烟气余热加热被加热介质，降低排烟温度，实现烟气的余热回收；另一方面，利用全自动进口高效燃烧器，实现空气/燃料比的自动跟踪调节，减少运行时出现燃烧空气不足或过剩的现象，提高燃烧效率。系统主要由燃烧器、热管预热器、烟气旁通调节阀、被加热介质管道及仪表自控系统组成。

热管介质预热+高效燃烧集成技术如图4-8所示。

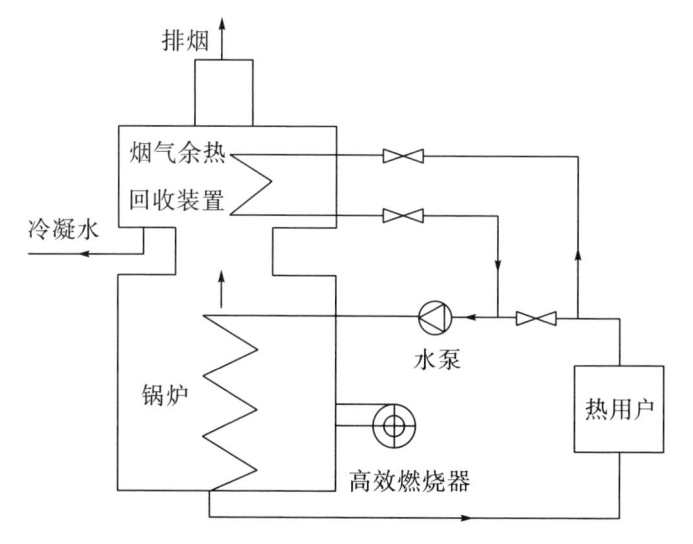

图4-8 热管介质预热+高效燃烧集成技术

2. 优缺点

优点：系统配件少，操作维护方便；热管换热器的冷、热流体完全分开流动，可以较为容易地实现冷、热流体的逆流换热，传热效率高、结构紧凑、流体阻损小，能够有效降低排烟温度，实现烟气余热的回收利用；与其他烟气余热回收技术相比，燃烧器与余热回收装置没有关联，可选用余地大；烟囱旁通阀可有效避免系统的低温露点腐蚀，提高设备使用寿命。

缺点：热管预热器相对比体积较大，需要将被加热介质管线引进余热回收装置；考虑到可能发生低温露点腐蚀，需要增加排烟旁通管路；适用范围窄，一般用于被加热介质为水的场合。

3. 适用条件

适用于多种功率的被加热介质为水的真空加热炉、水套炉、火筒式加热炉。

4. 应用效果

应用此技术后，节能率提升8%，静态投资回收期在1.4年左右，投资节能量约为3.9 tce/万元，有效使用年限在10年左右。

4.2.12 烟气冷凝＋高效燃烧集成技术

1. 技术原理

烟气冷凝＋高效燃烧集成技术主要应用半冷凝式烟气余热回收技术和高效燃烧技术进行集成。通过在加热炉尾部烟道上安装冷凝器将烟气热量大部分回收，使排烟温度降至90℃以下；同时，利用全自动进口高效燃烧器，实现空气/燃料比的自动跟踪调节，减少运行时出现燃烧空气不足或过剩的现象，提高燃烧效率。系统主要由燃烧器、冷凝器、水介质管路及仪表自控系统组成。

烟气冷凝＋高效燃烧系统如图4-9所示。

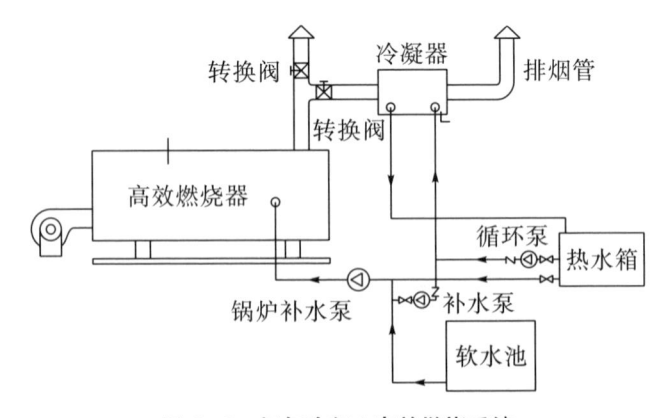

图4-9 烟气冷凝＋高效燃烧系统

2. 优缺点

优点：热效率高，加装烟气余热冷凝回收利用装置后热效率可达到98%以上，在比较理想的工况下节气率可达到6%～15%，能够大大降低运行费用，提高经济效益；阻力小，冷凝器烟气侧阻力不大于500 Pa，完全不会影响锅炉的燃烧；设备本身带有冷凝水排放装置，最下部设置了冷凝水收集箱及排放口，能及时将产生的冷凝水排入下水系统；冷凝水为弱酸性，pH值在6左右，不会对环境造成污染。

缺点：需要增设烟囱与烟箱防腐措施，并要考虑冷凝液的排放和处理。

3. 适用条件

适用于功率≥700 kW，燃料为天然气的真空加热炉、水套炉、火筒式加热炉。

4. 应用效果

应用此技术后，节能率提升11%，静态投资回收期在1.8年左右，投资节能量约为4.5 tce/万元，有效使用年限在10年左右。

4.2.13 高效（智能）燃烧＋辐射涂料集成技术

1. 技术原理

高效（智能）燃烧＋辐射涂料集成技术主要应用高效燃烧技术和耐高温强化吸收涂料技术进行集成，通过全自动进口高效燃烧器实现对空气/燃料比的自动跟踪调节，减少运行时出现燃烧空气不足或过剩的现象，提高燃烧效率。同时，在炉管（管式加热炉）外壁或火筒内壁喷涂强化吸收涂料提高黑度，增强对辐射热的吸收能力，在生产负荷不变的前提下，可以减少燃料的消耗，从而达到节能目的。系统主要由燃烧器和耐高温强化吸收涂料组成。

2. 优缺点

优点：热效率高，能适应压力波动，自行调节风燃比，燃烧充分，热效率高；安全性高。燃烧器及燃气系统具有检漏装置、火焰检测器、调压（稳压）阀及过滤装置，同时具有前后吹扫与高低压保护功能，可能确保系统的安全稳定运行；高温涂料可提高炉管及火筒表面黑度，从而提高辐射率，减小受热面平均灰垢厚度，降低结焦强度，增加炉内受热面辐射和传导热量。

缺点：由于燃烧器品牌不同，在价格和性能方面存在较大差异；涂层寿命短，运行1～3年后性能会下降。

3. 适用条件

适用于多种功率的燃油燃气真空加热炉、水套炉、火筒式加热炉。

4. 应用效果

应用此技术后，节能率提升 5.5%，静态投资回收期在 1.4 年左右，投资节能量约为 3.3 tce/万元，有效使用年限在 10 年左右。

4.2.14 高效（智能）燃烧＋对流强化传热集成技术

1. 技术原理

高效（智能）燃烧＋对流强化传热集成技术主要应用高效燃烧技术和对流强化技术进行集成，通过全自动进口高效燃烧器来实现空气/燃料比的自动跟踪调节，减少运行时出现燃烧空气不足或过剩的现象，提高燃烧效率。同时，对火筒和烟管进行更换，采用波形火筒可使燃烧产生的高温烟气形成紊流效果，不仅可以增大换热面积、强化辐射传热，还可以达到增加换热能力的目的；采用螺纹烟管管壁上的凹槽可以强化烟气的扰流，使烟气在管内流动时产生紊流，在有相变和无相变的传热过程中显著提高内外传热系数，起到双边强化的作用。

2. 优缺点

优点：热效率高，能适应压力波动，自行调节风燃比，燃烧充分，热效率高；安全性高，燃烧器及燃气系统具有检漏装置、火焰检测器、调压（稳压）阀及过滤装置，同时具有前后吹扫与高低压保护功能，可确保系统的安全稳定运行；波纹炉胆可以吸收火筒热胀冷缩时产生的位移，延长火筒的使用寿命，提高安全系数；采用螺纹烟管可以在耗费同样材料的情况下，增大换热系数，增强换热。

缺点：由于燃烧器品牌不同，在价格和性能方面存在较大差异。

3. 适用条件

适用于多种功率的燃油燃气真空加热炉、水套炉、火筒式加热炉。

4. 应用效果

应用此技术后，节能率提升 5.5%，静态投资回收期在 1.6 年左右，投资节能量约为 2.7 tce/万元，有效使用年限在 3 年左右。

4.3 加热炉技措节能量核算方法

4.3.1 加热炉节能效果评价

4.3.1.1 加热炉节能效果评价指标

目前，通常用节能量、节能率和单耗作为加热炉的节能效果评价指标。

1. 节能量

根据 GB/T 28750—2012《节能量测量和验证技术通则》，节能量主要计算方法是节能技术改造项目、新建类项目、管理类项目的节能量测量和验证均可使用的基期能耗-影响因素模型法。通过分析研究可知，GB/T 28750—2012 的中心内容是，假设以基期的能效水平生产报告期所生产的产品总量（或提供报告期需提供的服务）所（虚拟）消耗的能量（校准能耗）减去报告期能耗；即用基期的能效水平来完成报告期内的"任务"所消耗的能量与报告期内所消耗的能量的差值，得到节能量；也即项目的节能量是报告期内的校准能耗与报告期内实际能耗之差，校准能耗是假设用基期的能效水平完成报告期内要求的工作量所需能耗。

可应用基期能耗-影响因素模型法计算油田加热炉节能量，此方法也称为节能量计算的效率法或效率基准法。目前，油气田加热炉的节能量计算多采用此方法。

为完成被加热介质（以下简称介质）的加热要求，加热炉加热介质输出功率即介质所吸收的功率（单位时间内介质所吸收的热量）为 P_{out}。用第 1 台加热炉（这里称为低效/改造前加热炉）加热介质，此加热炉的热效率为 η_1，则低效/改造前的输入功率 $P_1 = \dfrac{P_{out}}{\eta_1}$；用第 2 台加热炉（可能与第 1 台加热炉额定功率、类型、新旧程度等有一方面或几方面不同，或有些方面更加优越，或是第 1 台加热炉经采取节能措施或经节能技术改造后，称为高效/改造后加热炉），热效率为 η_2，则第 2 台加热炉的输入功率 $P_2 = \dfrac{P_{out}}{\eta_2}$，则使用高效/改造后加热炉相对于使用低效/改造前加热炉节约的功率的计算如下：

$$\Delta P = P_1 - P_2 = P_{out}\left(\dfrac{1}{\eta_1} - \dfrac{1}{\eta_2}\right) \qquad (4-1)$$

节能量计算方法如下：

$$\Delta W = \Delta P t = P_{\text{out}}\left(\frac{1}{\eta_1} - \frac{1}{\eta_2}\right)t \qquad (4-2)$$

式中：t——在报告期内高效加热炉以热效率 η_2 生产所用的时间。

将以上相关变量和计算方法列于表 4—1。

表 4—1 效率法（效率基准法）节能量计算

加热炉	输出功率	热效率	输入功率	功率节约	节能量
低效/改造前加热炉	P_{out}	η_1	$P_1 = \dfrac{P_{\text{out}}}{\eta_1}$	$\Delta P = P_{\text{out}}\left(\dfrac{1}{\eta_1} - \dfrac{1}{\eta_2}\right)$	$\Delta W = P_{\text{out}}\left(\dfrac{1}{\eta_1} - \dfrac{1}{\eta_2}\right)t$
高效/改造后加热炉		η_2	$P_2 = \dfrac{P_{\text{out}}}{\eta_2}$		

2. 节能率

加热炉节能率主要有三种计算方法。

（1）节能量占比法，使用高效/改造后加热炉完成同一生产任务所节约的能量占使用低效/改造前加热炉所消耗功率的百分比，用 R_1 表示，计算如下：

$$R_1 = \frac{\Delta P}{P_1} \times 100\% = P_{\text{out}}\left(\frac{1}{\eta_1} - \frac{1}{\eta_2}\right)\frac{\eta_1}{P_{\text{out}}} \times 100\% = \left(1 - \frac{\eta_1}{\eta_2}\right) \times 100\%$$
$$(4-3)$$

（2）效率变化率法，低效/改造前加热炉和高效/改造后加热炉热效率的变化率，用 R_2 表示，计算如下：

$$R_2 = \frac{\eta_2 - \eta_1}{\eta_1} \times 100\% = \left(\frac{\eta_2}{\eta_1} - 1\right) \times 100\% \qquad (4-4)$$

（3）单耗法，低效/改造前加热炉和高效/改造后加热炉输出热量单耗差值与低效/改造前加热炉输出热量单耗之比，用 R_3 表示，计算如下：

$$R_3 = \frac{B_1 - B_2}{B_1} \times 100\% \qquad (4-5)$$

式中：B_1——低效/改造前加热炉（有效）输出热量单耗，kgce/MJ；

B_2——高效/改造后加热炉（有效）输出热量单耗，kgce/MJ。

对比上述三种节能率计算方法可知，前两种节能率之比：$R_1/R_2 = \eta_1/\eta_2$，即在数值上 $R_1 < R_2$。从数值上看，节能量占比法计算得到的节能率 R_1 小于用效率变化率法计算得到的节能率 R_2；但从物理意义上讲，R_1 比 R_2 的算法更有意义。

3. 单耗

式（4—5）中所说的单耗的另一个概念是采用"加热炉每加热 1 t（1 m³）

介质、温度每升高 1℃ 时所消耗的输入功率",单位为 kW/(t·℃) 或 kW/(m³·℃)。比较不同加热炉或采取节能措施的加热单耗,可以评价加热炉的节能效果。

4.3.1.2 加热炉测试方法

具体检测方法参考"2.2.3.2 加热炉热效率测试方法",抽样方法参考"2.2.3.3 加热炉测试抽样方法"。

4.3.1.3 加热炉节能监测

按照 GB/T 31453—2015《油田生产系统节能监测规范》,每年对加热炉进行监测,只是判定是否合格,未对节能量进行评估分析和计算。

目前,加热炉的综合评价主要依据 GB/T 31453—2015 和相关中石油企业标准进行。

GB/T 31453—2015 给出了加热炉的监测项目及评价指标,主要包括四项:热效率、排烟温度、空气系数和炉体外表面温度。各项指标限值的确定方法如下:

(1) 对于所有加热炉的能耗测试数据,按燃料类型、功率范围进行分类汇总。

(2) 对于同一燃料类型、同一功率范围内的多台加热炉(不考虑负荷率范围),按其测得的热效率由高到低进行排序,取样本总数前 30% 所对应的热效率值设为优良限值(节能评价值),取样本总数前 70% 所对应的热效率值设为合格限值(节能限定值)。

(3) 对于同一燃料类型、同一功率范围内的多台加热炉(不考虑负荷率范围),按其测得的排烟温度、空气系数、炉体外表面温度由低到高进行排序,取样本总数前 70% 所对应的数值设为合格限值。

依据上述标准对加热炉进行综合评价时,热效率为主要的评价指标,排烟温度、空气系数、炉体外表面温度 3 项为辅助评价指标,最终以四项指标同时满足要求视为合格。根据加热炉节能监测及评价工作的开展情况,以及现场的实际应用结果表明,现行的加热炉节能监测与评价方法存在一些问题,主要表现在以下三个方面:

一是个别指标的表征性较差。现行标准中给出的四项指标为热效率、排烟温度、空气系数和炉体外表面温度。其中,热效率是表征加热炉能源利用程度最基本的特征参数;排烟温度、空气系数之间是相互影响和制约的,目前未知二者相互影响和制约的定量关系，而二者的变化又直接影响热效率的高低，但对热效率的影响并未得到确定的函数关系，因此，排烟温度和空气系数是否达到合格限值也可以作为评判加热炉性能合格与否的考量指标；但炉体外表面温度对加热炉各项热损失没有直接的影响关系，且加热炉外表面的散热量不仅与外表面的温度有关，而且与环境温度和风速等因素有关，所以仅仅通过界定炉体外表面温度的高低无法体现加热炉整体能效水平的高低。

二是对于同一燃料类型的加热炉，没有考虑负荷率以及加热炉类型（火筒式直接加热炉、火筒式间接加热炉、管式炉等）的影响。现行标准中在确定各指标限值时，没有考虑到负荷率这项因素。尤其对于效率指标限值的确定，实测统计数据表明，负荷率对热效率的影响较大，对于同一台加热炉，负荷率不同，其热效率也可能不同（一般随负荷率的增加而增加），而加热炉的类型不同，用同一种方法确定的效率指标限值也不同。因此，若不考虑负荷率和加热炉类型的差异，而将所有加热炉测试数据（同一燃料类型、同一功率范围、所有负荷率、所有加热炉类型）进行统一分析处理，将得到的指标限值作为评价加热炉实际能效水平高低的标准会存在一定不合理性。例如，某台加热炉受限于现场工况，在较低负荷状态下运行，测得的热效率较低，经现行标准评价的结果为不合格，但加热炉本身没有问题，若改变加热炉运行工况，增加其负荷，则热效率提高，评价结果为合格；反之亦然。因此，现行的评价方法因为没有全面考虑负荷率这一影响因素，所以评价结果与加热炉的实际工作能力不一致，无法科学、合理、真实地评价加热炉的运行状态。

三是各指标限值的确定不够科学。现行标准中除了没有考虑负荷率这一因素，在确定各项指标限值时，界定的方法为取样本总数的前30%、70%所对应的数值作为相应指标的优良限值与合格限值。该方法一直是行业内的约定做法，尚没有明确的理论依据可循。

上述分析应综合考虑加热炉类型、负荷率、炉体外表面与环境的温度差等诸多因素，对加热炉的评价指标进行调整和补充完善。同样，在加热炉节能量的计算方面，也需综合考虑以上诸因素。

4.3.2 加热炉技措节能量核算方法

4.3.2.1 加热炉节能量测量和验证方法

1. 加热炉节能改造项目的边界划分和能耗统计范围

加热炉节能量测量和验证的项目边界可以按照单台加热炉划分，也可以按包含多台加热炉的场地划分。加热炉节能改造项目边界如图4-10所示，其中，纳入项目边界的主要耗能设备如下：

（1）以燃料进入加热炉作为系统能源计量始点，以加热炉供热管路出口作为加热炉系统的终端，包括加热炉、辅助设备在内的全部设备。应统计和测量在此范围内所有设备的能源消耗量。

（2）加热炉存在相互影响运行的多台设备时，应将所涉及的设备划入系统边界内。

（3）系统改造需新增耗能设备，应将新增耗能设备划入系统边界内。

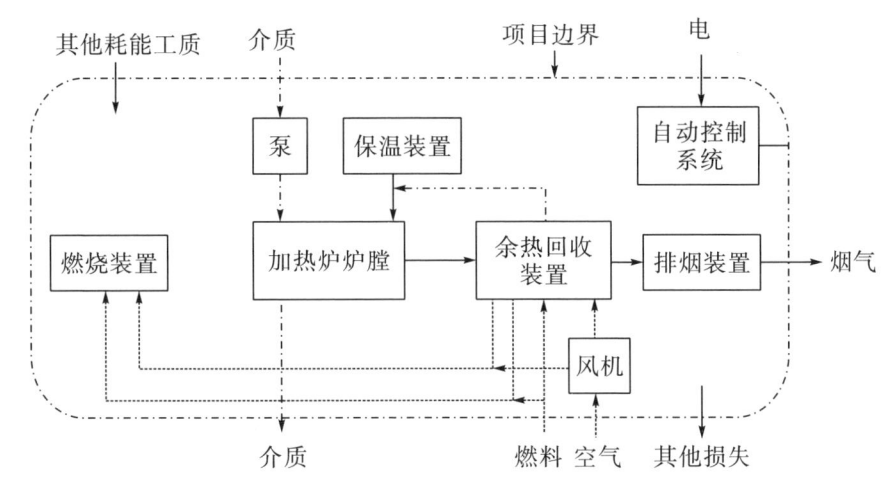

图4-10 加热炉节能改造项目边界示意图

这些耗能设备应列入项目基期和报告期的能耗统计范围，以确保节能量测量验证的准确性。

2. 测量和验证方法

（1）节能量核算方法。

目前基于各种技术原因，还不能实现加热炉能耗或热效率的实时在线监测，只能进行人工定期或不定期测试。由于油田加热炉应用地理区域范围广、数量多，每年完成全部加热炉多次测试不现实。而加热炉的工况又随油田（井）的产量、含水率等生产条件和环境温度、气候季节等情况而变化，所以用某次测试得到的热效率来计算或估算全年的节能量通常会有较大误差，估算的结果并不能反映实际情况。因此需完善节能量计算方法，算得采取各项节能措施的节能量，才能分析各项措施的经济效益，为节能措施后期的推广提供依据。目前，加热炉节能量的计算方法有直接比较法、单耗法、效率法、代替法四种。

基期数据宜通过收集统计、计算、测量等方法获得，报告期数据应采取测量的方法获得。

方法1：直接比较法。

在加热炉应用的基期（低效/改造前）和报告期（高效/改造后）内输出功率、生产参数、生产时间等生产情况无变化的情况下，可采用直接比较法来计算加热炉节能量：

$$E_s = E_r - E_b \qquad (4-6)$$

式中：E_s——节能量，tce；

E_b、E_r——基期（低效/改造前）、报告期（高效/改造后）能耗，tce。

方法2：单耗法。

当基期（低效/改造前）和报告期（高效/改造后）产量、能耗数值均可得到时，可采用单耗法来计算加热炉节能量：

$$E_s = \left(\frac{E_r}{G_r} - \frac{E_b}{G_b}\right)G_r \qquad (4-7)$$

式中：G_b、G_r——基期（低效/改造前）、报告期（高效/改造后）产量（即被加热介质质量），kg。

方法3：效率法。

当基期（低效/改造前）和报告期（高效/改造后）内的热效率、报告期（高效/改造后）能耗可得到时，可采用效率法来计算加热炉节能量，其物理意义同式（4-2）：

$$E_s = \left(1 - \frac{\eta_r}{\eta_b}\right)E_r \qquad (4-8)$$

式中：η_b、η_r——基期（低效/改造前）、报告期（高效/改造后）热效率。

式（4-8）是基期（低效/改造前）、报告期（高效/改造后）内加热炉负荷率、热效率不变条件下的节能量计算式。

如果低效/改造前加热炉和高效/改造后加热炉输出功率相同，热效率可得到，则加热炉节能量用式（4-2）计算。

油田加热炉能耗测试结果表明，加热炉热效率与加热炉负荷率有关，通常在小于额定负荷的条件下，随着负荷率的增加，加热炉热效率增加；但不同加热炉热效率随负荷率的变化关系不一定相同或相似。在油田实际生产过程中，由于季节和生产条件的变化，加热炉负荷率会有所不同，设在报告期内加热炉有 n 个不同负荷率，则加热炉节能量的计算如下：

·第4章 加热炉技措节能量核算方法·

$$\Delta W = \sum_{i=1}^{n} W_{R_i} = \sum_{i=1}^{n} \Delta P_i t_i = \sum_{i=1}^{n} (P_{1i} t_i - P_{2i} t_i) = \sum_{i=1}^{n} P_{\text{out}i} \left(\frac{1}{\eta_{1i}} - \frac{1}{\eta_{2i}} \right) t_i$$
(4-9)

式中：ΔW——报告期内节能量，tce；

W_{R_i}——报告期内，第 i 个负荷率下加热炉的节能量，tce；

ΔP_i——第 i 个负荷率下，即在负荷率 R_i 的条件下，输入功率减小量或功率节约量，kW；

t_i——第 i 个负荷率下加热炉工作时间，是在报告期内加热炉在第 i 个负荷率下的工作时间和，h；

P_{1i}——负荷率 R_i 下，低效/改造前加热炉的输入功率，kW；

P_{2i}——负荷率 R_i 下，高效/改造后加热炉的输入功率，kW；

$P_{\text{out}i}$——负荷率 R_i 下，加热炉输出功率，kW；

η_{1i}——负荷率 R_i 下，低效/改造前加热炉热效率，%；

η_{2i}——负荷率 R_i 下，高效/改造后加热炉热效率，%。

方法4：代替法。

若用 1 台高效加热炉代替 m 台低效或小负荷率加热炉，可采用代替法来计算加热炉节能量：

$$E_s = E_r \left(1 - \frac{\eta_r}{Q} \sum_{i=1}^{m} \frac{Q_{bi}}{\eta_{bi}} \right)$$
(4-10)

式中：E_r——报告期内 1 台高效加热炉的总能耗，tce；

η_r——报告期内 1 台高效加热炉的热效率，%；

Q——报告期内 1 台高效加热炉所加热介质的量（质量或体积），kg 或 m²；

Q_{bi}——被代替的第 i 台加热炉所加热介质的量，$Q' = \sum_{i=1}^{m} Q_{bi}$，kg；

η_{bi}——被代替的第 i 台加热炉原运行热效率，%。

将以上四种计算加热炉节能量的方法汇总于表4-2。根据表4-2，结合油田生产数据测试、统计、记录和现场生产的实际情况，方法3和方法4是常用的加热炉节能量计算方法。

表 4-2 加热炉节能量计算方法汇总

序号	方法名称	计算方法	所需参数	数据来源	适用条件及特点
1	直接比较法	$E_s = E_r - E_b$	基期、报告期能耗	测试	①适用条件：能耗、产量等相关统计数据全面、准确。 ②优点：方法简单、易操作、符合实际
2	单耗法	$E_s = \left(\dfrac{E_r}{G_r} - \dfrac{E_b}{G_b}\right) G_r$	基期、报告期能耗和产量	测试	
3	效率法	$E_s = \left(1 - \dfrac{\eta_r}{\eta_b}\right) E_r$	报告期能耗、基期和报告期加热炉热效率	测试/理论估算	①适用条件：加热炉工况（负荷率、热效率）相对稳定。 ②优点：方法简单、易操作；无"效率"实测数据时，可采用"名义效率"进行理论估算
3	效率法	$\Delta W = \sum\limits_{i=1}^{n} W_{R_i}$ $= \sum\limits_{i=1}^{n} \Delta P_i t_i$ $= \sum\limits_{i=1}^{n} P_{out i}\left(\dfrac{1}{\eta_{1i}} - \dfrac{1}{\eta_{2i}}\right) t_i$	高效/改造后加热炉运行时间、输出功率；低效/改造前、高效/改造后加热炉热效率	测试/理论估算	①适用条件：加热炉工况（负荷率）变化较大。 ②优点：充分考虑工况（负荷率）变化等对加热炉能耗、热效率的影响；无"效率"实测数据时，可采用"名义效率"进行理论估算
4	代替法	$E_s = E_r\left(1 - \dfrac{\eta_r}{Q}\sum\limits_{i=1}^{m}\dfrac{Q_{bi}}{\eta_{bi}}\right)$	报告期单台高效加热炉所加热介质的量、被代替的每台加热炉所加热介质的量；报告期单台高效加热炉热效率，被代替加热炉原运行热效率	测试/理论估算	①适用条件：采取关停并转、单台高效设备代替多台低效/低负荷率设备等加热炉提效措施。 ②优点：无"效率"实测数据时，可采用"名义效率"进行理论估算

注："名义效率"是指用统计方法得到的每一种类型、型号加热炉在各个负荷率下的热效率，详见第2章相关内容。

4.3.2.2 数据获取与验证

1. 数据获取要求

通常情况下，数据获取的要求如下：

（1）项目的计量系统除应满足 GB 17167 外，还需配备项目必要的计量器具，以获取节能量计算所需的全部数据或参数。

（2）对现场测量应按照 GB/T 28750 规定的方法获取数据。

（3）获取数据的仪器仪表要在校准有效期内，测量精度应满足测量要求。

2. 数据获取

（1）以下数据来源可采用统计法：一是可采信的能源统计数据，二是符合要求的能源计量仪表的原始记录，三是有资质第三方出具的测试结果、化验单等检测数据，四是公认的节能措施相关数据。

（2）在具备测量条件的情况下，应使用测量法，通过现场测量获取所需数据；用能设备能量测试的要求和方法应符合 GB/T 6422 的要求。

3．数据验证

数据验证的方法：

（1）以统计法获取的数据，应提供必要的原始凭证。

（2）以测量法获取的数据，应提供计量器具的计量校准证书。

（3）以估算或推算方式获取的数据，应依据方法说明、设备铭牌等参数进行验证。

（4）对不能确定的关键参数，可采用数据追溯或计算检验等方式，进行交叉验证。

（5）如存在多种确定节能量的方式，应交叉检查，提高审核发现和审核结论的可信度。

4.3.2.3 加热炉节能量核算方法推荐

目前，油田加热炉主要的节能提效措施有采用高效节能燃烧器、节能燃烧技术、余热回收技术、涂料除垢阻垢等。根据对加热炉节能提效项目技术特点、节能效果、能耗影响因素的分析，以及各节能量计算方法的使用范围，现提出如下算法推荐（详见表 4-3）。

表 4-3 节能量计算方法推荐程度

序号	节能技措方法		直接比较法	单耗法	效率法	代替法
1	高效节能燃烧器	全自动燃烧器		**	***	
2		比例调节燃烧器		**	***	
3	节能燃烧技术	燃料添加剂节能技术	***	**		
4		膜法富氧燃烧技术	***	**		
5		聚能加热技术	***	**		
6	余热回收技术	水热媒空气预热器			***	
7		板式空气预热器		***		
8		热管换热技术		***	***	
9	远红外涂料	远红外涂料		***		
10	隔热保温技术	采取外保温措施		***		
11	加热炉传热优化技术	高分子导热介质		***		
12	除垢阻垢技术	超声波除垢阻垢技术		***		
13		磁场波除垢阻垢技术		***		
14		电场波除垢阻垢技术		***		
15		化学防垢除垢技术		***		
16	优化控制技术	优化控制技术	***	***		

第4章 加热炉技措节能量核算方法

续表

序号	节能技措方法	直接比较法	单耗法	效率法	代替法
	支撑材料	1. 措施实施前、后的能耗分析的原始资料（如报表、记录、监测报告等）。 2. 措施实施的记录（如报表、工作日志、设备运行记录、作业记录等）。 3. 节能措施小结（主要内容包括措施概况、资金来源、实施工作量、节能量计算方法、措施实施明细表等内容）	1. 措施实施前、后的单耗分析的原始资料（如报表、记录、监测报告等）。 2. 措施实施的记录（如报表、工作日志、设备运行记录、作业记录等）。 3. 节能措施小结（主要内容包括措施概况、资金来源、实施工作量、节能量计算方法、措施实施明细表等内容）	1. 措施节能率监测报告。 2. 措施实施后能耗数据（如报表、记录、监测报告等）。 3. 措施实施的现场记录。 4. 节能措施小结	1. 措施节能率监测报告。 2. 措施实施后能耗数据（如报表、记录、监测报告等）。 3. 措施实施的现场记录。 4. 节能措施小结

注：1. 表中 * 的多少表示计算方法的推荐程度，* 越多表示推荐程度越高。
2. 可获得完整基期数据和报告期数据的前提下，建议使用推荐方法计算节能量。

123

1. 高效节能燃烧器

燃烧器是使燃料和空气以一定方式喷出混合（或混合喷出）燃烧的装置统称。燃烧器是油田加热炉的重要组成部分，对加热炉的能耗有重要影响。早期油气田加热炉主要使用简易型燃烧器，没有控制功能，在运行过程中不能对主要运行参数（如燃料与空气量配比等）进行控制，因此可能造成燃料燃烧不完全，或过剩空气系数大，使得燃料消耗量大、能耗大。由于不能根据生产需要自动调节燃烧工况，所以加热炉热效率低。

高效节能燃烧器主要有全自动燃烧器和比例调节燃烧器两种。

全自动燃烧器的燃油量与空气可按比例配给，燃料油被预热至设定的燃烧温度后可自动高压雾化喷出，以保证稳定充分燃烧，减少燃烧不充分不完全造成的对环境的污染。性能较好的全自动燃烧器，其过剩空气系数一般控制在 1.02~1.13 之间，燃烧效率可高达 98%。这种燃烧器节能、安全、环保性能好，自动化程度高，操作方便。

比例调节燃烧器根据加热炉运行负荷需求，可进行比例式连续调节。这种燃烧器是机电一体化设计，结构紧凑、体积小，安装方便，便于调节和维修，能实现燃烧过程的自动控制。比例调节燃烧器的燃烧性能好，负荷调节幅度大，能适应调节加热炉负荷的需要，燃烧效率可达 98%~99%，不仅满足国家环保要求，同时安全可靠，适用于多种类型加热炉和多种燃料（包括多种燃料油和燃料气）。

节能量核算方法推荐：高效节能燃烧器，主要是通过提高加热炉热效率达到节能目的，负荷输出恒定，所以在可获得完整基期数据和报告期数据的前提下，推荐使用效率法计算节能量。效率法需要计量统计出加热炉高效节能技术改造后的综合能耗，测试出项目实施前后加热炉的热效率，要求计量统计与现场测试相结合。但是如果高效节能燃烧器改造后加热炉负荷变化较大，则计算的节能量会存在一定的误差。

2. 节能燃烧技术

节能燃烧技术主要有燃料添加剂节能技术和膜法富氧燃烧技术等。

燃料添加剂节能技术是在燃料中掺入添加剂可改善燃油的流动性，并促进燃油氧化、残炭燃尽等，改善加热炉燃烧状况，提高加热炉热效率，减少环境污染。

膜法富氧燃烧技术是指利用空气各组分透过高分子复合膜时渗透率的不同，在压力差的驱动下，将空气中的氧气富集起来获得富氧空气的技术。加热炉工作时，由于富氧空气的参与，氮气含量相对减少，相应减少了排出的烟气量，减少了废气吸热量，从而减小了排烟热损失。同时富氧燃烧不仅能提高燃烧强度，也能加快燃烧速度，更有利于燃烧反应完全，改善排烟质量，减小未完全燃烧物质对环境的污染。由于进入燃烧系统的氮气含量减少，可以抑制燃烧过程污染气体的生成。

节能量核算方法推荐：节能燃烧技术，在可获得完整基期数据和报告期数据的前提下，推荐使用直接比较法计算节能量。如果无法获得完整基期能耗数据，在节能燃烧技术可以关闭且不影响项目正常运行的情况下，推荐使用单耗法计算节能量。

在项目报告期内选取两个或多个测试工况作为典型工况，在各个典型工况下设定固定的加热炉运行时长。先关闭节能措施，并以此状态下的加热炉能耗作为设定运行时长内改造前的加热炉能耗；然后开启节能措施，并以此状态下的加热炉能耗作为设定运行时长内改造后的加热炉能耗；通过比较节能措施开启和关闭时的加热炉能耗变化获得节能量。所设定的加热炉运行时长应大于或等于 24 h。

3. 余热回收技术

加热炉工作过程中，由于多种原因，部分加热炉排烟温度大大超出标准规定的经济运行指标要求，大量可利用烟气中的热量被直接排空放掉。回收烟气余热可较大程度上提高加热炉热效率。烟气余热回收技术（设备）主要有水热媒空气预热器和板式空气预热器。此外还有热管换热技术。

节能量核算方法推荐：

（1）水热媒空气预热器主要由烟气换热器、空气换热器、热水循环泵及相应的循环水管道等组成，利用有一定压力的除氧水作为热媒，在一个封闭或开放的热交换系统中，吸收烟气中的余热，用于预热加热炉助燃空气或工艺介质，往复循环。热媒水通过放置在加热炉对流室出口的烟气换热器将烟气的热量吸收，同时通过布置在鼓风机出口的烟气换热器放出热量，加热助燃空气，如此循环，将烟气热量源源不断地传递给助燃空气。这种技术用于加热炉，一般可以提高热效率 3%～6%。

可获得完整基期数据和报告期数据的前提下，推荐使用效率法计算加热炉节能量。效率法需要计量统计出加热炉节能技术改造后的综合能耗，测试出项目实施前后加热炉的热效率，要求计量统计与现场测试相结合。但是如果节能改造后加热炉负荷变化较大，则计算的节能量会造成一定的误差。

（2）板式空气预热器的主要传热部件是薄钢板，多个薄钢一起焊接成长方形的盒子，数个盒子拼成一组，形成板式换热器。换热器工作时，烟气由上向下通过，经过盒子外侧，空气则横向通过盒子的内部，在下部转弯向上，两次与烟气交换热量，使烟气与空气形成逆向流动，获得高的传热效率。板式空气换热器结构形式相对于管式空气预热器和热管式空气预热器有更高的换热效率。

可获得完整基期数据和报告期数据的前提下，推荐使用单耗法计算节能量，此种方法只需要计量统计出项目实施前后项目范围内的综合能源消费量和产品产量，计算出单位产品能耗，就能计算出节能技措项目的节能量。但如果节能技措项目实施前后加热炉负荷变化较大，则计算的节能量会有一定的误差。

4. 远红外涂料

将远红外涂料涂刷在加热设备的受热面可以提高受热面的辐射系数，利用辐射传热的原理，强化传热过程，提高加热设备效率。当在炉壁上涂覆远红外涂料后，炉体辐射率会显著提高，使得炉壁的辐射能力增加，换热管道从炉壁获得的辐射能大大提高，同时加热炉保温用的耐火纤维本身存在大量孔隙，可以让热量更容易通过这些孔隙散失，而远红外涂料成膜后可形成良好的绝热层，阻挡热量散失，达到节能目的。在加热炉内管涂刷远红外涂料，具有极强的吸收外部辐射热能的能力，从而提高炉管的热能吸收率，提高加热炉热效率。

节能量核算方法推荐：远红外涂料，主要是强化传热过程，提高加热设备效率的节能措施项目。可获得完整基期数据和报告期数据的前提下，推荐使用效率法计算节能量。效率法需要计量统计出加热炉节能技术改造后的综合能耗，测试出项目实施前后加热炉的热效率，要求计量统计与现场测试相结合。但是如果改造后加热炉负荷变化较大，则计算的节能量会有一定的误差。

5. 隔热保温技术

在热能转换、输送和使用过程中，都需要对热设备和输热管网进行隔热保温，以减少热能的损失。隔热保温技术可以在生产工艺改造过程中实施。

节能量核算方法推荐：隔热保温技术，主要是为了减少热能的损失，在可获得完整基期数据和报告期数据的前提下，推荐使用单耗法计算节能量。单耗法只需要计量统计出项目实施前后项目范围内的综合能源消费量和产品产量，计算出单位产品能耗，就能计算出节能技措项目的节能量。但如果节能技措项目实施前后加热炉负荷变化较大，则计算的节能量会存在一定的误差。

6. 加热炉传热优化技术

传统的水套炉中一般使用水为加热介质进行传热，达到加热产品的目的。高分子导热介质的导热系数远大于水，大大提高了加热过程中的热能转换的换热效率。

节能量核算方法推荐：加热炉传热优化技术，主要是为了增加换热效率。在可获得完整基期数据和报告期数据的前提下，推荐使用单耗法计算节能量。单耗法只需要计量统计出项目实施前后项目范围内的综合能源消费量和产品产量，计算出单位产品能耗，就能计算出节能技措项目的节能量。但如果节能技措项目实施前后加热炉负荷变化较大，则计算的节能量会存在一定的误差。

7. 除垢阻垢技术

油田原油集输系统中加热炉结垢现象普遍，由于垢的导热系数很小，结垢会降低加热炉热效率，同时会造成炉管局部过热，引起炉管鼓包变形、垢下腐蚀等。油田加热炉的除垢阻垢技术主要分为化学清洗法和物理法两种。化学清洗法清洗效果好，但会消耗较大量的水，还会造成水体污染。所以物理法得到了越来越广泛的应用。

物理法主要有超声波、磁场和电场除垢阻垢技术等。目前这些技术都有了比较广泛的应用，也取得了较好的加热炉提效、节能效果。

节能量核算方法推荐：除垢阻垢技术，主要是强化传热过程，提高加热设备效率。在可获得完整基期数据和报告期数据的前提下，推荐使用单耗法计算节能量。单耗法只需要计量统计出项目实施前后项目范围内的综合能源消费量和产品产量，计算出单位产品能耗，就能计算出节能技措项目的节能量。但如果节能技措项目实施前后加热炉负荷变化较大，则计算的节能量会存在一定的误差。

8. 优化控制技术

油田生产中部分加热炉在运行过程中存在温度控制准确度低、能耗大、容易引发事故等问题。如果安装加热炉计算及自动控制系统，采用工业计算机和工控模块组件对燃烧器进行控制，就能实现恒温、无人值守、高准确度的自动化控制模式，可大大提高加热炉运行参数控制的准确度，消除安全隐患，提高生产管理效率。

节能量核算方法推荐：优化控制技术，主要是提高生产管理效率，对设备本身没有实质性的改变。在可获得完整基期数据和报告期数据的前提下，推荐使用直接比较法计算节能量。如果无法获得完整基期能耗数据，在节能燃烧技术可以关闭且不影响项目正常运行的情况下，推荐使用单耗法计算节能量。

4.3.2.4 现场情况与计算方法对应使用关系

现场情况1：采取节能措施前、后加热炉的能耗测试数据齐全，且输出功率、生产参数、生产时间等生产情况无变化的情况。

已知数据：低效/改造前（基期）加热炉、高效/改造后（报告期）加热炉的能耗（测试数据）。

节能量计算方法：直接比较法。

计算公式：$E_s = E_r - E_b$

符号说明：E_s——节能量；E_b、E_r——低效/改造前（基期）加热炉、高效/改造后（报告期）加热炉的能耗。

现场情况2：采取节能措施前、后加热炉的产量、能耗测试数据齐全的情况。

已知数据：低效/改造前（基期）加热炉、高效/改造后（报告期）加热炉的能耗、产量（测试数据）。

节能量计算方法：单耗法。

计算公式：$E_s = \left(\dfrac{E_r}{G_r} - \dfrac{E_b}{G_b}\right) G_r$

符号说明：E_s——节能量；E_b、E_r——低效/改造前（基期）加热炉、高效/改造后（报告期）加热炉的能耗；G_b、G_r——低效/改造前（基期）加热炉、高效/改造后（报告期）加热炉的产量（即被加热介质质量）。

现场情况3：采取节能措施前、后加热炉的热效率、能耗测试数据齐全的情况。

已知数据：低效/改造前（基期）加热炉、高效/改造后（报告期）加热炉的热效率、能耗（测试数据）。

节能量计算方法：效率法。

计算公式：$E_s = \left(1 - \dfrac{\eta_r}{\eta_b}\right) E_r$ 或 $\Delta W = \sum\limits_{i=1}^{m} P_{\text{out}i} \left(\dfrac{1}{\eta_{1i}} - \dfrac{1}{\eta_{2i}}\right) t_i$

符号说明：E_s——节能量；E_b、E_r——低效/改造前（基期）加热炉、高效/改造后（报告期）加热炉的能耗；η_b、η_r——低效/改造前（基期）加热炉、高效/改造后（报告期）加热炉的热效率。

$P_{\text{out}i}$——负荷率R_i下，加热炉输出功率；η_{1i}——负荷率R_i下，低效/改造前（基期）加热炉的热效率；η_{2i}——负荷率R_i下，高效/改造后（报告期）加热炉的热效率；t_i——第i个负荷率下加热炉工作时间，是在报告期内加热

炉在第 i 个负荷率下的工作时间和。

现场情况 4：采取关停并转、1 台高效加热炉代替多台低效加热炉类节能措施，且采取节能措施前、后加热炉的热效率、能耗测试数据齐全的情况。

已知数据：低效/改造前（基期）加热炉、高效/改造后（报告期）加热炉的热效率、能耗（测试数据）。

节能量计算方法：代替法。

计算公式：$E_s = E_r \left(1 - \dfrac{\eta_r}{Q} \sum\limits_{i=1}^{m} \dfrac{Q_{bi}}{\eta_{bi}}\right)$

符号说明：E_s——节能量；E_r——报告期内 1 台高效加热炉的总能耗；η_r——报告期内 1 台高效加热炉的热效率；Q——报告期内 1 台高效加热炉所加热介质的量（质量或体积）；Q_{bi}——被代替的第 i 台加热炉所加热介质的量，$Q' = \sum\limits_{i=1}^{m} Q_{bi}$；$\eta_{bi}$——被代替的第 i 台加热炉原运行热效率。

现场情况 5：采取节能措施前、后加热炉的热效率、能耗等无测试数据的情况。

已知参数：低效/改造前（基期）或高效/改造后（报告期）加热炉的类型、额定功率、负荷率等基本工况信息。

适用条件：现场情况 3、现场情况 4 中加热炉的热效率（基期或报告期）无测试（或统计）数据。

节能量计算方法：名义效率查找法。

计算公式：$E_s = \left(1 - \dfrac{\eta'_r}{Q}\right) E_r$；$E_s = E_r \left(1 - \dfrac{\eta'_r}{Q} \sum\limits_{i=1}^{m} \dfrac{Q_{bi}}{\eta'_{bi}}\right)$

符号说明：E_s——节能量；E_r——1 台加热炉的总能耗；η'_r——1 台加热炉的名义效率；η'_{bi}——1 台代替多台加热炉时，被代替的第 i 台加热炉（低效/改造前）的名义效率；Q_{bi}——被代替的第 i 台加热炉所加热介质的量。

使用说明：公式中所有名义效率（低效/改造前、高效/改造后）均根据加热炉类型、型号或功率范围、负荷率，查找相应的加热炉名义效率表格得到。将查找得到的名义效率值代入公式，即可计算出加热炉的节能量。此时得到的加热炉节能量为估计值，与实际值之间可能存在一定的偏差。

4.4 实例分析

4.4.1 加热炉传热节能优化技术

某油田采油厂联合站实施了集输加热炉传热优化技术利用项目，对项目实施前后进行对比测试，结果见表4－4。

表4－4 某油田采油厂采用集输加热炉传热节能优化技术的测试数据

序号	名称	单位	数据来源	测试数据计算	
1	设备名称	—	铭牌	加热炉	
2	设备编号	—	—	11♯脱水加热炉	
3	设备型号	—	铭牌	HJ1750-Y/2.5-Q/Q	
4	设备额定功率	kW	铭牌	1750	
5	设备生产厂家	—	铭牌	锅炉制造有限公司	
6	测试地点	—	—	联合站	
7	燃料类型	—	—	天然气	
8	测试日期	—	—	××××-××-××	××××-××-××
9	测试工况	—	—	基期	报告期
10	收到基甲烷	%	化验	89.83	89.98
11	收到基乙烷	%	化验	4.84	3.80
12	收到基丙烷	%	化验	1.12	0.40
13	收到基正丁烷	%	化验	0.25	0.02
14	收到基异丁烷	%	化验	0.12	0.02
15	收到基正戊烷	%	化验	0.00	0.00
16	收到基异戊烷	%	化验	0.00	0.00
17	收到基己烷	%	化验	0.00	0.00
18	收到基氢气	%	化验	0	0
19	收到基氮气	%	化验	2.98	4.54
20	收到基二氧化碳	%	化验	0.71	0.97
21	收到基氧气	%	化验	0.15	0.29

续表

序号	名称	单位	数据来源	测试数据计算	
22	燃气所带的水量	g/m³	化验	0	0
23	气体燃料含灰量	g/m³	化验	0	0
27	收到基低位发热量	kJ/m³	化验	34200	32650
28	被加热介质进口压力	MPa	测试	0.17	0.18
29	被加热介质出口压力	MPa	测试	0.14	0.15
30	被加热介质进口温度	℃	测试	40.5	41.0
31	被加热介质出口温度	℃	测试	84.3	87.7
37	原油20℃密度	kg/m³	测试	917.5	918.2
38	被加热介质密度	kg/m³	测试	922.5	921.9
39	被加热介质含水率	%	测试	6.0	4.5
40	被加热介质流量	m³/h	测试	40.3	44.5
45	燃料消耗量	m³/h	测试	152.68	142.72
47	环境温度	℃	测试	−8.00	2.60
48	燃料温度	℃	测试	−4.93	0.83
52	炉体压力	MPa	测试	0.20	0.20
53	液位计高度	mm	测试	250	250
54	排烟处 CO_2	%	测试	7.7	7.6
55	排烟处 O_2	%	测试	7.68	7.32
56	排烟处 CO	%	测试	0	0
58	排烟温度	℃	测试	135.5	130.7
59	炉体表面温度	℃	测试	3.3	10.3

由上述测试结果可知，应采用单耗法计算节能量。

当基期和报告期产量、能耗数值均可得到时，可采用单耗法计算加热炉节能量，计算式如下：

$$E_s = \left(\frac{E_r}{G_r} - \frac{E_b}{G_b}\right)G_r$$

式中：G_b、G_r——基期、报告期产量（即被加热介质质量），kg。

由已知可得基期产量 $G_b = 40.3 \text{ m}^3/\text{h}$，报告期产量 $G_r = 44.5 \text{ m}^3/\text{h}$，基期

能耗 E_b=152.68 m³/h，报告期能耗 E_r=142.72 m³/h。

节能量：E_s=(142.72/44.5−152.68/40.3)×44.5=−25.87(m³/h)。

年节能量为：25.87×8000×1.2143=251311.53(kgce)。

注：年运行时间按 8000 h 计，天然气折标准煤系数按 1.2143 kgce/m³ 计。

4.4.2 加热炉高效节能燃烧器技术

某油田采油厂集输大队实施了加热炉高效节能燃烧器技术利用项目，对项目实施前后进行对比测试，结果见表 4−5。

表 4−5 某油田采油厂采用加热炉高效节能燃烧器技术的测试数据

序号	名　称	单位	数据来源	测试数据计算	
1	设备名称	—	铭牌	加热炉	
2	设备编号	—	—	4♯混输加热炉	
3	设备型号	—	铭牌	HJ1750-Y/2.5-Q	
4	设备额定功率	kW	铭牌	1750	
5	设备生产厂家	—	铭牌	油田建设工程公司	
6	测试地点	—	—	集输大队	
7	燃料类型	—	—	天然气	
8	测试日期	—	—	××××-××-××	××××-××-××
9	测试工况	—	—	基期	报告期
10	收到基甲烷	%	化验	87.56	84.83
11	收到基乙烷	%	化验	4.81	6.55
12	收到基丙烷	%	化验	1.09	2.76
13	收到基正丁烷	%	化验	0.25	0.9
14	收到基异丁烷	%	化验	0.13	0.45
15	收到基正戊烷	%	化验	0.06	0.15
16	收到基异戊烷	%	化验	0.07	0.19
17	收到基己烷	%	化验	0.00	0.00
18	收到基氢气	%	化验	0	0
19	收到基氮气	%	化验	4.15	2.64
20	收到基二氧化碳	%	化验	1.49	1.40

续表

序号	名　称	单位	数据来源	测试数据计算	
21	收到基氧气	%	化验	0.39	0.13
22	燃气所带的水量	g/m³	化验	0	0
23	气体燃料含灰量	g/m³	化验	0	0
24	容积成分之和	%	计算	100	100
25	干气体燃料密度	kg/m³	计算	0.82	0.86
26	收到基密度	kg/m³	计算	0.82	0.86
27	收到基低位发热量	kJ/m³	化验	33590	36490
28	被加热介质进口压力	MPa	测试	0.26	0.26
29	被加热介质出口压力	MPa	测试	0.10	0.10
30	被加热介质进口温度	℃	测试	42.0	44.0
31	被加热介质出口温度	℃	测试	57.5	57.9
32	原油0℃比热容	kJ/(kg·℃)	计算	1.69	1.69
33	原油进口温度与0℃原油平均比热容	kJ/(kg·℃)	计算	1.76	1.76
34	原油出口温度与0℃原油平均比热容	kJ/(kg·℃)	计算	1.79	1.79
35	加热炉进口水质量焓	kJ/kg	查表	175.6	183.9
36	加热炉出口水质量焓	kJ/kg	查表	240.4	242.0
37	原油20℃密度	kg/m³	测试	999.6	999.6
38	被加热介质密度	kg/m³	测试	1000.0	1000.0
39	被加热介质含水率	%	测试	96.0	96.0
40	被加热介质流量	m³/h	测试	50.5	53.5
41	原油体积修正系数	—	查表	0.9746	0.9743
42	被加热水有效热量	kJ/h	计算	3141504.0	2984016.0
43	被加热原油有效热量	kJ/h	计算	57079.1	54607.3
44	加热炉有效输出热量	kJ/h	计算	3198583.1	3038623.3
45	燃料消耗量	m³/h	测试	123.211	102.140
46	负荷率	%	计算	50.8	48.2

续表

序号	名称	单位	数据来源	测试数据计算	
47	环境温度	℃	测试	−6.0	2.6
48	燃料温度	℃	测试	−0.6	3.6
49	燃料物理热	kJ/m³	计算	−0.97	5.90
50	供入热量	kJ/h	计算	4138168.5	3722581.8
51	正平衡热效率	%	计算	77.29	81.63
52	炉体压力	MPa	测试	0.08	0.08
53	液位计高度	mm	测试	40	40
54	排烟处 CO_2	%	测试	7.4	7.7
55	排烟处 O_2	%	测试	7.55	7.25
56	排烟处 CO	%	测试	0	0
57	排烟处过量空气系数	—	计算	1.50	1.47
58	排烟温度	℃	测试	187.0	167.8
59	炉体表面温度	℃	测试	2.5	11.4
60	有效输出能量单耗	MJ/MJ	计算	1.2938	1.2251
61	节能率	%	计算	5.31	

由上述测试结果可知，应采用效率法计算节能量

当基期和报告期内的热效率、报告期能耗可得到时，可采用效率法计算节能量，计算式如下：

$$E_s = \left(1 - \frac{\eta_r}{\eta_b}\right) E_r$$

式中：η_b、η_r——基期、报告期热效率，%。

由已知条件可以计算出，加热炉基期 $\eta_b = 77.29\%$，报告期 $\eta_r = 81.63\%$，$E_r = 102.140 \ m^3/h$。

节能量：$E_s = (1 − 81.63\%/77.29\%) \times 102.140 = −5.74 (m^3/h)$。

年节能量为：$5.74 \times 8000 \times 1.2143 = 55760.66 (kgce)$。

注：年运行时间按 8000 h 计，天然气折标准煤系数按 1.2143 kgce/m³ 计。

第 5 章　机泵技措节能量核算方法

5.1　机泵简介

泵是被某种动力机驱动,将动力机轴上的机械能传递给它所输送的液体,使液体能量增加的机器。

油气田企业是推动我国经济建设发展的产能大户,同时它也需要大量的能源作保障。油气田企业的运营成本中能源消耗占很大一部分,需要秉承节能降耗的思想开展日常工作,在提高综合利用资源效率的同时大力推行节能降耗,以有效降低油气田企业的生产运营成本。

油气田企业为降低能源消耗,提升耗能设备的运行效率,在保证安全运行的情况下,开展了大量的节能技术研究工作,对主要耗能设备进行了节能技术改造,推广了节能效果明显的合同能源管理项目,提高了能源的综合利用率,提升了企业的工艺技术水平、装备水平、管理水平,增强了企业的核心竞争力。

机泵作为油气田注采和集输的重点用能设备,油气田企业有针对性地开展了多种类型的节能技术改造工作和合同能源管理项目。项目建成后,选用科学适用、准确的机泵技措节能量核算方法,测量、计算节能技措和合同能源管理项目的节能量,对节能技措项目的节能评价、合同能源管理项目的节能量核算来说,有非常重要的意义。

目前,对机泵进行技术改造的节能效果评价主要依据 SY/T 6422—2016《石油工业用节能产品节能效果测定》、GB/T 13234—2018《用能单位节能量计算方法》、GB/T 15320—2001《节能产品评价导则》、GB/T 32045—2015《节能量测量和验证实施指南》、GB/T 35578—2017《油田企业节能量计算方法》、SY/T 6838—2011《油气田企业节能量与节水量计算方法》、GB/T 28750—2012《节能量测量和验证技术通则》等。

现有的机泵技措节能量核算方法仅有总的思路和一般原则,在实施中存在不确定性影响因素，如数据采集方法、数据采集频率、工况、数据抽样的代表性缺乏统一标准，且部分技措的基期能耗数据难以获取，从而导致计算结果存在较大偏差，在节能管理中难以得到广泛认可。故有必要对该问题进行分析研究，针对不同机泵系统和不同条件下的节能量核算方法进行研究，形成机泵节能量核算方法细则，为下一步顺利推进合同能源管理奠定基础。此外，还可预测机泵节能技措改造节能量与价值量，在改造前评估项目实施的必要性。

根据《新疆油田 2020 年能源审计报告》统计数据，泵机组用电量在油气田生产总用电量中所占比例较大，约占油气田生产总用电量的 30% 以上；注水泵机组平均效率约为 72%，节能潜力较大；现有的机泵节能技术措施多，是节能减排的重要环节之一；不同节能技术措施的节能量计算方法的数据采集、工况选择、抽样的代表性缺乏统一标准，导致能耗和节能量计算结果存在较大偏差，在节能量核算和合同能源管理项目中难以得到广泛认可。

此次项目研究的目的是规范节能量计算方法，为油田节能技改、合同能源管理、能效对标等节能项目提供技术支撑。

5.1.1 机泵分类

泵的种类有很多，按作用原理可分为叶片式泵、容积式泵和其他类型泵三大类，如图 5-1 所示。

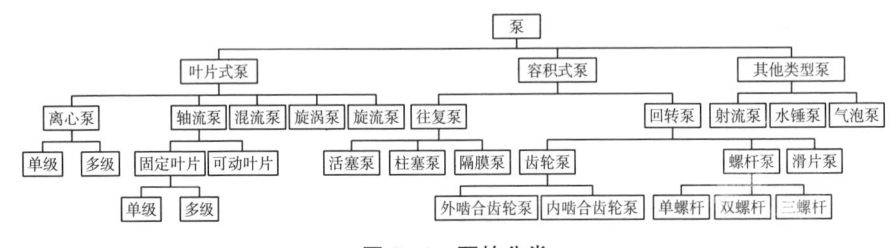

图 5-1 泵的分类

（1）叶片式泵：依靠工作轮高速旋转，通过叶片与液体的互相作用，将能量传递给液体，如离心泵、混流泵、旋涡泵等。

（2）容积式泵：利用工作室容积周期性的变化来实现流体的增压与输送，如活塞（柱塞）泵、齿轮泵、螺杆泵、隔膜泵等。

（3）其他类型泵：包括利用液体能量来输送液体的泵，如射流泵、水锤泵、气泡泵等。

目前，油气田生产中常用的主要为离心泵和往复泵两种。泵广泛应用于油气田生产工艺过程，常按用途冠以相应的名称。例如，在钻井工艺中，为了清除井底岩屑及冷却钻头等，会利用高压往复泵向井底输送和循环钻井液，称为钻井泵；在固井工艺中，应用高压往复泵向井底注入高压水泥浆，称为固井泵；在采油生产中，利用高压多级离心泵或往复泵往油层中注水以保持底层压力，提高采收率，称为注水泵；利用高压往复泵对油、水层进行压裂和酸化，提高底层的渗透率，以达到增产和增注的目的，称为压裂泵；在油气集输工艺中，采用离心泵或螺杆泵机组输送油、水或油气水混合物，称为输油泵或混输泵；此外，还有其他多种用途的泵，如热洗泵、加药泵等。

5.1.2 机泵结构及工作特点

5.1.2.1 离心泵

离心泵主要用于油气田注水、供排水、油品输送以及作为钻井泵的灌注用泵等。

以单级离心泵为例，离心泵主要由叶轮、泵壳、导轮、轴、轴承、密封装置及轴向力平衡装置组成。

（1）叶轮：是离心泵中最重要的部分，能把动力机的能力传给液体。叶轮分为闭式、半开式和开式三种。闭式叶轮有两个盖板或轮盖；半开式叶轮只有带轮毂的一个盖板；开式叶轮只有叶片，没有盖板，叶片直接铸在轮毂上。

（2）泵壳：既是液体的收集装置，也是一个转能装置，分为蜗壳和有导轮的透平式泵壳两种。

（3）导轮：装在叶轮外缘并固定在泵壳上，用于多级离心泵，使液体按规定方向流动，并且使液体的部分动能转换成压能。导轮上有叶片，称为导叶。

（4）轴：当离心泵启动后，泵轴带动叶轮一起做高速旋转运动，迫使预先充灌在叶片间的液体旋转，在惯性离心力的作用下，液体自叶轮中心向外周做径向运动，从而赋予流经液体能量。

（5）轴承：对泵轴进行支撑，实质是能够承担径向载荷。它是用来固定轴的，使轴只能实现转动，而控制其轴向和径向的移动。

（6）密封装置：为了保证泵正常高效使用，应当防止液体外漏或外界空气吸入泵内，因此必须在叶轮与泵壳之间、轴与壳体之间安装密封装置。

（7）轴向力平衡装置：离心泵运行时，由于叶轮前后两侧压力不同，前盖板侧压力低，后盖板侧压力高，产生了一个作用在转子上、与轴线平行、指向叶轮吸入口的轴向力。特别是对于多级离心泵，不仅可能引起动静部件碰撞和磨损，而且会增加轴承负荷，导致机组振动，对泵的正常运行十分不利。所以需要采取措施来平衡轴向力。对于单级离心泵可采用双吸式叶轮，使轴向力相互抵消，或者采用开平衡孔或装平衡管的办法。对于多级离心泵，可对称布置叶轮，或采用平衡鼓或装自动平衡盘来平衡轴向力。

离心泵的工作特点：①离心泵内的液体是连续流动的，能量连续地由叶片传递给液体，所以离心泵流量均匀，压力平稳。②离心泵结构简单，可用高速原动机直接驱动叶轮高速转动，不需要机械减速装置。在流量和扬程相同的情况下，与往复泵相比，机组尺寸小、重量轻。③离心泵无往复运动件，易损件少，因此其维修工作量比往复泵小。④由于离心泵的流量可用阀门调节，因而调节流量比往复泵方便。

但是，离心泵在输送高含砂和高黏度液体时问题较多。

5.1.2.2 往复泵

往复泵在油气田生产中主要作注水泵、钻井泵、压裂泵和固井泵等。往复泵由动力端和液力端两大部件组成。

（1）动力端：由齿轮、传动轴、主轴（曲轴）、曲柄连杆机构、十字头、壳体（底座）等组成。

（2）液力端：由往复泵缸体、活塞、吸入阀、排出阀、阀室、吸入管、排出管、活塞杆及其他零件组成。

往复泵的工作特点：①往复泵的流量不均匀；②往复泵设有泵阀，在吸、排过程中泵阀的启阀阻力和流阻损失，会使泵缸内的吸入压力进一步降低而引起气蚀，同时也会使排出压力升高；③转速不宜太高；④被输送液体含固体杂质时，泵阀和活塞环容易磨损，或可能将阀盘垫起造成泄漏，必要时需设吸入滤器；⑤往复泵的结构复杂，泵内需装设吸、排阀，因而易损件较多，维修量大；⑥自吸能力强，使用不需要灌泵；⑦对液体污染不敏感，适用于低黏度、高黏度、易燃、易爆、剧毒等多种介质。

5.1.2.3 螺杆泵

多相混输系统的关键设备是多相混输泵，目前，螺杆泵作为多相混输泵得到广泛应用。螺杆泵结构简单、流量平稳、效率高、寿命长、工作可靠，适于输送含机械杂质、高黏度、高含气的介质。

以单螺杆泵为例，螺杆泵主要由排出室、转子、定子、万向节、中间轴和吸入室组成。

螺杆泵的工作特点：①转速低，机械磨损小，不会发生气蚀；②流道宽，可以输送含有固体物的液体；③泵体结构是半开的，可以观察到泵内的运行情况；④吸入侧流态对水力性能影响甚微，对吸入池无特殊要求。

5.1.3 机泵能效影响因素

在油气田生产各工艺过程中，主要采用的泵为离心泵、往复泵和螺杆泵。油气田生产常用泵机组的能耗在油气田生产总能耗中所占比重较大，因此应根据泵机组能量损失分析的结果找出主要耗能环节，提出具体的节能方法和措施，以提高泵机组运行的效率，降低能耗。

5.1.3.1 离心泵能耗损失分析

离心泵在油气田生产中应用广泛，其主要能量损失包括水力损失、容积损失和机械损失等。

（1）水力损失：可分为阻力损失和冲击损失两类。

①阻力损失是指液体在流道中沿程阻力损失和局部阻力损失之和。液体流动时，液体呈层流和紊流交叉状态。流道变化越大，紊流成分越大，液体与流道表面及其内部的摩擦越大，能量损失也就越大。泵内流道表面粗糙度越差，流道表面与液体的摩擦越大；流道越细，内径不均匀，液体与流道表面接触越大，摩擦越大；液体黏度越大，液体与流道表面及其内部的摩擦越大。因此，泵内流道表面越光洁，流道形状越简单流畅，流道越宽，液体黏度越小，阻力损失就越小。

②冲击损失是指液体进入叶轮或导叶时，与叶片等发生冲击而引起的能力损失。它主要是由液体进入叶轮或导叶的水力角与叶片的结构不一致造成的。两者的差异越大，造成流体的冲击越大，冲击损失越大。

（2）容积损失：主要是由高压液体在泵内窜流和向泵外漏失引起的。一部分高压液体经叶轮与泵壳密封环之间的间隙窜向进口低压区，平衡室内的高压液体窜入平衡管流向进口低压区，还有一部分液体经轴与泵壳的轴封装置外漏，使实际流量降低，产生容积损失。而当各密封处磨损量增大时，漏失量增加，导致容积损失增大。通常泵内窜流造成的容积损失较大，是主要损失，而轴封装置处的漏失量较小，一般可忽略不计。

（3）机械损失：离心泵机械损失主要是轴承摩擦损失、轴封摩擦损失和叶轮圆盘摩擦损失，其中轴承摩擦损失和轴封摩擦损失因产品结构布局的限制，很难做改进，并且在泵机械损失中所占比例较小。因此主要考虑最大限度地减小叶轮圆盘摩擦损失，以提高离心泵机械效率。

离心泵在不同工况下运行的效率是不同的。一般效率会随着流量的增加而逐渐提高，达到最大值后，又随着流量的增加而逐渐降低。通常将效率最高点称为最优工况点或额定工况点，与该点对应的流量、扬程和功率分别称为最优流量、最优扬程和最优效率。

5.1.3.2 往复泵能耗损失分析

往复泵作为一种常见的流体机械，在油田中广泛应用，常用于在高压下输送高黏度大密度和高含砂量的液体。其主要能量损失包括水力损失、容积损失和机械损失等。

（1）水力损失：液体在泵内流动时，消耗在沿程和局部阻力上的压头损失称为水力损失。

（2）容积损失：往复泵的容积效率作为衡量泵工作腔容积利用率的标准，直接反映出往复泵性能的优劣。容积效率是泵实际输出流量与理论设计流量的比值，反应泵的流量损失状况，与泵的密封性能、结构参数等多种因素有关。

影响往复泵容积效率的因素有：液缸与活塞密封面的泄露、吸排液阀阀口关闭不严造成的回流和泄露，吸入阀和排出阀开启或关闭的滞后，所输送介质的压缩或膨胀；另外，输送介质的黏度、泵的压力和泵速也会不同程度地影响往复泵容积效率。通常认为，密封面的制造质量越高、密封性能越好，阀的尺寸越小，容积损失就越小。

（3）机械损失：往复泵的机械损失指泵在工作过程中由于各种机械摩擦而损失的能量，包括克服泵内齿轮传动、轴承、活塞、盘根和十字头等机械摩擦所消耗的能量。

5.1.3.3 螺杆泵能耗损失分析

螺杆泵属容积式转子泵，一般情况下，其容积效率随输送介质黏度的增大而增大，在转速和排出压力不变的情况下，流量也略有增加。但随着输送介质黏度的增大，泵的耗功有所增加，泵效降低。

螺杆泵的能量损失主要与泄露间隙有关。螺杆泵工作过程中的泄露间隙主要有：

（1）螺杆转子齿顶与泵缸筒壁之间形成的筒壁间隙。

（2）啮合区主动螺杆齿顶和从动螺杆齿根所形成的径向间隙，或主动螺杆齿根与从动螺杆齿顶所形成的径向间隙。

（3）啮合区螺杆齿面之间沿接触线均匀分布的法向间隙，将其沿圆周投影到轴截面即为法向间隙。其中，由螺杆啮合线及筒壁所形成的泄露三角形，由于与法向间隙及筒壁间隙相连，且靠近啮合区，因此将泄露三角形间隙合并到法向间隙。

螺杆间隙的波动性直接决定螺杆泵的性能及寿命，间隙过大会导致泵的内泄漏量增加，容积效率降低；间隙过小会导致运转部件间的摩擦增加，使用寿命缩短。因此，螺杆间隙的合理设计对于降低螺杆泵能量损失至关重要。

5.2 机泵节能技措方法

节能技术的发展进步，对于高耗能企业不仅意味着能源消耗大幅降低，还意味着企业的装备水平、管理水平将极大提高，企业的核心竞争力增强，这对企业的可持续发展而言意义重大。泵是油气生产中广泛使用的设备，运用科学的节能提效技术对泵机组进行节能改造，对于油气田企业节能降耗具有重要意义。泵的节能主要涉及泵的设计节能、技术节能和运行管理节能三个方面。

泵机组的能耗主要体现在泵、电动机两部分。本部分使用节点法，对泵机组机泵本体、拖动部分、控制部分能耗进行系统分析。根据设计节能、技术节能和管理节能，将泵的节能技措划分为泵体改造、拖动改造、控制改造三部分。

5.2.1 泵体改造

5.2.1.1 高效泵选型

对于油气田泵机组节能，提高泵的运行效率是降低泵机组能耗最基本的方法，因此要掌握泵的科学选型方法，使泵的运行区间符合实际需要并保证泵在高效工作区运行，达到降低能耗的目的。

泵的选型包括泵的类型和型号的选择。泵的选型是否合理，直接影响到泵的能耗。如果选型合理，使泵运行的工况点保持在高效工作区，这对节约能源是有利的。如果选型不当，流量和扬程没有余量，将不能满足工艺要求；而余量过大，将造成运行效率低，从而浪费能源。图 5-2 为 D300-150、D250-150 两种泵型在不同流量下的效率曲线图。

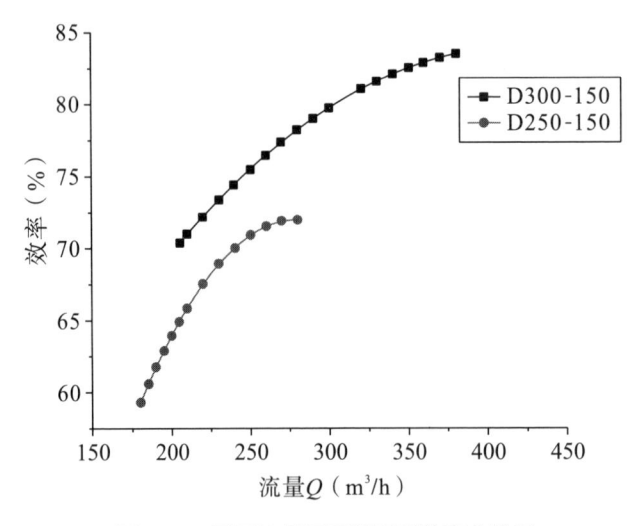

图 5-2　不同流量下两种泵型效率曲线图

在选泵之前，先要了解介质物性、操作条件、环境条件等基础数据。介质物性包括液体介质物理性质、化学性质和其他性质，操作条件包括温度、进口压力、排出压力、最大流量、最小流量、正常流量等，环境条件包括泵所在场所的安全要求、环境温度、海拔高度、泵进口侧及排出侧容器液面与泵基准面的高差。

确定泵的流量和扬程。泵的流量、扬程是重要的性能参数，直接关系到整个装置的生产能力和输送能力。泵的流量一般包括正常、最小、最大三种，在选泵过程中，一般以最大流量为依据，同时兼顾正常流量。工艺设计中管路系统压降计算比较复杂，影响因素较多，所以泵的扬程需要留有适当的余量，可选择工艺设计计算扬程的 1.05~1.10 倍。

确定泵的类型及型号，根据介质的物性及已确定的流量扬程，确定泵的类型，再选择泵的型号。根据被输送液体性质，确定是选用清水泵、热水泵、耐腐蚀泵还是杂质泵等。根据装置的布置、地形条件、液位条件、运转条件，确定是选择卧式、立式还是其他型式的泵。当介质黏度不大、流量较大、扬程较低时，宜选用离心泵；当介质黏度大、扬程高、流量允许脉动时，宜选用往复泵；当介质黏度大、含气、含杂质量大时，宜选用螺杆泵。

校核泵的性能。根据泵的类型，按照相关计算公式及图表进行换算，列出换算后的性能参数，如符合工艺要求，则所选泵可用；否则重新选泵。必要时，可绘制校核后的泵性能曲线及管路特性曲线，以确定泵的工作点。

5.2.1.2 泵涂膜技术

泵涂膜技术是一种成熟的油田泵机组节能技术，适用于长时间运转、老化腐蚀严重、泵效降低、能耗较大的泵。采用涂膜技术可有效解决由于机泵长时间运行导致的摩阻系数大、水力效率低等问题。

涂膜前，首先要对泵内主要过流部件进行除锈脱脂、表面处理、净化，然后喷涂底漆、干燥、烧结、喷面漆冷却，最后进行抛光处理。在喷涂具有特殊性能的材料后，过流部件表面的光洁度和力学性能得到了提高，减少了流动阻力，能够减缓腐蚀和结垢，延长机件的使用寿命，从而达到节能降耗的目的。

高性能的涂层可以提高泵效，达到一定的节能效果。目前，常用的泵涂膜材料有氟树脂和聚四氟乙烯。氟树脂涂料具有优良的耐高温、耐老化、耐腐蚀、不黏、摩擦系数小、不导电等特性，喷涂材料黏结力及附着力较强，机件表面光滑度较高。涂有氟树脂的泵机件表面比抛光后的不锈钢还要光滑近 20 倍，可有效减少液体分界层和液体内部的涡流，进而减少功率消耗，保证泵的高效运行。

此外，涂膜技术能够适应高压、高速、长时间运行的油田运行环境，具有较理想的机械性能和抗腐蚀、气蚀性能，能够延长泵机件的检修周期，延长机件使用寿命，被广泛应用于外输泵、掺水泵、热洗泵、老区注水泵的涂膜节能改造。

泵涂膜的效果受到多种因素影响。要想通过涂膜技术达到节能目的，必须保证涂膜质量。但现有的涂膜技术还不够成熟，涂膜要求既薄又均匀，涂膜厚度一般在 0.03~0.04 mm，如果涂膜过厚，过流断面面积减少，会造成一定的容积损失，降低泵的流量。提高涂膜层的表面光洁度，能改善涂膜效果。

5.2.1.3 三元流改造技术

叶轮是离心泵的心脏，利用三元流改造技术对叶轮进行设计弥补了一元流理论设计的不足，使设计模型更贴近实际工况，提高泵的使用效率，达到节能提效的目的。

三元流叶轮改造技术是依据三维叶轮设计理论、先进的流体动力学技术（CFD），利用先进的流体动力学分析软件，通过对泵内流体性能优化，提供最佳叶轮改造方案，实现系统改造投资最小化，获得最佳节能效果。

叶轮三元流动理论是把叶轮内部的三元立体空间无限地分割，在与叶轮同步旋转的空间坐标系中，空间内任一点坐标都可确定，某点的流速也可根据相应函数求得。通过对叶轮流道内各工作点的分析建立起完整、真实的叶轮内流体流动的数学模型。应用三元流动理论对叶轮流道进行设计，将阻力损失、冲击损失、尾流等水力损失降到最小，能提高叶轮的水力效率，增大有效流通面积，提高离心泵的工作效率。

三元流改造技术可根据系统实际情况进行设计，达到"量体裁衣"的目的。经改造的叶轮槽道宽，提高了抗气蚀性能，同时减轻了泵的转子重量，降低了泵组的径向力，提高了轴承寿命。三元流叶轮安装、维护简单，不占用外部空间，充分利用原有投资，保留电动机、泵壳体、进出管路等现有泵系统。改造工期短，对生产影响小。

三元流改造技术只适用于工况稳定或变化不大的场合，叶片型面的形状复杂，在加工上存在一定难度。

5.2.1.4 泵减级

如果泵的扬程大于实际需求，多级泵可以通过减级来改变泵的特性曲线，减级后泵的扬程降低，节约电能，且泵的减级是可恢复的，因此适用于压力阶段性反复变化的场合。

叶轮的减级改造技术成熟可靠，施工方便，投资费用低，改造周期短，见效快，且泵效不变，系统效率会大幅提高。

5.2.1.5 变径改造

叶轮是泵的核心部件，直接影响泵的性能。当投产初期由于资源量无法达到设计量或其他原因而出现泵特性曲线与管路特性曲线匹配不佳导致能耗偏高时，可更换较小直径的叶轮实现节能降耗。更换叶轮具有操作方便、见效快的特点。

切削叶轮是泵改造技术中最简便、常用的方法。可解决在泵的实际使用过程中由于选型不当或工艺发生改变导致的泵扬程偏大、节流损失大、流量受限制等问题。切削叶轮叶片外径将使泵的扬程、功率降低，从而降低能耗。实践证明，当改造后的叶轮尺寸变化小于原叶轮直径的20%，切割前后出口过流断面面积及叶片出口角基本不变，并且效率变化不大时，可认为改造前后仍满足几何相似。

叶轮切割量的计算和修正方法主要包括罗西方法、斯捷潘诺夫方法、苏尔寿方法、博山水泵厂方法和国内惯用方法。国内通常采用下面的公式计算叶轮的切割量。

对于低比转数（$30<n_s<80$）的离心泵，有式（5-1）至式（5-3）：

$$\frac{Q'}{Q} = \left(\frac{D'}{D}\right)^2 \tag{5-1}$$

$$\frac{H'}{H} = \left(\frac{D'}{D}\right)^2 \tag{5-2}$$

$$\frac{P'}{P} = \left(\frac{D'}{D}\right)^4 \tag{5-3}$$

对于中比转数（$80<n_s<150$）、高比转数（$150<n_s<300$）的离心泵，有式（5-4）至式（5-6）：

$$\frac{Q'}{Q} = \frac{D'}{D} \tag{5-4}$$

$$\frac{H'}{H} = \left(\frac{D'}{D}\right)^2 \tag{5-5}$$

$$\frac{P'}{P} = \left(\frac{D'}{D}\right)^3 \tag{5-6}$$

式中：D、D'——切削前后叶轮外径，mm；

Q、Q'——切削前后离心泵流量，m^3/h；

H、H'——切削前后离心泵扬程，m；

P、P'——切削前后离心泵输入功率，kW。

尽管可以采用上面的公式来确定叶轮的切割量，但在实际切割时是需要留有一定余量的。余量的大小全凭经验确定，暂时没有更多的理论依据。因为叶轮被切割后，其叶片的出口三角形就会发生变化，所以原假设条件不再成立。

叶轮切割技术投资费用低，只有叶轮切割的加工费用和叶轮安装工程费用。切割后的叶轮可以尽可能使泵的工况与管网工况接近，节能效果较好。设计改造周期短，可较迅速地完成产品的设计改造任务。

叶轮切割技术不适用于扬程有大幅度变化的场合。叶轮外径的切割量具有一定限度，切割量越大，偏离程度就越大，泵的效率就会急剧下降，甚至可能发生由效率下降而增加的能耗超过由扬程下降而节省的能耗。切割后的叶轮不满足相似条件，不能用相似理论来进行泵的性能换算。

切割的计算结果与泵的实际性能存在一定误差，很难精确确定流量和扬程性能。在改造过程中为使切割后的叶片尽可能满足实际需求，应采用少量多次的分步切割法，边切边试。每次切割启动后，对流量、扬程进行标定，与原数据进行对照，再计算下一次切割量，逐渐达到所需的外径尺寸，避免切割过多，难于补救。

5.2.2 拖动改造

5.2.2.1 泵控泵技术

随着我国大部分油田到达开发的中后期，注水量逐年增大，注水能耗也随之大幅度增加，应用泵控泵（PCP）技术对注水系统进行改造，节能效果显著。

泵控泵系统由机械系统、电控系统和辅助系统组成，是基于离心泵串联和离心泵变频技术对泵站原有多级离心注水泵减级，然后在高压注水泵进水端加装前置增压泵，即将高压注水泵与前置增压泵串联，通过调节增压泵机组频率改变注水泵的压力和流量，从而控制整个注水系统的压力和流量，使高压多级离心泵在高效区工作，实现泵控泵。泵控泵系统输出压力和流量随管网特性的变化不是等梯度的，而是通过调节增压泵寻找系统平衡点，即系统工作点，这是泵控泵技术的关键所在。

泵控泵系统可以形成定压闭环调节和定流闭环调节。当泵控泵系统中被控信号为泵站的输出流量或管网入口处流量，可从泵控泵系统的流量计或注水管网的入口处取得流量信号，构成闭环流量自动调节系统。当泵控泵系统中被控信号为泵站出口压力，可从注水泵的出口处获得压力信号，构成闭环压力调节系统。

泵控泵技术通过调节增压泵压力和流量来控制大功率注水泵在高效区工作，使压力、流量实现双向调节，满足了一定范围内压力和流量的变化，解决了泵管压差问题，提高了泵效，减少了单耗。调节过程中，注水泵阀门可以完全打开，避免了憋压现象，实现了管线无水击，进而避免了节流能量损失，保证了生产运行安全。泵控泵技术使系统实现了远程自动控制，提高了注水站的自动化水平。

泵控泵技术不适用于小区块且所辖井数经常变动的注水站。其调节范围较小，当生产所需流量、压力波动超过调节范围时，泵控泵系统不仅无法实现调节，还可能对安全平稳生产产生不利影响。现场操作及设备控制保护复杂，前置泵和注水泵需要进行启停连锁设置，小泵停，大泵必须停，操作相对常规流程更复杂。

5.2.2.2 电动机再制造技术

电动机再制造技术不仅解决了电动机与负载不匹配的问题，提高了系统运行效率，同时还解决了处理废旧电动机的难题，也是废旧机电产品资源化的有效途径，对推广高效电动机以及电动机系统节能工作具有重要意义。

电动机再制造与传统的翻新、维修有着显著的区别。目前，电动机再制造主要采用保留原定转子铁心，为电动机更换新绕组或加长定子铁心，配备新转子铁心，同时调整电动机绕组参数的方法。

电动机再制造技术的核心包括以下四项：

一是拆解技术。电动机再制造采用专用机床切割绕组端部，无损、无污染。电动机拆解后的再制造零件主要包括定子、转子、轴、机座端盖、风扇、接线盒等。

二是剩余寿命评估技术。剩余寿命评估主要针对电动机再制造的机械部件进行。首先对机械部件进行清洗，剔除明显不可修复的部件，再进行配合尺寸的检测、标示、记录。其次利用超声波对轴等部件进行无损检测，有裂纹的部件一般不再使用。对机座、端盖采用振动时效处理，延长零部件使用寿命，保证再制造部件的机械部件寿命满足再制造电动机寿命要求。

三是绝缘技术。充分应用绝缘技术，可提高再制造电动机功率，降低损耗、提高效率。应用环氧酸酐型无溶剂浸渍树脂、水溶性半无机硅钢片漆、无溶剂多胶粉云母带等新型环保绝缘材料，可以提高部件的电气、耐电晕与耐老化性能，从而提高电动机的运行寿命及运行可靠性。

四是表面工程技术。表面工程技术是为了满足特定的工程需求，使材料或零部件表面具有特殊的成分、结构和性能（或功能）的化学、物理方法与工艺。将纳米电刷镀技术、纳米减磨自修复添加技术、热喷涂技术、激光表面强化技术等先进的表面工程技术应用于再制造，可显著提高零部件的质量。

电动机再制造技术节能效果好、成本低，无特殊尺寸安装问题，结合了负载设备系统功率匹配和能效提升，一般可以获得5%以上的节能潜力，是一种系统节能方法。与更换高效电动机相比，电动机再制造的成本降低了20%以上，甚至低于购买普通低效电动机。更换新电动机的过程中还可能出现新旧电动机安装尺寸不同导致的安装困难，而电动机再制造由于保留了电动机原基座、轴承等，则不存在这类问题。

电动机再制造的设计受到多种因素限制。因不同生产厂家的旧电动机设计余量不同、铁心和槽型的尺寸不能调整，使得再制造电动机的设计必须针对每一台旧电动机进行。另外，低效电动机的铁心一般采用热轧硅钢片，铁耗较大，使得在降低绕组铜耗等方面必须采取更有效的技术和方法。

5.2.3 控制改造

5.2.3.1 调速技术

调速技术是泵节能降耗的重要途径之一，主要分为两类：第一类是直接改变电动机的转速，如串级调速、变频调速、变极调速等；第二类是电动机转速不变，通过附加装置改变泵的转速，如液力耦合调速等。调速技术能够有效解决油田生产过程中出现的运行负荷波动较大、"大马拉小车"等问题。

油田中泵类负载主要是由大功率的交流异步电动机或同步电动机驱动。在对电动机进行调速的过程中，三相交流异步电动机的转速与同步转数 n_1、电源频率 f_1、转差率 S、磁极对数 p 间的关系如式（5-7）：

$$n = n_1(1-S) = \frac{60f_1}{p}(1-S) \qquad (5-7)$$

由式（5-7）可知，在磁极对数 p、转差率 S 不变的条件下，转速 n 与电源频率 f_1 成正比。因此，如果能改变 f_1，就可以改变 n。基于这个原理，变频调速可通过变频调速器改变电动机定子供电频率从而改变转速，如图 5-3 所示。若仅改变电源的频率，则不能获得异步电动机的满意调速性能，因此，必须在调节的同时对定子相电压 U 也进行调节，使 f_1 与 U 之间存在一定的比例关系。所以，变频电源实际上是变频变压电源，而变频调速也被称作变频变压调速。

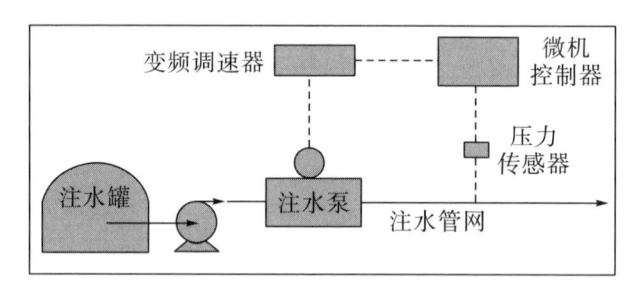

图 5-3 变频调速

变频调速适用于调速范围宽，且经常处于低负荷状态下运行的场合。变频调速器占地面积小、体积小，有利于已有设备的改造。其操作简便，可根据需要进行手控、自控或遥控。变频调速器一旦发生故障，可以退出运行，改由电网直接供电，泵仍可继续保持运转。使用变频调速降低设备转速后可减少噪声、振动和轴承磨损，避免泵的抽空，延长设备使用寿命。

变频调速存在的缺点是高压电动机的变频调速装置初投入成本较高，这是应用于泵的调速节能的主要障碍。变频器输出的电流或电压的波形为非正弦波，而产生的高次谐波会对电动机及电源产生种种不良影响，应采取措施加以清除。

5.2.3.2 优化运行

在油田生产过程中，可通过科学的管理方式以及优化运行参数提高泵系统的运行效率，从而达到节能降耗的目的。

科学的运行管理是节能的重要措施。通过科学管理和维护提高泵的可靠性和使用寿命，避免泄漏、泵轴断裂等事故的发生，也是泵的节能工作之一。泵的运行管理节能包括很多方面，首先要遵守泵房设备的操作规程，其次要认真对泵进行检修、维护和保养，最后通过泵站的优化调度降低运行成本，提高效益。

5.3 机泵技措节能量核算方法

按照 GB/T 13468—2013《泵类液体输送系统电能平衡测试与计算方法》，根据项目内容和被测泵类系统的现场条件，确定泵类系统边界、能量输入和输出边界，如图 5-4 所示。如泵类系统存在相互影响运行的多台泵类机组，应将所涉及的泵类机组划入系统边界。如泵类系统改造（如变频改造）需新增耗能设备，应将新增耗能设备划入系统边界。

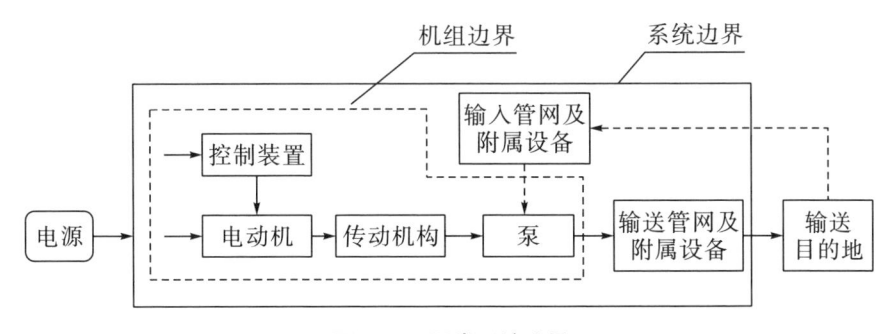

图 5-4 泵类系统边界

5.3.1 计算方法选取

5.3.1.1 单位产品能耗法

单位产品能耗法是指根据系统、装置或设备报告期与基期的单位产品综合能耗变化与报告期产量（工作量）计算节能量的方法，计算公式如下：

$$E_s = rM_r\left(\frac{e_b}{M_b} - \frac{e_r}{M_r}\right) \qquad (5-8)$$

式中：E_s——技术措施节能量，tce；

e_r——报告期消耗的电能，kW·h；

e_b——基期消耗的电能，kW·h；

M_r——报告期的注水量，m³；

M_b——基期的注水量，m³；

r——能源折标准煤系数，tce/(10^4kW·h)。

单位产品能耗法考虑了注水单耗、注水量之间的关系，适用于投资初期资源量无法达到设计计量（流量、扬程）或泵机组改造前后注水量变化较为明显的情况。计算边界为基期、报告期的注水量、耗能量。

单位产品能耗法考虑了注水量对项目节能量的影响，但并未考虑其他相关因素的影响，只是通过简单的数学计算的方式获得项目节能量。该方法操作简单，计算精度一般。

5.3.1.2 标耗法

注水泵机组设备不仅满足了注水量的需求，而且满足了注水压力等级的需求，单位产品能耗法仅考虑了注水流量耗电量的关系，忽略了注水压力的提升。基于单位产品能耗法，下面提出了标耗法计算节能量。

每注 1 m³ 水通过注水泵增压 1 MPa 的耗电量称为标耗，单位为 kW·h/(m³·MPa)，计算公式如下：

$$BH = \frac{e}{M\Delta p} \qquad (5-9)$$

$$\Delta p = p_2 - p_1 \qquad (5-10)$$

式中：BH——标耗，kW·h/(m³·MPa)；

e——总耗电量，kW；

M——总注水量，m³/h；

Δp——注水泵出入口压差，MPa；

p_2——注水泵排出压力，MPa；

p_1——注水泵吸入压力，MPa。

研究标耗的意义在于：注水泵标耗与单耗的区别在于包含了提升压力，单位注水量提升到不同压力等级，耗电量存在较大差距，且随着提升压力的升高注水泵能耗增加。采用标耗法可以实现将不同压力等级的同类型注水设备应用同一技术标准进行对比分析，动态反映注水泵运行参数变化，为及时采取措施、提高注水系统效率、降低电能消耗提供可靠依据。因此，用标耗法来评价注水泵能耗更为科学、直观。

使用标耗作为重要参数，节能量计算公式如下：

$$E_s = re_r\Big(\frac{BH_b - BH_r}{BH_b}\Big) \tag{5-11}$$

式中：BH_r——报告期标耗，kW·h/(m³·MPa)；

BH_b——基期标耗，kW·h/(m³·MPa)；

e_r——报告期总耗电量，kW。

5.3.1.3 直接比较法

直接比较法通过直接比较设备统计报告期与基期的能耗变化来核算机泵节能量，计算公式如下：

$$E_s = r(P_{off} - P_{on})t \tag{5-12}$$

式中：P_{on}——技措开启时的输入功率，kW；

P_{off}——技措关闭时的输入功率，kW；

r——能源折标准煤系数，tce/(10^4kW·h)；

t——设备运行时间，h。

采用直接比较法计算技措节能量取值较少、操作简单，但是它忽略了调整量，存在一定缺陷。计算得到的节能量可能会出现很大或很小，甚至为正值的情况。一般来说，使用采取技措后一年的数据进行分析，节能量应该比基期的能耗高10%左右才合适。

5.3.1.4 效率法

效率法指通过比较系统、装置或设备报告期与基期的效率变化计算节能量的方法，计算公式如下：

$$E_s = re_r\Big(\frac{\eta_r - \eta_b}{\eta_b}\Big) \tag{5-13}$$

式中：E_s——技术措施节能量，tce；

e_r——报告期消耗的电能，kW·h；

η_r——报告期的效率平均值；

η_b——基期的效率平均值；

r——能源折标准煤系数，tce/(10^4kW·h)。

效率法需要通过机泵的效率计算节能量，测试成本增加，同时要考虑计算精度。

该方法适用于负荷输出恒定且便于测算的技措项目。例如，在管道内涂刷了超光滑涂层，机泵运行效率会提高。

5.3.1.5 基期能耗-影响因素模型法

基期能耗-影响因素模型法根据基期机泵系统的相关数据，采用回归分析等方法建立基期能耗与单位流量平均能耗及总注水量的数学模型。在建立数学模型时，应至少使用3组独立的基期能耗与基期总流量数据。仅当基期能耗与总注水量成正比例关系时，机泵系统基期能耗-影响因素的数学模型为

$$E_b = k_{Q_b} Q_b \tag{5-14}$$

式中：E_b——基期能耗，kW·h；

k_{Q_b}——基期单位流量平均能耗，kW·h/m³；

Q_b——基期总流量，m³。

节能量计算如下：

$$E_s = E_r - E_a + A_m = E_r - k_{Q_r} Q_r + A_m \tag{5-15}$$

式中：E_r——报告期能耗，kW·h；

E_a——校准能耗，kW·h；

k_{Q_r}——报告期单位流量平均能耗，kW·h/m³；

A_m——能耗调整量，kW·h；

Q_r——报告期总流量，m³。

该方法适用于单一泵站内的泵机组技措改造，且机泵工况运行稳定，以及有完整的基期或报告期的能耗数据的情况。通过回归分析等方法可以建立具良好相关性的节能量计算数学模型，这样计算得到的节能量较准确。

5.3.2 计算方法适用性

根据机泵的节能技措、能耗影响因素，以及各节能量计算方法的适用范围分析，确定各节能量计算方法的适用性、可操作性，帮助操作人员选取合适的

节能量计算方法。

5.3.2.1 单位产品能耗法

单位产品能耗法作为普遍接受的节能量计算方法之一，具有很大的实用性，且计算简便、快速，其适用性分析见表5-1。

表5-1 单位产品能耗法适用性分析

节能技措方法		适用性	原因
泵体改造	高效泵选型	适用	选用高效泵是使泵在高效区工作，使投资初期资源量达到设计量的需要，符合单位产品能耗法的适用范围，故推荐高效泵选型使用此方法
	泵涂膜技术	不适用	泵涂膜技术主要改变泵体内部粗糙度，减少流体介质的流动阻力，延缓腐蚀，其影响参数不易测量，不适用此方法
	三元流改造技术	适用	三元流改造是通过仿真优化，设计叶轮直径，使流量达到设计流量，符合此方法计算范围
	泵减级	适用	泵减级是通过调整泵级数，使其达到设计量的改造技术，其符合投资初期资源量无法达到设计量（流量、扬程）的要求，故推荐使用此方法
	变径改造	适用	符合投资初期资源量无法达到设计量（流量、扬程）的要求，故推荐使用此方法
拖动改造	泵控泵技术	不适用	流量、输出压力参数随管网的变化不是等梯度的，且是通过不断的动态调节寻找系统平衡点，也即是最佳工况点。不推荐使用此方法
	电动机再制造技术	适用	此技术通过更改部分设备来达到节能目的，在实际运行中注水量与耗电量成正相关，单位产品能耗法可直接反映此关系，故推荐使用此方法
控制改造	调速技术	适用	调速技术功率的变化尤为明显，若改造前后注水量变化情况较大，可采用此方法进行计算
	优化运行	不适用	优化运行改变的是整个泵机组内所有设备的运行工况，影响范围广，因素复杂。单耗法仅考虑了注水量、耗能量之间的关系，故不推荐使用此方法

5.3.2.2 标耗法

标耗法是基于单位产品能耗法提出的，根据注水泵特性，引入了进出口压力差这一重要条件，是单位产品能耗法的补充和完善，即标耗法同样适用于单位产品能耗法适用的情况。

标耗法考虑了注水单耗、注水量、压差之间的关系，计算数据为基期、报告期的注水量、耗能量、吸入压力和排出压力，适用于投资初期资源量无法达到设计量（流量、扬程）或机组改造前后注水量变化较为明显的技措节能量计算，其适用性分析表5－2。

表 5－2 标耗法适用性分析

节能技措方法		适用性	原因
泵体改造	高效泵选型	适用	选用高效泵是使泵在高效区工作，且是由于投资初期资源量无法达到设计量的需要造成的，符合适用范围，故推荐使用此方法
	泵涂膜技术	不适用	泵涂膜技术主要改变泵体内部粗糙度，减少流体介质的流动阻力，延缓腐蚀，其影响参数不易测量，不适用此方法
	三元流改造技术	适用	三元流改造是通过仿真优化，设计叶轮直径，使流量达到设计流量，符合此方法计算范围
	泵减级	适用	泵减级通过调整泵级数，使其达到设计量的改造技术，其符合投资初期资源量无法达到设计量（流量、扬程）的要求，故推荐使用此方法
	变径改造	适用	符合投资初期资源量无法达到设计量（流量、扬程）的要求，故推荐使用此方法
拖动改造	泵控泵技术	不适用	流量、输出压力参数随管网的变化不是等梯度的，且是通过不断的动态调节寻找系统平衡点，也即是最佳工况点。不推荐使用此方法
	电动机再制造技术	适用	此技术通过更改部分设备来达到节能目的，在实际运行中，注水量与耗电量成正相关，可直接反映此关系，故推荐使用此方法
控制改造	调速技术	适用	调速技术功率的变化尤为明显，若改造前后注水量变化情况较大，可采用此方法进行计算
	优化运行	不适用	优化运行改变的是整个泵机组内所有设备的运行工况，影响范围广，因素复杂，故不推荐使用此方法

5.3.2.3 直接比较法

直接比较法仅用于节能技术措施可以关闭且不影响系统正常运行的改造项目，计算数据为基期、报告期的输入功率、运行时间，其适用性分析见表5－3。

表5-3 直接比较法适用性分析

节能技措方法		适用性	原因
泵体改造	高效泵选型	不适用	该类改造措施为一次改造，改造完成后即运行，技措无法关闭。不符合直接比较法的适用范围，不推荐使用
	泵涂膜技术	不适用	
	三元流改造技术	不适用	
	泵减级	不适用	
	变径改造	不适用	
拖动改造	泵控泵技术	不适用	
	电动机再制造技术	不适用	
控制改造	调速技术	适用	调速技术是更改泵的特性曲线，使其更加符合生产需求，功率的变化尤为明显；调速技术可以关闭、不影响系统正常运行，改造前后具有单一稳定工况。适用于改造前后注水量仍满足生产需要的情况
	优化运行	不适用	优化运行改变的是整个泵机组内所有设备的运行工况，影响范围广，因素复杂，不推荐使用此方法

5.3.2.4 效率法

效率法适用于负荷输出恒定且便于测算的技措项目，或改造影响参数、设备较多，不易分析机组边界内设备改造所引起的系统参数波动情况下的节能量计算，计算数据为基期、报告期的机组效率（需其他数据计算），报告期耗电量，其适用性分析见表5-4。

表5-4 效率法适用性分析

节能技措方法		适用性	原因
泵体改造	高效泵选型	不适用	高效泵选型为单一节能改造，比较容易分析该改造引起的工况变化，效率测算复杂，不推荐使用此方法
	泵涂膜技术	适用	泵涂膜影响参数大，且不易界定影响程度，故推荐使用此方法
	三元流改造技术	适用	效率法计算所需参数繁杂，且该技术与注水量有明显关系
	泵减级	不适用	泵减级是调整排量或压力达到设计值，使其在最佳工况运行，注水量变化明显
	变径改造	不适用	注水量或扬程变化明显，边界易界定

155

续表

节能技措方法		适用性	原因
拖动改造	泵控泵技术	适用	节能改造前后，其注水量变化不明显。达到稳定工况后，系统负荷输出稳定，符合效率法的适用范围
	电动机再制造技术	不适用	效率法计算所需参数繁杂，且该技术与注水量有明显关系
控制改造	调速技术	适用	调速技术功率的变化尤为明显
	优化运行	适用	优化运行改变的是整个机组内所有设备的运行工况，影响范围广，因素复杂。效率法可以反映机组边界内的整体节能情况，故推荐使用此方法

5.3.2.5 基期能耗-影响因素模型法

基期能耗-影响因素模型法以基期单位注水量平均能耗、总注水量作为重要能耗影响因素，计算数据为基期、报告期的注水量、耗能量。使用该方法计算节能量时，应至少有3组独立的基期能耗、总流量数据。其适用性分析见表5-5。

表5-5 基期能耗-影响因素模型法适用性分析

节能技措方法		适用性	原因
泵体改造	高效泵选型	不适用	根据GB/T 28750—2012《节能量测量和验证技术通则》中，基期能耗-影响因素模型法适用于各类泵类系统节能改造项目。在计算中，可作为一种复算方法。但若采集的数据较少，拟合优度低于0.75时，不能使用该方法计算节能量
	泵减级		
	变径改造		
泵体改造	三元流技术	不适用	运行工况较稳定，注水量较恒定。在数据获取较困难时，可采用基期能耗-影响因素模型法代替效率法计算节能量
	涂膜技术		
拖动改造	电动机在制造技术		
	泵控泵技术		
控制改造	优化运行		
	调速技术	适用	调速技术流速、量程、压力的变化尤为明显

5.3.3 节能量计算方法推荐

基于对节能量计算方法的适用性分析，可确定"三类九项"技术改造措施的节能量计算方法推荐，详见表5-6。

表5-6 节能量计算方法推荐

节能技措方法		单位产品能耗法	标耗法	直接比较法	效率法	基期能耗-影响因素模型法
泵体改造	高效泵选型	√	√			√
	泵涂膜技术				√	√
	三元流改造技术	√	√		√	√
	泵减级	√	√			√
	变径改造	√	√			√
拖动改造	泵控泵技术				√	√
	电动机再制造技术	√	√			√
控制改造	调速技术	√		√	√	√
	优化运行				√	√

不同节能量计算方法所需计算数据不同，如采用效率法计算节能量时需要计算机组效率，采集参数较多，计算复杂，结果误差较大。本书从难易程度、可操作性、计算精度三个方面做进一步分析，比较份额见表5-7。

表5-7 计算方法比较份额分析

计算方法	难易程度	可操作性	计算精度
单位产品能耗法	简单	一般	一般
标耗法	较烦琐	较困难	一般
直接比较法	简单	一般	低
效率法	烦琐	困难	高
基期能耗-影响因素模型法	较为简单	一般	一般

对节能量计算方法的适用边界、难易程度、可操作性、计算精度四个维度进行分析，确定节能量计算方法的推荐程度，详见表5-8。

表 5-8 节能量计算方法推荐程度

节能技措方法		单位产品能耗法	标耗法	直接比较法	效率法	基期能耗-影响因素模型法
泵体改造	高效泵选型	＊	＊＊			
	泵涂膜技术				＊＊	＊
	三元流改造技术	＊	＊＊			
	泵减级	＊	＊＊			
	变径改造	＊	＊＊			
拖动改造	泵控泵技术				＊＊	＊
	电动机再制造技术	＊	＊＊			
控制改造	调速技术	＊	＊＊			
	优化运行				＊＊	＊

注：＊的多少表示推荐程度，＊越多表示越推荐。

5.4 实例分析

为验证节能量计算结果，选取新疆油田、大庆油田等 11 组注水泵运行数据，运用前述分析结果计算节能量。选取的测试数据见表 5-9。

表 5-9 选取的测试数据

技术措施	测试数据	测试单位	适用计算方法
高效泵选型	4 组	新疆油田	标耗法、单位产品能耗法
		长庆油田	
		大庆油田	
泵涂膜技术	2 组	大庆油田	效率法、基期能耗-影响因素模型法
		兴隆台油田	
泵减级	2 组	新疆油田	标耗法、单位产品能耗法
		大庆油田	
调速技术	2 组	新疆油田	标耗法、单位产品能耗法
		兴隆台油田	
优化运行	1 组	新疆油田	效率法、基期能耗-影响因素模型法

5.4.1 泵减级

5.4.1.1 算例一

按照新疆油田公司质量管理与节能处新油节能监测〔2015〕-18 号通知要求，中国石油天然气集团公司西北油田节能监测中心于 2015 年 7 月 23 日及 9 月 16 日，在某采油厂沙南作业区沙南联合站对注水泵减级改造前后的运行参数进行了对比测试，以了解注水泵改造后的运行效果。

该联合站改造前使用 1♯多级离心泵（1000 kW）进行注水，随着沙南油田注水量出现变化，出现了"大马拉小车"的现象，导致能耗浪费。为节约能源、降低沙南油田的注水单耗，经多方论证，沙南作业区启用了停用 10 年的 4♯多级离心泵（800 kW），并对离心泵进行了返厂改造，把离心泵由 12 级泵改为 10 级泵，降低注水泵电动机负荷电流，从而达到节能目的。改造前后测试数据见表 5-10。

表 5-10 改造前后测试数据

序号	项目名称	单位	测试数据	
1	测试单位	—	沙南作业区	
2	测试日期	—	2015.7.23	2015.9.16
3	设备安装地点		沙南联合站	
4	设备编号	—	1♯	4♯
5	机泵型号	—	DFW150-150×11	DF90-150×12
6	机泵类型		多级离心泵	
7	电动机型号		Y500-2	
8	电动机与机泵连接方式	—	轴联	
9	传动器效率	%	100	100
10	进口管线外径	mm	221.2	221.2
11	进口管线壁厚	mm	6.26	7.41
12	出口管线外径	mm	169.3	170.3
13	出口管线壁厚	mm	14.2	14.6
14	出、进口压力表高差	m	0.63	0.65
15	介质密度	kg/m³	1000	1000

续表

序号	项目名称	单位	测试数据	
16	介质出口温度	℃	36.3	37.8
17	泵出口流量	m³/h	94.0	94.3
18	回流流量	m³/h	0	0
19	注水量	m³/h	94.0	94.3
20	泵进口压力	MPa	0.063	0.063
21	泵出口压力	MPa	16.5	16.4
22	泵出口阀后压力	MPa	16.2	15.2
23	电动机输入电压	V	10087	10098
24	电动机输入电流	A	51.8	36.5
25	电动机功率因数	—	0.810	0.931

通过节能量计算方法适用性分析可知，泵减级属于泵体改造技术措施项目，符合单位产品能耗法、标耗法的计算范围，故使用单位产品能耗法、标耗法计算节能量。

(1) 单位产品能耗法。

根据单位产品能耗法节能量计算公式，有：

$$E_s = rM_r\left(\frac{e_b}{M_b} - \frac{e_r}{M_r}\right)$$

$$= 0.1229 \times 94.3 \times \left(\frac{733.20}{94.0} - \frac{594.09}{94.3}\right)$$

$$= 17.38(\text{kgce})$$

经计算，采取节能技术措施改造后，节能量为 17.38 kgce。

(2) 标耗法。

根据标耗法节能量计算公式，有：

$$E_s = re_r\left(\frac{BH_b - BH_r}{BH_b}\right)$$

$$= 0.1229 \times 594.09 \times \left(\frac{0.47 - 0.39}{0.47}\right)$$

$$= 12.43(\text{kgce})$$

经计算，采取节能技术措施改造后，节能量为 12.43 kgce。

(3) 为比较计算结果，其他节能量计算如下：

①直接比较法。

根据直接比较法节能量计算公式，有：

$$E_s = r(P_{off} - P_{on})t$$
$$= 0.1229 \times (733.4 - 594.4) \times 1$$
$$= 17.08(\text{kgce})$$

经计算，采取节能技术措施改造后，节能量为 17.08 kgce。

②效率法。

根据效率法节能量计算公式，有：

$$E_s = re_r \left(\frac{\eta_r - \eta_b}{\eta_b} \right)$$
$$= 0.1229 \times 594.09 \times \left(\frac{70.2\% - 58.5\%}{58.5\%} \right)$$
$$= 14.60(\text{kgce})$$

经计算，采取节能技术措施改造后，节能量为 14.60 kgce。

③基期能耗-影响因素模型法。

根据 GB/T 30256—2013《节能量测量和验证技术要求 泵类液体输送系统》要求，基期能耗-影响因素模型法至少需要 3 组测试数据，故无法使用该方法计算节能量。

5.4.1.2 算例二

根据管网压力以及泵管压差可以判断实际是水量供过于求还是压力供过于求，可适当地通过减级来解决机泵与供水量的匹配性问题。根据叶轮减级降低泵扬程，缩小泵管压差的理论依据，对 A 站 1♯泵进行减级，节能效果显著，确定了减级的可行性。改造前后测试数据见表 5-11。

表 5-11 改造前后测试数据

对比	进压 MPa	出压 MPa	注水量 m³	用电量 kW·h	单耗 kW·h/m³	泵效 %	备注
未减级泵	0.1	20	8005	47870	5.98	75.20	11级
减级泵	0.1	19.7	7900	45583	5.77	77.95	10级
差值	0	0.3	−105	−2287	−0.21	2.75	−1级

通过节能量计算方法适用性分析可知，泵减级属于泵体改造技术措施项目，符合单位产品能耗法、标耗法的计算范围，故使用单位产品能耗法、标耗

法计算节能量。

(1) 单位产品能耗法。

根据单位产品能耗法节能量计算公式，有：

$$E_s = rM_r\left(\frac{e_b}{M_b} - \frac{e_r}{M_r}\right)$$

$$= 0.1229 \times 7900 \times \left(\frac{47870}{8005} - \frac{45583}{7900}\right)$$

$$= 203.89(\text{kgce})$$

经计算，采取节能技术措施改造后，节能量为 203.89 kgce。

(2) 标耗法。

根据标耗法节能量计算公式，有：

$$E_s = re_r\left(\frac{BH_b - BH_r}{BH_b}\right)$$

$$= 0.1229 \times 45583 \times \left(\frac{0.30 - 0.29}{0.30}\right)$$

$$= 186.74(\text{kgce})$$

经计算，采取节能技术措施改造后，节能量为 186.74 kgce。

(3) 为比较计算结果，其他节能量计算如下：

①直接比较法。

$$E_s = r(P_{\text{off}} - P_{\text{on}})t$$

$$= 0.1229 \times (47870 - 45583) \times 1$$

$$= 281.07(\text{kgce})$$

经计算，采取节能技术措施改造后，节能量为 281.07 kgce。

②效率法。

$$E_s = re_r\left(\frac{\eta_r - \eta_b}{\eta_b}\right)$$

$$= 0.1229 \times 7900 \times \left(\frac{77.95\% - 75.20\%}{75.20\%}\right)$$

$$= 35.51(\text{kgce})$$

经计算，采取节能技术措施改造后，节能量为 35.51 kgce。

③基期能耗-影响因素模型法。

根据 GB/T 30256—2013《节能量测量和验证技术要求 泵类液体输送系统》要求，基期能耗-影响因素模型法至少需要 3 组测试数据，故无法使用该方法计算节能量。

5.4.2 高效泵选型

5.4.2.1 算例一

为降低能源消耗，大庆油田第八采油厂将一矿徐三十转油注水站 1♯注水泵更换为柱塞泵，改造前后测试数据见表 5－12。

表 5－12　改造前后测试数据

序号	项目名称	单位	测试数据 改造前	测试数据 改造后
1	测试日期		2019.11.6	2020.11.16
2	设备安装地点		大庆油田第八采油厂一矿徐三十转油注水站 1♯注水泵	
3	机泵型号		5S125-22/25	
4	注水量	m³/h	14.92	15.09
5	消耗电量	kW	122.2	116.6
6	进口压力	MPa	0.04	17.29
7	出口压力	MPa	0.05	17.06
8	机组效率	%	60.42	61.17

根据节能量计算方法适用性分析可知，该技术改造措施可使用单位产品能耗法、标耗法计算节能量。

(1) 单位产品能耗法。

根据单位产品能耗法节能量计算公式，有：

$$E_s = rM_r\left(\frac{e_b}{M_b} - \frac{e_r}{M_r}\right)$$

$$= 0.1229 \times 15.09 \times \left(\frac{122.2}{14.92} - \frac{116.6}{15.09}\right)$$

$$= 0.86(\text{kgce})$$

经计算，采取节能技术改造措施后，节能量为 0.86 kgce。

(2) 标耗法。

根据标耗法节能量计算公式，有：

$$E_s = re_r\left(\frac{BH_b - BH_r}{BH_b}\right)$$

$$= 0.1229 \times 116.6 \times \left(\frac{0.47 - 0.45}{0.47}\right)$$

$$= 0.61 (\text{kgce})$$

经计算，采取节能技术改造措施后，节能量为 0.61 kgce。

（3）为比较计算结果，其他节能量计算如下：

①直接比较法。

根据直接比较法节能量计算公式，有：

$$E_s = r(P_{\text{off}} - P_{\text{on}})t$$

$$= 0.1229 \times (122.2 - 116.6) \times 1$$

$$= 0.69 (\text{kgce})$$

经计算，采取节能技术措施改造后，节能量为 0.69 kgce。

②效率法。

根据效率法节能量计算公式，有：

$$E_s = re_r\left(\frac{\eta_r - \eta_b}{\eta_b}\right)$$

$$= 0.1229 \times 116.6 \times \left(\frac{61.17\% - 60.42\%}{60.42\%}\right)$$

$$= 0.18 (\text{kgce})$$

经计算，采取节能技术措施改造后，节能量为 0.18 kgce。

③基期能耗-影响因素模型法。

根据 GB/T 30256—2013《节能量测量和验证技术要求 泵类液体输送系统》要求，基期能耗-影响因素模型法至少需要 3 组测试数据，故无法使用该方法计算节能量。

5.4.2.2 算例二

长庆油田公司采油三厂油二联注水站于 2009 年 9 月投产，柳三转二站于 2006 年投产，由于所注污水含颗粒类杂质，导致注水泵液力端频繁检修，修泵周期在 240 h 左右，2011 年 5 月实施改造。2 个站的技术改造主要是采用柱塞填料密封同步隔离技术和柱塞自动对中调心技术，并使用复合涂层柱塞。改造前后测试数据见表 5-13。

表 5-13 改造前后测试数据

站名	泵号	改造情况	耗电量 kW	入口压力 MPa	出口压力 MPa	注水流量 m³/h	机组效率 %
柳三转	3#	改造前	163.09	0.21	14.90	27.19	68.03
		改造后	204.80	0.21	15.07	36.78	74.13
	4#	改造前	100.58	0.21	14.92	16.41	66.67
		改造后	119.40	0.21	14.96	22.07	75.73
油二联	1#	改造前	160.31	0.20	16.87	24.08	69.56
		改造后	172.91	0.35	17.37	30.17	82.49
	2#	改造前	162.16	0.20	16.92	23.95	68.60
		改造后	171.06	0.35	17.32	29.67	81.76

1. 柳三转 3#

根据节能量计算方法适用性分析可知，该技术改造措施可使用单位产品能耗法、标耗法计算节能量。

（1）单位产品能耗法。

根据单位产品能耗法节能量计算公式，有：

$$E_s = rM_r\left(\frac{e_b}{M_b} - \frac{e_r}{M_r}\right)$$

$$= 0.1229 \times 36.78 \times \left(\frac{163.09}{27.19} - \frac{204.80}{36.78}\right)$$

$$= 1.94(\text{kgce})$$

经计算，采取节能技术改造措施后，节能量为 1.94 kgce。

（2）标耗法。

根据标耗法节能量计算公式，有：

$$E_s = re_r\left(\frac{BH_b - BH_r}{BH_b}\right)$$

$$= 0.1229 \times 204.80 \times \left(\frac{0.41 - 0.37}{0.41}\right)$$

$$= 2.46(\text{kgce})$$

经计算，采取节能技术改造措施后，节能量为 2.46 kgce。

（3）为比较计算结果，其他节能量计算如下：

①直接比较法。

根据直接比较法节能量计算公式，有：

$$E_s = r(P_{off} - P_{on})t$$
$$= 0.1229 \times (163.09 - 204.80) \times 1$$
$$= -5.13 \text{(kgce)}$$

经计算，采取节能技术措施改造后，节能量为-5.13 kgce。

②效率法。

根据效率法节能量计算公式，有：

$$E_s = re_r \left(\frac{\eta_r - \eta_b}{\eta_b} \right)$$
$$= 0.1229 \times 204.80 \times \left(\frac{74.13\% - 68.03\%}{68.03\%} \right)$$
$$= 2.26 \text{(kgce)}$$

经计算，采取节能技术措施改造后，节能量为 2.26 kgce。

③基期能耗-影响因素模型法。

根据 GB/T 30256—2013《节能量测量和验证技术要求　泵类液体输送系统》要求，基期能耗-影响因素模型法至少需要 3 组测试数据，故无法使用该方法计算节能量。

2. 柳三转 4#

根据节能量计算方法适用性分析可知，该技术改造措施可使用单位产品能耗法、标耗法计算节能量。

(1) 单位产品能耗法。

根据单位产品能耗法节能量计算公式，有：

$$E_s = rM_r \left(\frac{e_b}{M_b} - \frac{e_r}{M_r} \right)$$
$$= 0.1229 \times 22.07 \times \left(\frac{100.58}{16.41} - \frac{119.40}{22.07} \right)$$
$$= 1.95 \text{(kgce)}$$

经计算，采取节能技术措施改造后，节能量为 1.95 kgce。

(2) 标耗法。

根据标耗法节能量计算公式，有：

$$E_s = re_r \left(\frac{BH_b - BH_r}{BH_b} \right)$$
$$= 0.1229 \times 119.40 \times \left(\frac{0.42 - 0.37}{0.42} \right)$$
$$= 1.75 \text{(kgce)}$$

经计算，采取节能技术措施改造后，节能量为 1.75 kgce。

（3）为比较计算结果，其他节能量计算如下：

①直接比较法。

根据直接比较法节能量计算公式，有：

$E_s = r(P_{off} - P_{on})t$

$= 0.1229 \times (100.58 - 119.40) \times 1$

$= -2.31(\text{kgce})$

经计算，采取节能技术措施改造后，节能量为 -2.31 kgce。

②效率法。

根据效率法节能量计算公式，有：

$E_s = re_r \left(\dfrac{\eta_r - \eta_b}{\eta_b} \right)$

$= 0.1229 \times 119.4 \times \left(\dfrac{75.73\% - 66.67\%}{66.67\%} \right)$

$= 1.99(\text{kgce})$

经计算，采取节能技术措施改造后，节能量为 1.99 kgce。

③基期能耗-影响因素模型法。

根据 GB/T 30256—2013《节能量测量和验证技术要求　泵类液体输送系统》要求，基期能耗-影响因素模型法至少需要 3 组测试数据，故无法使用该方法计算节能量。

3. 油二联 1#

根据节能量计算方法适用性分析可知，该技术改造措施可使用单位产品能耗法、标耗法计算节能量。

（1）单位产品能耗法。

根据单位产品能耗法节能量计算公式，有：

$E_s = rM_r \left(\dfrac{e_b}{M_b} - \dfrac{e_r}{M_r} \right)$

$= 0.1229 \times 30.17 \times \left(\dfrac{160.31}{24.08} - \dfrac{172.91}{30.17} \right)$

$= 3.43(\text{kgce})$

经计算，采取节能技术措施改造后，节能量为 3.43 kgce。

（2）标耗法。

根据标耗法节能量计算公式，有：

$$E_s = re_r\left(\frac{BH_b - BH_r}{BH_b}\right)$$
$$= 0.1229 \times 172.91 \times \left(\frac{0.40 - 0.34}{0.40}\right)$$
$$= 3.19(\text{kgce})$$

经计算，采取节能技术措施改造后，节能量为 3.19 kgce。

(3) 为比较计算结果，其他节能量计算如下：

①直接比较法。

根据直接比较法节能量计算公式，有：
$$E_s = r(P_{\text{off}} - P_{\text{on}})t$$
$$= 0.1229 \times (160.31 - 172.91) \times 1$$
$$= -1.55(\text{kgce})$$

经计算，采取节能技术措施改造后，节能量为 -1.55 kgce。

②效率法。

根据效率法节能量计算公式，有：
$$E_s = re_r\left(\frac{\eta_r - \eta_b}{\eta_b}\right)$$
$$= 0.1229 \times 172.91 \times \left(\frac{82.49\% - 69.56\%}{69.56\%}\right)$$
$$= 3.95(\text{kgce})$$

经计算，采取节能技术措施改造后，节能量为 3.95 kgce。

③基期能耗-影响因素模型法。

根据 GB/T 30256—2013《节能量测量和验证技术要求 泵类液体输送系统》要求，基期能耗-影响因素模型法至少需要 3 组测试数据，故无法使用该方法计算节能量。

4. 油二联 2#

根据节能量计算方法适用性分析可知，该技术改造措施可使用单位产品能耗法、标耗法计算节能量。

(1) 单位产品能耗法。

根据单位产品能耗法节能量计算公式，有：
$$E_s = rM_r\left(\frac{e_b}{M_b} - \frac{e_r}{M_r}\right)$$
$$= 0.1229 \times 29.67 \times \left(\frac{162.16}{23.95} - \frac{171.06}{29.67}\right)$$
$$= 3.67(\text{kgce})$$

经计算，采取节能技术措施改造后，节能量为 3.67 kgce。

（2）标耗法。

根据标耗法节能量计算公式，有：

$$E_s = re_r\left(\frac{BH_b - BH_r}{BH_b}\right)$$

$$= 0.1229 \times 171.06 \times \left(\frac{0.40 - 0.34}{0.40}\right)$$

$$= 3.15(\text{kgce})$$

经计算，采取节能技术措施改造后，节能量为 3.15 kgce。

（3）为比较计算结果，其他节能量计算如下：

①直接比较法。

根据直接比较法能量计算公式，有：

$$E_s = r(P_{off} - P_{on})t$$

$$= 0.1229 \times (162.16 - 171.06) \times 1$$

$$= -1.09(\text{kgce})$$

经计算，采取节能技术措施改造后，节能量为 -1.09 kgce。

②效率法。

根据效率法能量计算公式，有：

$$E_s = re_r\left(\frac{\eta_r - \eta_b}{\eta_b}\right)$$

$$= 0.1229 \times 171.06 \times \left(\frac{81.76\% - 68.60\%}{68.60\%}\right)$$

$$= 4.03(\text{kgce})$$

经计算，采取节能技术措施改造后，节能量为 4.03 kgce。

③基期能耗-影响因素模型法。

根据 GB/T 30256—2013《节能量测量和验证技术要求 泵类液体输送系统》要求，基期能耗-影响因素模型法至少需要 3 组测试数据，故无法使用该方法计算节能量。

5.4.2.3 算例三

准东采油厂将沙南作业区北三台联合站 5 号柱塞泵改造为宁波合力机泵股份有限公司生产的 5ST 型高效节能往复式柱塞泵。该泵采用了同步隔离技术装置，对泵的密封结构做了改进，在泵填料密封结构中增设了一套密封介质腔，使密封介质与输送介质达到自动隔离的状态，减少了柱塞往复运动期间与填料摩擦的功耗；利用密封介质良好的润滑性能降低柱塞与填料间的摩擦损失，提高泵效及易损件的使用周期。

新疆油田于 2019 年 4 月 24 日对准东采油厂沙南作业区北三台联合站 5 号柱塞泵改造为 5ST 型高效节能往复式柱塞泵的运行效果进行了对比测试，数据见表 5-14。

表 5-14 改造前后测试数据

序号	项目名称	单位	测试数据	
1	测试日期	—	2018.4.24	2019.4.24
2	测试工况	—	改造前	改造后
3	设备编号	—	1号	5号
4	机泵型号		5S/125-23/25	
5	机泵类型	—	柱塞泵	
6	电动机型号		Y315L2-4	
7	泵出口流量	m³/h	22.6	22.7
8	回流流量	m³/h	0	0
9	泵进口压力	MPa	0.06	0.06
10	泵出口压力	MPa	18.08	18.14
11	泵出口阀后压力	MPa	18.08	18.04
12	电动机输入电压	V	412.9	410.8
13	电动机输入电流	A	298.6	240.5
14	电动机有功功率	kW	149.61	131.89
15	电动机无功功率	kvar	152.4	108.9
16	电动机视在功率	kVA	213.5	171.1
17	电动机功率因数	—	0.700	0.771
18	运行频率	Hz	50.0	50.0
19	回流损失率	%	0	0
20	泵输出功率	kW	113.0	114.0
21	机组效率	%	75.6	86.4
22	注水单耗	kW·h/m³	6.62	5.81
23	有功节电率	%	—	12.2

通过节能量计算方法适用性分析可知，泵选型属于泵体改造技术措施项目，符合单位产品能耗法、标耗法的计算范围。

（1）单位产品能耗法。

根据单位产品能耗法节能量计算公式，有：

$$E_s = rM_r\left(\frac{e_b}{M_b} - \frac{e_r}{M_r}\right)$$
$$= 0.1229 \times 22.7 \times \left(\frac{149.61}{22.6} - \frac{131.89}{22.7}\right)$$
$$= 2.26(\text{kgce})$$

经计算，采取节能技术措施改造后，节能量为 2.26 kgce。

（2）标耗法。

根据标耗法节能量计算公式，有：

$$E_s = re_r\left(\frac{BH_b - BH_r}{BH_b}\right)$$
$$= 0.1229 \times 131.89 \times \left(\frac{0.37 - 0.32}{0.37}\right)$$
$$= 2.19(\text{kgce})$$

经计算，采取节能技术措施改造后，节能量为 2.19 kgce。

（3）为比较计算结果，其他节能量计算如下：

①直接比较法。

根据直接比较法节能量计算公式，有：

$$E_s = r(P_{\text{off}} - P_{\text{on}})t$$
$$= 0.1229 \times (149.61 - 131.89) \times 1$$
$$= 2.18(\text{kgce})$$

经计算，采取节能技术措施改造后，节能量为 2.18 kgce。

②效率法。

根据效率法节能量计算公式，有：

$$E_s = re_r\left(\frac{\eta_r - \eta_b}{\eta_b}\right)$$
$$= 0.1229 \times 131.89 \times \left(\frac{86.4\% - 75.6\%}{75.6\%}\right)$$
$$= 2.32(\text{kgce})$$

经计算，采取节能技术措施改造后，节能量为 2.32 kgce。

5.4.3 调速技术

5.4.3.1 算例一

中国石油天然气集团公司西北油田节能监测中心于2013年1月16日对北三台油库4号外输泵安装变频器前后的运行参数进行对比测试，以了解输油泵变频器改造的实际使用效果。改造前后测试数据见表5-15。

表5-15 改造前后测试数据

序号	项目名称	单位	测试数据 变频43.0 Hz工况	测试数据 工频调压工况
1	测试日期	—	2013.1.16	2012.1.16
2	设备安装地点	—	北三台油库	北三台油库
3	设备编号	—	4♯外输泵	4♯外输泵
4	机泵型号	—	ZSY300-133×3	ZSY300-133×3
5	额定扬程	m	400	400
6	泵额定流量	m³/h	300	300
7	设计效率	%	66	66
8	电动机型号	—	YB560S1-2	YB560S1-2
9	电动机额定功率	kW	500	500
10	额定转速	r/min	2975	2975
11	额定电压	V	6000	6000
12	额定电流	A	56.9	56.9
13	20℃介质密度	kg/m²	846.1	846.1
14	测试工况介质密度	kg/m³	822.7	822.7
15	介质出口温度	℃	55.0	55.0
16	泵出口流量	t/h	230.0	230.0
17	泵进口压力	MPa	0.07	0.06
18	泵出口压力	MPa	2.40	3.30
19	泵出口阀后压力	MPa	2.40	2.40
20	电动机输入电压	V	6147	6120
21	电动机输入电流	A	27.6	43.8

续表

序号	项目名称	单位	测试数据	
			变频 43.0 Hz 工况	工频调压工况
22	电动机输入有功功率	kW	285.2	416.3
23	电动机输入无功功率	kvar	72.1	206.7
24	电动机输入视在功率	kVA	293.3	464.3
25	电动机功率因数	—	0.9693	0.8954
26	实测运行频率	Hz	43.00	50.00
27	电动机负载率	%	51.9	77.3
28	电动机效率	%	91.3	93.0
29	机泵测试扬程	m	289.0	401.7
30	节流损失率	%	0.00	16.81
31	机泵效率	%	69.7	65.1
32	机组效率	%	63.6	60.5
33	输液单耗	kW·h/t	1.24	1.81

根据节能量计算方法适用性分析可知，该技术改造措施可使用单位产品能耗法、标耗法计算节能量。

(1) 单位产品能耗法。

根据单位产品能耗法节能量计算公式，有：

$$E_s = rM_r\left(\frac{e_b}{M_b} - \frac{e_r}{M_r}\right)$$

$$= 0.1229 \times 230.0 \times \left(\frac{416.3}{230.0} - \frac{285.2}{230.0}\right)$$

$$= 16.11(\text{kgce})$$

经计算，采取节能技术措施改造后，节能量为 16.11 kgce。

(2) 标耗法。

根据标耗法节能量计算公式，有：

$$E_s = re_r\left(\frac{BH_b - BH_r}{BH_b}\right)$$

$$= 0.1229 \times 285.2 \times \left(\frac{0.56 - 0.53}{0.56}\right)$$

$$= 1.88(\text{kgce})$$

经计算，采取节能技术措施改造后，节能量为 1.88 kgce。

(3) 为比较计算结果，其他节能量计算如下：

①效率法。

根据效率法节能量计算公式，有：

$$E_s = re_r \left(\frac{\eta_r - \eta_b}{\eta_b} \right)$$
$$= 0.1229 \times 285.2 \times \left(\frac{63.6\% - 60.5\%}{60.5\%} \right)$$
$$= 1.80 \text{(kgce)}$$

经计算，采取节能技术措施改造后，节能量为 1.80 kgce。

②直接比较法。

根据直接比较法节能量计算公式，有：

$$E_s = r(P_{off} - P_{on})t$$
$$= 0.1229 \times (416.3 - 285.2) \times 1$$
$$= 16.11 \text{(kgce)}$$

经计算，采取节能技术措施改造后，节能量为 16.11 kgce。

③基期能耗-影响因素模型法。

根据 GB/T 30256—2013《节能量测量和验证技术要求 泵类液体输送系统》要求，基期能耗-影响因素模型法至少需要 3 组测试数据，故无法使用该方法计算节能量。

5.4.3.2 算例二

兴隆台油田 3 号注水站注水系统，由于建站时间较长，泵运行时间较长，导致泵效下降较大。根据相关标准对 3 号注水站 1#泵进行变频技术改造，并测试其改造前后的节能效果，数据见表 5-16。

表 5-16 改造前后测试数据

编号	改造情况	耗电量 kW	注水量 m³/h	进口压力 MPa	出口压力 MPa	机组效率 %
1#	改造前	221.38	28.61	0.02	16.0	73.42
	改造后	162.40	22.50	0.02	158	77.40

根据节能量计算方法适用性分析可知，该技术改造措施可使用单位产品能耗法、标耗法计算节能量。

(1) 单位产品能耗法。

根据单位产品能耗法节能量计算公式,有:

$$E_s = rM_r\left(\frac{e_b}{M_b} - \frac{e_r}{M_r}\right)$$

$$= 0.1229 \times 22.50 \times \left(\frac{221.38}{28.61} - \frac{162.40}{22.50}\right)$$

$$= 1.44(\text{kgce})$$

经计算,采取节能技术措施改造后,节能量为 1.44 kgce。

(2) 标耗法。

根据标耗法节能量计算公式,有:

$$E_s = re_r\left(\frac{BH_b - BH_r}{BH_b}\right)$$

$$= 0.1229 \times 162.40 \times \left(\frac{0.48 - 0.46}{0.48}\right)$$

$$= 0.83(\text{kgce})$$

经计算,采取节能技术措施改造后,节能量为 0.83 kgce。

(3) 为比较计算结果,其他节能量计算如下:

①效率法。

根据效率法节能量计算公式,有:

$$E_s = re_r\left(\frac{\eta_r - \eta_b}{\eta_b}\right)$$

$$= 0.1229 \times 162.40 \times \left(\frac{77.40\% - 73.42\%}{73.42\%}\right)$$

$$= 1.08(\text{kgce})$$

经计算,采取节能技术措施改造后,节能量为 1.08 kgce。

②直接比较法。

根据直接比较法节能量计算公式,有:

$$E_s = r(P_{\text{off}} - P_{\text{on}})t$$

$$= 0.1229 \times (221.38 - 162.40) \times 1$$

$$= 7.25(\text{kgce})$$

经计算,采取节能技术措施改造后,节能量为 7.25 kgce。

③基期能耗-影响因素模型法。

根据 GB/T 30256—2013《节能量测量和验证技术要求 泵类液体输送系统》要求,基期能耗-影响因素模型法至少需要 3 组测试数据,故无法使用该方法计算节能量。

5.4.4 泵涂膜技术

5.4.4.1 算例一

大庆油田第三采油厂北二十联1#注水泵采用注水泵涂膜技术以降低能源消耗，其改造前后测试数据见表5-17。

表5-17 改造前后测试数据

序号	项目名称	单位	测试数据 改造前	测试数据 改造后
1	测试日期	—	2019.7.15	2019.11.16
2	设备安装地点	—	大庆油田第三采油厂北二十联1#注水泵	
3	机泵型号	—	D300-150	
4	吸入管线外径	mm	300	300
5	吸入管线壁厚	mm	7	7
6	排出管线外径	mm	200	200
7	排出管线壁厚	mm	8.5	8.5
8	吸入压力	MPa	0.03	0.04
9	排出压力	MPa	16.60	16.62
10	输入功率	kW	1804.2	1820.8
11	机组效率	%	81.39	83.73

通过节能量计算方法适用性分析可知，涂膜技术属于泵体改造技术措施项目，符合效率法、基期能耗-影响因素模型法的计算范围。

（1）效率法。

根据效率法节能量计算公式，有：

$$E_s = re_r \left(\frac{\eta_r - \eta_b}{\eta_b} \right)$$

$$= 0.1229 \times 1820.8 \times \left(\frac{83.73\% - 81.39\%}{81.39\%} \right)$$

$$= 6.43 (\text{kgce})$$

经计算，采取节能技术措施改造后，节能量为6.43 kgce。

(2）基期能耗-影响因素模型法。

根据 GB/T 30256—2013《节能量测量和验证技术要求　泵类液体输送系统》要求，基期能耗-影响因素模型法至少需要 3 组测试数据，故无法使用该方法计算节能量。

（3）为比较计算结果，其他节能量计算如下：

①单位产品能耗法。

根据单位产品能耗法节能量计算公式，有：

$$E_s = rM_r\left(\frac{e_b}{M_b} - \frac{e_r}{M_r}\right)$$
$$= 0.1229 \times 330.70 \times \left(\frac{1804.2}{318.64} - \frac{1820.8}{330.70}\right)$$
$$= 6.35(\text{kgce})$$

经计算，采取节能技术措施改造后，节能量为 6.35 kgce。

②直接比较法。

根据直接比较法节能量计算公式，有：

$$E_s = r(P_{off} - P_{on})t$$
$$= 0.1229 \times (1804.2 - 1820.8) \times 1$$
$$= -2.04(\text{kgce})$$

经计算，采取节能技术措施改造后，节能量为 -2.04 kgce。

③标耗法。

根据标耗法节能量计算公式，有：

$$E_s = re_r\left(\frac{BH_b - BH_r}{BH_b}\right)$$
$$= 0.1229 \times 1820.8 \times \left(\frac{0.34 - 0.33}{0.34}\right)$$
$$= 6.58(\text{kgce})$$

经计算，采取节能技术措施改造后，节能量为 6.58 kgce。

5.4.4.2　算例二

兴隆台油田 2 号注水站注水系统，由于建站时间较长，泵运行时间较长，导致泵效下降较大，分析其原因是注水泵叶轮过流面积腐蚀较严重。为了提高泵效，减少局部水力损失，对其进行节能改造。应用涂膜技术，使叶轮和过流面表面光滑，根据相关标准对 2 号注水站 1# 进行涂膜技术改造，并测试其改造前后的节能效果，数据见表 5—18。

表 5-18 改造前后测试数据

编号	改造情况	耗电量（kW）	注水量（m³/h）	进口压力（MPa）	出口压力（MPa）	机组效率（%）
1#	改造前	1735.95	229.0	0.05	17.0	68.44
	改造后	1740.65	248.3	0.05	17.05	72.60

通过节能量计算方法适用性分析可知，涂膜技术属于泵体改造技术措施项目，符合效率法、基期能耗-影响因素模型法的计算范围。

（1）效率法。

根据效率法节能量计算公式，有：

$$E_s = re_r\left(\frac{\eta_r - \eta_b}{\eta_b}\right)$$
$$= 0.1229 \times 1740.65 \times \left(\frac{72.60\% - 68.44\%}{68.44\%}\right)$$
$$= 13.00(\text{kgce})$$

经计算，采取节能技术措施改造后，节能量为 13.00 kgce。

（2）基期能耗-影响因素模型法。

根据 GB/T 30256—2013《节能量测量和验证技术要求 泵类液体输送系统》要求，基期能耗-影响因素模型法至少需要 3 组测试数据，故无法使用该方法计算节能量。

（3）为比较计算结果，其他节能量计算如下：

①单位产品能耗法。

根据单位产品能耗法节能量计算公式，有：

$$E_s = rM_r\left(\frac{e_b}{M_b} - \frac{e_r}{M_r}\right)$$
$$= 0.1229 \times 248.3 \times \left(\frac{1735.95}{229.0} - \frac{1740.65}{248.3}\right)$$
$$= 17.40(\text{kgce})$$

经计算，采取节能技术措施改造后，节能量为 17.40 kgce。

②直接比较法。

根据直接比较法节能量计算公式，有：

$$E_s = r(P_{\text{off}} - P_{\text{on}})t$$
$$= 0.1229 \times (1735.95 - 1740.65) \times 1$$
$$= -0.58(\text{kgce})$$

经计算，采取节能技术措施改造后，节能量为－0.58 kgce。

③标耗法。

根据标耗法节能量计算公式，有：

$$E_\mathrm{s} = re_\mathrm{r}\left(\frac{BH_\mathrm{b} - BH_\mathrm{r}}{BH_\mathrm{b}}\right)$$

$$= 0.1229 \times 1740.65 \times \left(\frac{0.34 - 0.33}{0.34}\right)$$

$$= 6.29(\mathrm{kgce})$$

经计算，采取节能技术措施改造后，节能量为 6.29 kgce。

5.4.5 柱塞泵液力端改造

新疆油田公司对陆梁油田作业区石南 21 处理站 3 号柱塞泵进行改造前后对比测试，主要对 3 号柱塞泵液力端进行改造，措施为使用 V 型结构液力端、同步隔离（交换）技术、自动对中技术、双流道旋转阀，属于节能改造技术，相关测试数据见表 5－19。

表 5－19 改造前后测试数据

序号	项目名称	单位	测试数据 改造前	测试数据 改造后
1	配用功率	kW	280	280
2	电动机型号	—	Y2VP-355M-4	
3	额定功率	kW	280	280
4	额定电压	V	380	380
5	额定电流	A	496.5	496.5
6	额定效率	%	93.5	93.5
7	电动机与机泵连接方式	—	皮带	
8	进口管线周长	mm	505	505
9	进口管线壁厚	mm	6.26	6.26
10	出口管线周长	mm	365	365
11	出口管线壁厚	mm	14.77	14.77
12	出、进口压力表高差	m	0	0
13	注水泵流量	m³/h	35.18	38.48

续表

序号	项目名称	单位	测试数据 改造前	测试数据 改造后
14	注水泵吸入压力	MPa	0.08	0.08
15	注水泵排出压力	MPa	19.95	20.13
16	注水泵出口阀后压力	MPa	19.95	20.13
17	电动机输入电压	V	393.58	390.79
18	电动机输入电流	A	367.19	402.11
19	电动机有功功率	kW	232.89	253.97
20	电动机无功功率	kvar	91.57	98.24
21	电动机视在功率	kVA	250.32	272.18
22	电动机功率因数	—	0.9307	0.9326
23	运行频率	Hz	48.0	48.0
24	进口管线内介质流速	m/s	0.566	0.619
25	出口管线内介质流速	m/s	1.657	1.813
26	注水泵测试扬程	m	2025.6	2044.0
27	注水泵输出功率	kW	194.2	214.3
28	注水泵机组效率	%	83.3	84.4
29	注水泵单位注水量电耗	kW·h/m³	6.62	6.60

通过节能量计算方法适用性分析可知，液力端改造属于泵体改造技术措施项目，符合单位产品能耗法、标耗法的计算范围，可以使用二者任一方法进行计算。

（1）单位产品能耗法。

根据单位产品能耗法节能量计算公式，有：

$$E_s = rM_r\left(\frac{e_b}{M_b} - \frac{e_r}{M_r}\right)$$

$$= 0.1229 \times 38.48 \times \left(\frac{232.89}{35.18} - \frac{253.97}{38.48}\right)$$

$$= 0.094(\text{kgce})$$

经计算，采取节能技术措施改造后，节能量 0.094 kgce。

(2) 标耗法。

根据标耗法节能量计算公式,有:

$$E_s = re_r\left(\frac{BH_b - BH_r}{BH_b}\right)$$
$$= 0.1229 \times 253.97 \times \left(\frac{0.3334 - 0.3291}{0.3334}\right)$$
$$= 0.403(\text{kgce})$$

经计算,采取节能技术措施改造后,节能量为 0.403 kgce。

(3) 为比较计算结果,其他节能量计算如下:

①效率法。

根据效率法节能量计算公式,有:

$$E_s = re_r\left(\frac{\eta_r - \eta_b}{\eta_b}\right)$$
$$= 0.1229 \times 253.97 \times \left(\frac{84.4\% - 83.3\%}{83.3\%}\right)$$
$$= 0.412(\text{kgce})$$

经计算,采取节能技术措施改造后,节能量为 0.412 kgce。

②基期能耗-影响因素模型法。

根据 GB/T 30256—2013《节能量测量和验证技术要求 泵类液体输送系统》要求,基期能耗-影响因素模型法至少需要 3 组测试数据,故无法使用该方法计算节能量。

③直接比较法。

根据直接比较法节能量计算公式,有:

$$E_s = r(P_{\text{off}} - P_{\text{on}})t$$
$$= 0.1229 \times (232.89 - 253.97) \times 1$$
$$= -2.590(\text{kgce})$$

经计算,采取节能技术措施改造后,节能量为 -2.590 kgce。

5.4.6　优化运行

5.4.6.1　算例一

对 703 注水站 2 号离心注水泵进行优化改造,更新注水管线 2.3 km 及配套的阀门和仪表等。中国石油天然气集团公司西北油田节能监测中心于 2016 年 6 月 6 日和 2019 年 7 月 29 日对采油二厂 703 注水站技术改造项目进行了对比测试，属于优化运行技术改造措施。改造前后测试数据见表5－20。

表5－20 改造前后测试数据

序号	项目名称	单位	测试数据 改造前	测试数据 改造后
1	测试日期	—	2016.6.6	2019.7.29
2	被测单位	—	采油二厂	
3	设备安装地点	—	703注水站	
4	设备编号	—	2#	
5	机泵型号		DF250-150×11	DF220-160×10
6	机泵类型	—	离心泵	
7	额定扬程	MPa	17	16
8	额定流量	m³/h	250	220
9	配用功率	kW	1800	1600
10	轴功率	kW	1588	1278
11	设计效率	%	75	75
12	电动机型号	—	YK1800-2/990	YKK500-2
13	额定功率	kW	1800	1600
14	额定电压	V	6000	6000
15	额定电流	A	204	182
16	额定转速	r/min	2980	2981
17	电动机极对数	对	1	1
18	额定效率	%	94.5	96.0
19	额定电源频率	Hz	50	50
20	电动机与机泵连接方式	—	轴	轴
21	进口管线周长	mm	564	1035
22	进口管线壁厚	mm	6.50	8.32
23	出口管线周长	mm	380	895
24	出口管线壁厚	mm	17.00	21.02
25	出、进口压力表高差	m	0	0
26	注水泵流量	m³/h	199.6	169.2

续表

序号	项目名称	单位	测试数据 改造前	测试数据 改造后
27	注水泵回流量	m³/h	0	0
28	注水泵吸入压力	MPa	0.01	0.04
29	注水泵排出压力	MPa	17.20	15.40
30	注水泵出口阀后压力	MPa	17.10	15.20
31	电动机输入电压	V	6200.0	6200.0
32	电动机输入电流	A	172.0	109.5
33	电动机有功功率	kW	1622.75	1057.50
34	电动机无功功率	kvar	884.09	512.54
35	电动机视在功率	kVA	1847.00	1175.85
36	电动机功率因数	—	0.878	0.900
37	运行频率	Hz	50.0	50.0
38	注水泵测试扬程	m	1756.4	1565.8
39	注水泵输出功率	kW	955.2	722.1
40	注水泵机组效率	%	58.9	68.2
41	注水泵机组节流损失率	%	0.6	1.3
42	注水泵单位注水量电耗	kW·h/m³	8.13	6.25

通过节能量计算方法适用性分析可知，优化运行属于控制改造技术措施项目，符合效率法、基期能耗-影响因素模型法的计算范围，故使用效率法计算节能量。

(1) 效率法。

根据效率法节能量计算公式，有：

$$E_s = re_r \left(\frac{\eta_r - \eta_b}{\eta_b} \right)$$
$$= 0.1229 \times 1057.50 \times \left(\frac{68.2\% - 58.9\%}{58.9\%} \right)$$
$$= 20.52 (\text{kgce})$$

经计算，采取节能技术措施改造后，节能量为 20.52 kgce。

(2) 基期能耗-影响因素模型法。

根据 GB/T 30256—2013《节能量测量和验证技术要求　泵类液体输送系统》要求，基期能耗-影响因素模型法至少需要 3 组测试数据，故无法使用该方法计算节能量。

(3) 为比较计算结果，其他节能量计算如下：

①单位产品能耗法。

根据单位产品能耗法节能量计算公式，有：

$$E_s = rM_r \left(\frac{e_b}{M_b} - \frac{e_r}{M_r} \right)$$
$$= 0.1229 \times 169.2 \times \left(\frac{1622.75}{199.6} - \frac{1057.50}{169.2} \right)$$
$$= 39.09 \text{(kgce)}$$

经计算，采取节能技术措施改造后，节能量为 39.09 kgce。

②直接比较法。

根据直接比较法节能量计算公式，有：

$$E_s = r(P_{off} - P_{on})t$$
$$= 0.1229 \times (1622.75 - 1057.50) \times 1$$
$$= 69.47 \text{(kgce)}$$

经计算，采取节能技术措施改造后，节能量为 69.47 kgce。

③标耗法。

根据标耗法节能量计算公式，有：

$$E_s = re_r \left(\frac{BH_b - BH_r}{BH_b} \right)$$
$$= 0.1229 \times 1057.50 \times \left(\frac{0.47 - 0.41}{0.47} \right)$$
$$= 16.59 \text{(kgce)}$$

经计算，采取节能技术措施改造后，节能量为 16.59 kgce。

5.4.6.2　算例二

喇嘛甸油田通过注水站水量、压力、能耗等运行参数调查分析，确定注水站单站注水量与注水泵合理匹配的技术方案，注水系统优化后水量较优化前水量少 3079 m³，满足区域内系统注水量需求。通过调整注水泵的运行状态，合理匹配水量，实施后注水系统单耗下降 0.10 kW·h/m³，有效降低了注水成本，提高了管网运行效率。改造前后测试数据见表 5−21。

表 5－21　改造前后测试数据

注水泵泵号	注水泵排量（m³） 改造前	改造后	用电电量（kW·h） 改造前	改造后	效率（%） 改造前	改造后	注水单耗（kW·h/m³） 改造前	改造后
1♯站-1♯泵	8573	8797	51840	50400	79.16	81.17	6.05	5.73
2♯站-1♯泵	—	8981	—	50220	—	83.47	—	5.59
2♯站-2♯泵	8693	—	49032	—	71.73	—	5.64	—
3♯站-1♯泵	9910	10173	55200	56640	75.14	78.10	5.57	5.57
4♯站-1♯泵	10137	9834	50880	49920	93.83	95.67	5.02	5.08
4♯站-2♯泵	6092	2541	35520	14400	86.50	79.16	5.83	5.67
小计	43405	40326	242472	221580	81.27	83.51	5.62	5.52
电量差值	3079		20892		2.24		0.10	

注：注水泵排量及用电电量小计为合计值，效率及注水单耗小计为平均值。

通过节能量计算方法适用性分析可知，优化运行属于控制改造技术措施项目，符合效率法、基期能耗-影响因素模型法的计算范围，故使用效率法计算节能量。

（1）效率法。

根据效率法节能量计算公式，有：

$$E_s = re_r \left(\frac{\eta_r - \eta_b}{\eta_b} \right)$$

$$= 0.1229 \times 221580 \times \left(\frac{83.51\% - 81.27\%}{81.27\%} \right)$$

$$= 750.59 (\text{kgce})$$

经计算，采取节能技术措施改造后，节能量为 750.59 kgce。

（2）基期能耗-影响因素模型法。

根据 GB/T 30256—2013《节能量测量和验证技术要求　泵类液体输送系统》要求，基期能耗-影响因素模型法至少需要 3 组测试数据，故无法使用该方法计算节能量。

（3）为比较计算结果，其他节能量计算如下：

①单位产品能耗法。

根据单位产品能耗法节能量计算公式，有：

$$E_s = rM_r \left(\frac{e_b}{M_b} - \frac{e_r}{M_r} \right)$$

$$= 0.1229 \times 40326 \times \left(\frac{242472}{43405} - \frac{221580}{40326}\right)$$

$$= 453.73 (\text{kgce})$$

经计算,采取节能技术措施改造后,节能量为 453.73 kgce。

②直接比较法。

根据直接比较法节能量计算公式,有:

$$E_s = r(P_{off} - P_{on})t$$

$$= 0.1229 \times (242472 - 221580) \times 1$$

$$= 2567.63 (\text{kgce})$$

经计算,采取节能技术措施改造后,节能量为 2567.63 kgce。

第 6 章　配电网技措节能量核算方法

6.1　配电网简介

配电网是指从输电网或地区发电厂接受电能，通过配电设施就地分配或按电压逐级分配给各类用户的电力网。其是由架空线路、电缆、杆塔、配电变压器、隔离开关、无功补偿器及一些附属设施等组成的，在电力网中起分配电能作用的网络。

油气田供配电线路类型多、结构复杂，其中 6 kV 供配电线路应用最广泛。变压器数量多，负载类型多样，基本涵盖油气田日常生产应用的各类耗能设备，故本章只对油田 6 kV 供配电线路的技措节能量计算方法进行介绍。

6.1.1　油田配电网

油田配电网主要包含 6(10)kV 母线、配电线路、配电变压器、380 V 电力传输线路。对于 6 kV 级油田电网设备来说，在正常工作中，变压器铜损耗占到变压器总损耗的 30%～35%，铁损耗达到变压器总损耗的 65%～66%。

油田电网主要结构如图 6-1 所示。

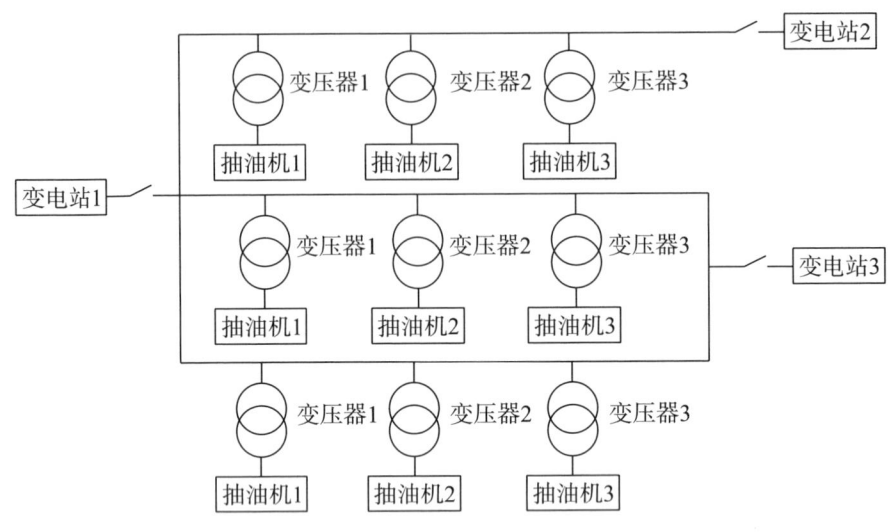

图 6-1 油田电网主要结构

由图 6-1 可知，油田电网的配电线路结构呈放射状，存在多线路供电、多变电站供电方式，供电可靠性比较高。但是，油田电网的特点是分支线路与负荷节点数量多，每台抽油机都连着一台配电变压器，这就造成了油田电网中变压器数量也很多，但是各台变压器的容量利用率都不高。已有资料显示，每条油田配电线路一般和 30~40 个抽油机相连接。此外，油田电网负荷不集中，所以线路的结构繁多，有很多分支线路，而且线路的长度和遍布范围大，骨干线路大部分超过 5 km 长。油田电网的主要特点如下：

（1）油田配电网网络结构薄弱，运行方式不灵活。

目前，我国大多数油田配电网是经 110 kV 线路从地区电网取得电源，再经油田供电网 110 kV 枢纽变电所将电压降为 35 kV 后，由 35 kV 线路送往各用电负荷中心，再降压至 6(10)kV，供给配电网。油田供电网结线如图 6-2 所示。

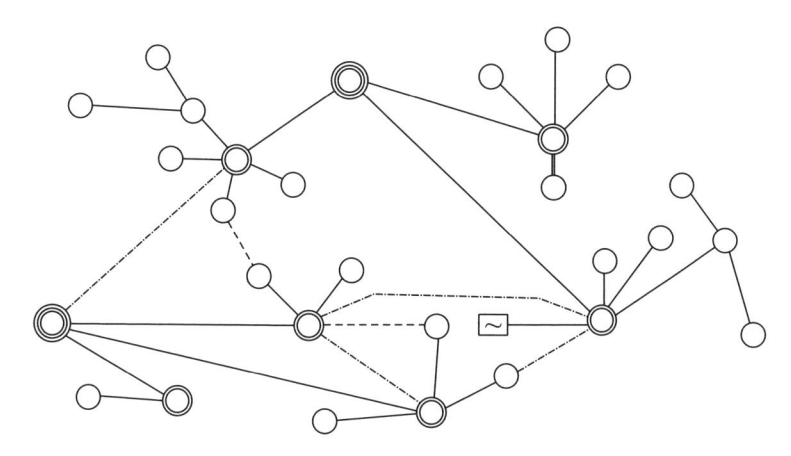

◉—地区电网220kV变电所；◎—油田供电网110kV变电所；○—油田供电网35kV变电所；
--- 110kV供电线路；—— 35kV供电线路；-·-·- 正常运行方式下不投入的连络线路

图6-2 油田供电网结线

配电网自身结构的状态对于整个配电网络的可靠性有着直接影响。当前很多油田配电网络由于布局存在问题，在结构上多以放射状为主，这样就导致输电距离较长，供电半径较大，远远超出合理输送距离，造成网损过大。这也导致配电网当中一旦出现故障，就容易造成大面积停电事故。还有一些地区甚至使用单辐射线路进行配电，这就会导致无法转供。典型的油田配电网接线如图6-3所示。

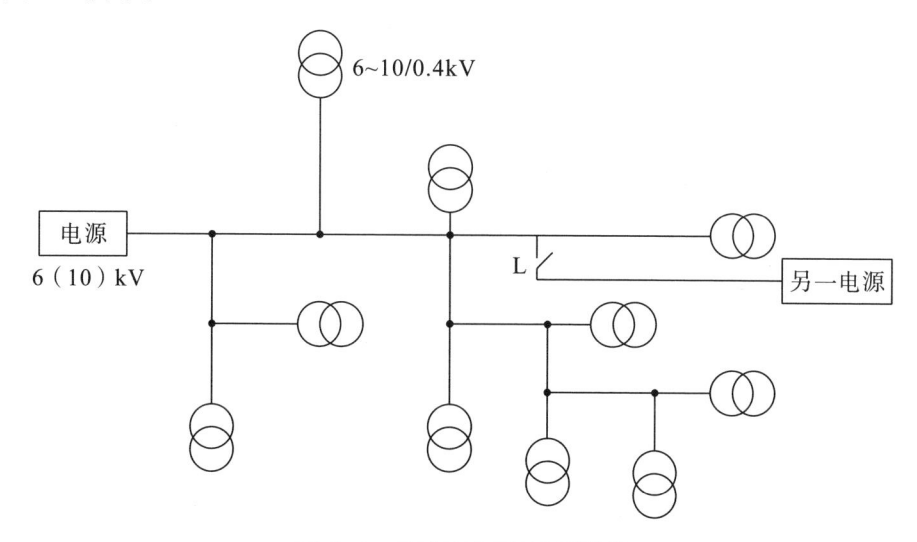

图6-3 典型的油田配电网接线

（2）作为配电网主要用电负荷的抽油机电动机的额定容量，与实际运行负荷相差过大。

为保证抽油机的启动要求和在运行时有足够的过载能力，通常所配的电动机装机功率较大，而电动机正常运行时都是轻载运行，造成抽油机负载率低，与电动机不匹配，形成"大马拉小车"的生产状况，使线路、变压器、电动机的功率损耗增大；电动机的运行效率取决于负载率，当电动机负荷很低时，会从电网吸取较大的无功功率，从而降低了功率因数，造成网损过大。另外，考虑到在出现砂卡、结蜡等异常工况时不致因启动困难而烧毁电动机，通常还要人为增大电动机裕量，这无疑加剧了"大马拉小车"的现象，使电动机长期在低负荷下运行。

（3）配电变压器容量与所带负荷不匹配，负荷率很低，也会造成"大马拉小车"的现象。

油田在开发前期，油井配电变压器容量与当时负荷较为匹配，负荷率较高，配电网网损率较低。随着油田开发进入中后期，油井含水率上升，配电变压器容量远远大于所带负荷，从而使变压器损耗增大。此时变压器空载损耗占变压器总损耗的 80%～96%，变压器多处于非经济运行区，进一步造成配电网损耗增加。

6.1.2 油田配电网损耗影响因素

油田电力线路负荷中，抽油机、注水泵和联合站用电量占总用电量的 90%以上，这些负荷大多数是感应电动机带动的抽油泵类的负荷。感应电动机正常运行时，需要从电力线路吸取无功功率来建立定子旋转的励磁磁场，因此功率因数较低。特别是在轻负荷状态下，由于有功功率较小，而无功励磁功率只取决于电动机的工作电压，这样就使功率因数更低。这将使配电线路的功率损耗加大，电压质量降低。根据调研情况，油田配电网损耗率较高，主要原因是：

（1）油田现场开采的主要方式是抽油机采油，而抽油机的负荷变化极大且具有周期性的特点。为了启动顺利，需要抽油机具有比较大的启动转矩而选用富余量较大的电动机，而抽油机启动后正常工作时负载率在 20%～30%之间，即出现"大马拉小车"的现象，使配电线路处于低效运行状态，油田配电线路效率较低。系统供电半径过大、自动化程度低、配电网功率因数过低、设备老化、负荷分配不合理等，同时存在的柱上开关、阀式避雷器、跌落式熔断器等高耗能设备，都是造成供配电线路系统损耗的主要原因。

（2）油田配电变压器的容量远大于电动机实际运行容量，导致配电变压器多处于非经济运行状态，从而导致损耗增加。油田配电网线路结构和设备的配置不合理、分支多，且不平衡，部分导线有效截面小，运行负荷重，同时不合理的配电线路系统迂回多，增大了供电半径，导致线路损耗增加。

（3）出于油田采油、运输、注水等生产运行的特点，油田电力系统多采用发散型供电方式。随着油田勘探开发规模不断扩大，用电量也会逐渐增大，导致配电线路系统不仅无法满足负荷增长的需要，也影响了系统运行的稳定性和可靠性。

（4）大多数 6 kV 配电线路太长，甚至有的配电线路长度超过了 30 km，致使油田高压线路的损耗增加，线路末梢电压降低，功率因数变低。

（5）中频加热引起的谐波污染严重。

配电网损耗所产生的经济损失体现在配、用电过程的各个环节，如果不采取措施降低供配电系统的线路损耗率，随着油田规模的不断扩大，电量损失将会越来越大，必然增加油田企业的生产成本。因此，油田企业需要对供配电线路系统进行有效的优化补偿和整改，努力降低线路损耗，达到节能降损和增加经济效益的目的。

6.1.3 电网基本特性参数

电流——单位时间里通过导体任一横截面的电量叫作电流强度，简称电流，符号为 I，单位为安培（A）。

电压——衡量单位电荷在静电场中由于电势不同所产生的能量差的物理量，用 U 表示，单位为伏特（V）。

视在功率——在给定电压和电流下所能获得的最大有功功率，用 S 表示，单位为伏安（VA）：

$$S = UI \tag{6-1}$$

有功功率——将电能转换为其他形式能量（机械能、光能、热能）的电功率，称为有功功率，用符号 P 表示，单位为瓦特（W）：

$$P = UI\cos\varphi \tag{6-2}$$

式中：φ——电压与电流信号的相位差，°。

无功功率——在具有电抗的交流电路中，电源和电抗元件（电容、电感）之间能量交换率的最大值即为无功功率，用符号 Q 表示，单位为 var、kvar：

$$Q = UI\sin\varphi \tag{6-3}$$

电网频率——交变电流在单位时间内完成周期性变化的次数，叫作电流的频率，用符号 f 表示，单位为赫兹（Hz）；

感抗——电感线圈对交流电的阻碍作用,与线圈电感 L 和交流电的频率有关,用符号 X_L 表示,单位为欧姆（Ω）:

$$X_L = 2\pi f L \tag{6-4}$$

式中:X_L——感抗,Ω;

L——线圈电感,H;

f——电流频率,Hz。

容抗——电容器对交流电的阻碍作用,与电容器电容 C 和交流电的频率有关,用符号 X_C 表示,单位为欧姆（Ω）:

$$X_C = \frac{1}{2\pi f C} \tag{6-5}$$

式中:X_C——容抗,Ω;

C——电容器电容,H。

6.1.4　电网线损基本理论

电网线路损耗是指从发电厂发出电能,传输上网直至供给客户的全过程中,在电网输变配用的各个环节所产生电能损耗累加之和,简称电网线损。也就是说,在电能上网输送和末端供给的过程中,电网各元件、各设备上的电能损耗便是线损。其产生原因在于输变配用各环节的线路和设备都难以避免存在阻抗,当电流流经就会产生有功损耗。线损率定义为线损电量占供入电量的百分比,其计算公式如下:

$$\Delta P_1 = 3I^2 R_1 \tag{6-6}$$

统计线损以电表抄读电量为依据计算得出,其值即供入电量减供出电量,由于反映了电网的实际损耗总电量,因此也称作实际线损。统计线损包括理论线损和管理线损两部分。理论线损又称技术线损,以电网运行方式和设备参数等为依据,通过建立数学模型计算得出电网线损理论值,即特定条件下电网理论上损耗的电量。其计算结果准确度取决于运行参数、设备参数等数据的准确性,以及理论算法的实际匹配程度。管理线损即电网实际线损减掉理论线损外的损耗,可采取加强管理力度等管理措施降低损耗值。

从线损组成角度上看,电网线损又可划分为三部分,即固定损耗、可变损耗、其他损耗。固定损耗不随负荷变化而改变,一般主要为变压器铁损等,设备带电后即产生一定损耗;可变损耗随负荷变化而改变,主要指变压器铜损、线路电阻损耗等,负荷电流越大,损耗也越大;其他损耗是指由于管理不善等原因造成的各类其他电量损失,如计量差错、违章窃电、漏抄错抄等。

6.2 配电网节能技措方法

在油田生产输送和分配电能的过程中,每一个元件、每一级组成部分都会产生一定量的能源损耗,其中就包括电能在变电站和传输过程中升降压所带来的固定能源损耗以及变压器、电缆的铜损,输配电线路所产生的变动能源损耗。目前,国内众多电网节能降损方案均能起到降低配电网损耗的作用,但是侧重点不同,各有利弊。在项目实施过程中,采用更换节能型变压器、加粗导线线径或切割馈线减少供电半径、升压等方法,由于新设备采购费用昂贵,施工难度大,需要调度部门进行计划停电安排,一般实施的可能性较低。除非存在 S7 及以下高能耗变压器,或导线已经老旧、存在安全隐患等问题,需按照 DL/T 5729—2016《配电网规划设计技术导则》的规定进行改造。而无功补偿法实施简单,只需要工程人员在变压器侧配置无功补偿柜,不需要改变网架结构,线路经补偿后不仅本层级电压等级无功流动降低,也能对上级补偿设备减轻压力,使全网损耗下降。无功补偿法适用于无功源长期不足的馈线。但是大多数油田采用的补偿方式为对配电变压器进行随机就地补偿,提高邻近抽油机运行效率,但实际降损效果不是很好,原因是抽油机工作特性导致补偿的主要器件电容使用寿命太短,设备老化,损坏问题突出。

对众多油田调研发现,针对油区配电网线路较长、油井负荷分布不均、冬夏季负荷变化较大的问题,可优先采用无功自动补偿装置对油田配电网线路进行无功补偿,这种方法投资小、见效快、收益高、切实可行,能较大幅度降低线损,提高电能质量。

6.2.1 输配线路优化

线损在总配电损失中占很大比例。在配电线路设计中,传统的方法主要考虑允许的电压降、电线的机械强度以及电线的长期允许安全载流量等因素。输配线路是电网中电能损耗的主要元件,其 π 型等值电路如图 6-4 所示。

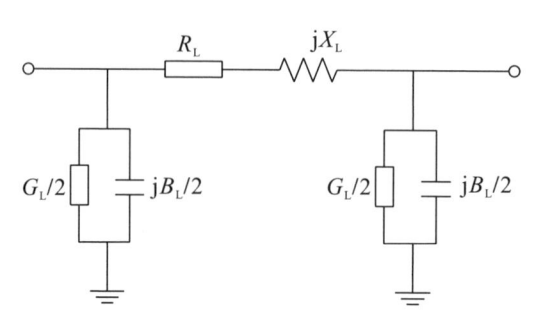

图 6-4 输配线路的 π 型等值电路

配电线路总功率损耗 ΔP_L 包括对地电导损耗 P_G 和线路载荷损耗 P_R 两部分。由于输配线路对地电导损耗主要是由绝缘子泄露和电晕引起的，所以在中低压配电网中可忽略；中低压配电网线损一般指线路载荷损耗，其与载荷、运行电压、线路型号、传输距离以及功率因数有关，数学表达式为

$$\Delta P_L = 3 I^2 R = \frac{P^2}{U^2 \lambda^2} \frac{\rho l}{S} \tag{6-7}$$

式中：ΔP_L——输配线路总功率损耗，W；

I——输配线路电流，A；

R——输配线路电阻，Ω；

P——输配线路载荷，W；

U——输配线路运行电压，V；

λ——功率因数；

ρ——输配线路电阻率，Ω·m；

l——输配线路长度，m；

S——输配线路截面积，m²。

由此得出输配线路损耗影响因子及其对应的节能技措，详见表 6-1。

表 6-1 输配线路损耗影响因子及其对应的节能技措

影响因子	关系	对应的节能技措
输配线路电阻率 ρ	正比	铝导线换为铜芯电缆
输配线路长度 l	正比	变电站、变压器规划于负荷中心，减少线路曲折系数
输配线路截面积 S	反比	大截面导线运用
输配线路运行电压 U	平方反比	升压改造
输配线路载荷 P	平方正比	负载三相平衡，削峰填谷等均衡各时段负荷
功率因数 λ	平方反比	线路无功补偿设备投切

(1) 油田输配电线路改造。

为满足油田供电的可靠性和经济性，各电压等级电网均存在经济供电半径，输配电网输配电线路节能供电半径计算如下。

10 kV 油田输配电线路：

$$L \approx 10\sqrt{\frac{K_j}{P_m}} \tag{6-8}$$

式中：L——油田输配电线路节能供电半径，km；

P_m——油田电力负荷密度，MW/km^2；

K_j——计算系数，与电力负荷密度有关。

节能供电半径计算参数之间的关系见表 6-2。

表 6-2 节能供电半径计算参数之间的关系

参数	数值			
P_m（MW/km^2）	<10	10~25	26~40	>40
K_j	22	27	31	34
L（km）	>14.8	16.4~10.4	10.9~8.8	<9.2

随着用电负荷的不断发展和输变电工程的建设，在复杂的配电网中经常出现迂回线路的情况，将导致配电网输电距离超过经济合理的长度。此时应对现有配电方案进行改造，新建无迂回的配电线路或在配电线路中新建变电站以减少线路迂回，保证各电压等级的供电半径设置合理。

(2) 油田供配电导线更换。

从节能的角度来看，"电能损耗"应作为配电线路截面选择的依据之一，即在经济合理的原则下，适当增加导线的截面积以减小配电线路的功率损耗。由于油田电网建设的不断发展、用电负荷的不断增加，加上前期配电线路建设标准低等原因，在实际油田电网配电中易形成供电线路"卡脖子"问题，这将增加线路的损耗。大截面导线的使用将降低线路等效电阻，减少线路损耗，提高电源容量，并实现节能目标。设 R_1 为原小截面配电线路的等效电阻，R_2 是更换后大截面导线的等效电阻，那么两个线损是：

$$\Delta P_1 = 3I^2 R_1 \tag{6-9}$$

$$\Delta P_2 = 3I^2 R_2 \tag{6-10}$$

采用大截面导线的损耗与采用小截面导线的损耗之比为

$$\frac{\Delta P_2}{\Delta P_1} = \frac{R_2}{R_1} \tag{6-11}$$

使用大截面导线后损耗减小程度与导线的阻抗成正比。同时使用分裂导线的方法也可以减小线路电阻，以达到降线损的目的。

以 6 kV 输配线路架设为例，目前使用的导线规格主要有 LGJ-50/8、LGJ-70/10、LGJ-95/20 三种，其电阻率分别为 0.5946 Ω/km、0.4217 Ω/km、0.3019 Ω/km。计算得知，电能在 LGJ-95/20 导线中传输产生的线损比在 LGJ-70/10 导线中传输产生的线损低约 30%，比在 LGJ-50/80 导线中传输产生的线损低约 50%。

考虑到导线线径越大其建设成本越高，不能盲目追求更大线径导线来降低线损，因此建议油田在进行 6 kV 输配线路架设时，主干线路选用 LGJ-95/20 导线，分支线路选用 LGJ-70/10 导线，使节能降耗和减少成本的方案最优化。

6.2.2 高效变压器应用

配电变压器在配电网中用量极大，其设备本身是否节能是影响电网整体节能效果的主要因素。

油田电网中变压器的损耗可分成可变损耗和不可变损耗，其中可变损耗和不可变损耗又可分别分为有功损耗、无功损耗。变压器在某一负荷下的不可变损耗计算公式如下：

$$\Delta S_0 = \Delta P_0 + \Delta Q_0 \tag{6-12}$$

式中：ΔP_0——空载有功损耗，W；

ΔQ_0——空载无功损耗，W。

变压器在某一负荷下的可变损耗计算公式如下：

$$\Delta S_1 = \Delta P_1 + \Delta Q_1 = \beta^2 \Delta P_d + K \Delta Q_d \tag{6-13}$$

式中：ΔP_d——额定负载下的可变有功损耗，W；

β——负载率；

ΔQ_d——额定负载下的可变无功损耗，W；

K——无功经济当量。

在油田配电网中采用节能变压器可以有效降低变压器的电能损耗。油田电网的变压器不仅容量大而且数量多，电能在传输过程中经过变压器变压之后有很大一部分损失掉了，因此，降低变压器的电能损耗成为油田电网节能降损中的一大着手点。而对于减少变压器电能损耗，首先是要选择性能优、节能效率高的变压器。

目前，油田配电网络中主要使用 S9、S11、S13 三个系列的变压器，它们在损耗参数上有很大区别。S11 型变压器较 S9 型变压器空载损耗低 20%~35%，

S13 型变压器较 S11 型变压器空载损耗低 20%～45%、空载电流低 70%～85%，据此可知，S13 型变压器具有相对低的空载损耗和相对高的效率。因此，在新装及更新升级变压器时，应首选 S13 型变压器，其次选择 S11 型变压器。

6.2.3 配电网技术参数优化

在电能的输送过程中，电网损耗绝大部分是由一万伏特以上电压级别的配电网络产生的，特别是当偏远的油区远离油田电网中心时，电网损耗更多。由实际计算证明，当负荷不变时，电压每提高 1%，负载损耗将减少 2%。在运行电压接近额定电压，变压器分接头位置不变时，电压每提高 1%，变压器的空载损耗将增加 2%。因此，在油田总部电网负荷较轻的秋冬季节，当配电变压器实际工作电流小于 1/2 额定电流时，采取降低电压的运行方式；在用电高峰期，采取提高电网电压降低变损的运行方式，合理调整工作电流。因此，调整优化电力网络、降低损耗的一个重要措施，就是对配电网进行优化改造。

当连接到油田配电网的负载固定时，可以通过优化配电网的操作来最小化整个配电网的损失。下面从配电网电压调节和配电网负荷调整两个方面对配电网优化运行的节能降损技术进行分析。

(1) 配电网电压调节。

油田配电网线损由固定损耗和可变损耗组成，输配线路总有功损耗计算公式如下：

$$\Delta P_{\sum} = \Delta P_1 + \Delta P_2 = \frac{P^2 + Q^2}{U^2} R_{\sum} + \left(\frac{U}{U_N}\right)^2 \Delta P_{0m} \quad (6-14)$$

式中：$\Delta P_{\sum}$——输配线路总有功损耗，W；

ΔP_1——输配线路总可变有功损耗，W；

ΔP_2——输配线路总固定有功损耗，W；

ΔP_{0m}——输配线路各种固定有功损耗，W；

P——输配线路有功损耗，W；

U——输配线路电压，V；

U_N——输配线路额定电压，V；

$R_{\sum}$——输配线路总电阻，Ω。

由式 (6-14) 可知，输配线路总有功损耗与当前配电网运行电压有着密切关联，在不同情况下，均有一个最优化的运行电压实现输配线路总有功损耗的最小化。

结合我国油田配电网实际运行情况，通过电压调节线损最便捷有效的方式是调节变压器的分接头。如果变电站采用的是有载调压方式，可较频繁地调节变压器分接头，输配线路总有功损耗降低效果会更加明显。

随着油田电负荷的不断增长，当原有线路输送容量不能满足负荷需求抑或线路损耗过大时，可以对原有输电系统升压运行，这样可以简化整个电网系统的电压等级。

在一定的输送负荷条件下，配电网在额定电压下的线损为

$$\Delta P = \frac{S^2}{U_N^2} R \times 10^{-3} \qquad (6-15)$$

式中：S——末端负载功率，W；
　　　R——等效电阻，Ω；
　　　U_N——额定电压，V。

若输送负荷不变，假设改造前电压为 U_{N1}，改造后电压为 U_{N2}，则改造后线损减少量为

$$\Delta P_{12} = \left(\frac{1}{U_{N1}^2} - \frac{1}{U_{N2}^2}\right) S^2 R \times 10^{-3} \qquad (6-16)$$

电网增压引起的线损减少百分比为

$$\Delta P_R = \frac{\Delta P_{12}}{\Delta P_1} = \frac{\left(\frac{1}{U_{N1}^2} - \frac{1}{U_{N2}^2}\right)}{\frac{1}{U_{N1}^2}} \times 100\% = \left(1 - \frac{U_{N1}^2}{U_{N2}^2}\right) \times 100\% \qquad (6-17)$$

根据我国油田配电网的现状，不同等级升压后的油田配电网节能率见表6—3。

表6—3　升压后的油田配电网节能率

升压前电压	升压后电压	节能率
10 kV	35 kV	92%
6 kV	10 kV	64%

（2）配电网负荷调整。

合理有效地调整配电网负荷，可以实现降低油田配电系统线路损耗的目的。配电网负荷调整措施包括：充分利用负荷点附近的电能，减少输电线路的长距离运输；通过调节用电负荷的用电时间，减少用电高峰的时间，尽量避免大峰谷值情况的出现，使日用电负荷曲线趋于平衡；用电负荷合理接入配电网，保证三相负荷均衡，而不会出现某一相重负荷或轻负荷的情况。

若高功率负载在高峰运转时整个线路电流为 I_f，通过避开用电高峰的措施，将高功率负载调整至线路电流为 I_d 的时刻，调整后该线路电流为 I_d'，高

峰时刻的电流减小为 I'_f。假设整个高功率负载的用电时间为 t，高功率负载所需电流为 I_s，线路阻抗为 R，则通过避开用电高峰的方式减少的线损为

$$\Delta W = 6 I_\mathrm{s}(I_\mathrm{f} - I_\mathrm{d})Rt \times 10^3 \qquad (6-18)$$

由式（6-18）可以看出，高功率负荷避峰运行后，若此时整个线路电流 I_d 小于高功率负荷高峰运行时整个线路电流 I_f，线损降低，且两者电流差越大（即高功率负荷越趋于低谷运行），线损降低量越大，在高功率负荷低谷运行时节能降损效果越明显。

6.2.4 加装无功补偿装置

无功功率补偿，简称无功补偿，目前，加装无功补偿装置是油田最常用的节能技措之一。

6.2.4.1 无功补偿目的及原理

交流电在通过纯电阻性负载时，电能都转换成了热能，而在通过纯容性或者纯感性负载时，并不做功，也就是说没有消耗电能，即为无功功率。当然实际负载不可能为纯容性负载或者纯感性负载，一般都是混合性负载，这样电流在通过它们的时候就有一部分电能不做功，就是无功功率，此时的功率因数小于1。为了提高电能的利用率，就要进行无功补偿。

在大系统中，无功补偿还用于调整电力系统的电压，提高电力系统的稳定性。

在小系统中，通过恰当的无功补偿可以调整三相不平衡电流。按照王氏定理：在相与相之间跨接的电感或者电容可以在相间转移有功电流。因此，对于三相电流不平衡的系统，只要恰当地在相与相之间、相与零线之间接入不同容量的电容器，不仅可以将各相的功率因数均补偿至1，还可以使各相的有功电流达到平衡状态。

6.2.4.2 无功补偿的必要性

无功补偿在配电网中起到提高功率因数的作用，降低供电变压器及输送线路的损耗，提高供电效率，改善供电环境。合理选择加装补偿装置，可以做到最大限度地减少线损，提高配电网质量。反之，如选择或使用不当，则可能造成配电网电压波动。油田的无功补偿原则为"分级补偿，就地平衡"，采用集中、分散、随机补偿相结合的方案，无功补偿的效果会非常显著。

（1）进行高压电力线路无功补偿，提高功率因数，有效降低配电网线损。电力系统主要技术参数有电压、电流、视在功率、有功功率、无功功率、

功率因数等。进行电力线路无功补偿，在提高功率因数的基础上，输配线路运行电流将大幅下降，供配电设施、输配线路安全系数也将大幅提高，从而使得配电网线损大大降低。

（2）合理的无功补偿，有利于充分降低电能损耗，改善电能质量。

配电网中合理配置无功补偿设备，可以改善电能质量。当电力系统内的有功功率一定时，无功功率越大，系统的电压损失越大，到用户端的电压就会越低。无功功率在电力系统中的传输和有功功率一样都会产生电能损耗。当无功功率和有功功率基本相当时，电力系统中负荷引起的电能损耗有一半是无功功率引起的。所以减少无功输送对于电力系统降损节电有着非常重要的意义。由于越靠近输配线路末端，线路电抗会越大，因此，在越靠近输配线路末端装设无功补偿装置的效果会越好。

（3）合理加装无功补偿装置，可最大限度地挖掘输配电设备的潜力，提高设备的利用率和输配电线路的输送能力及质量。

电气设备的电能承载量是一定的，无功电量大了，有功电量输送就少了。当前油田电气化率的提升，导致用电负荷增长较快，配电网供电能力不足。因此，进行线路无功补偿技术研究和实施是非常必要的。无功补偿技术的广泛应用效果等同于再建一条输配电线路。

在设备容量不变的前提下，降低功率因数可以减少有功功率输送。反之，加装无功补偿装置可提高功率因数、降低无功功率，进而使发电机多发有功功率。当输配电线路的导线截面积一定时，其输送的经济电流将是定值。

（4）改善系统运行状态，可以提高线路电压，延长设备使用寿命，利于安全生产。

无功功率不足，会造成配电网电压下降；若无功功率严重不足，就会导致电压彻底崩溃，引起电力系统瓦解，导致大面积停电，进而造成电力设备毁坏的严重后果。合理加装无功补偿装置，可以提高功率因数，改善电压质量，提高电压合格率。而且电容器投切次数也会增多，主变分接头开关调节次数会大大减少，从而改变主设备的运行状态，延长设备的使用寿命。

6.2.4.3 无功补偿容量

假设线路等效电阻为 R，电压为 U，电流为 I，线路等效功率因数为 $\cos\varphi$，整个供电线路有功损耗为

$$\Delta P = 3I^2 R = 3\left(\frac{P}{\sqrt{3}U\cos\varphi}\right)^2 R \tag{6-19}$$

由式（6-19）可见，线路有功损耗与线路功率因数有关，与$(\cos\varphi)^2$成反比关系。若线路原有功率因数为$\cos\varphi_1$，要将功率因数提高至$\cos\varphi_2$，需要补偿的无功功率为

$$Q_c = P(\tan\varphi_1 - \tan\varphi_2) = Q\left(1 - \frac{\tan\varphi_2}{\tan\varphi_1}\right) \quad (6-20)$$

式中：Q——功率因数为$\cos\varphi_1$的无功功率。补偿后的功率因数$\cos\varphi_2$越高，需要补偿的无功容量越大，当补偿到功率因数为 1 时，需补偿的无功功率为Q_c。

6.2.4.4 无功补偿方式

针对油田配电网的节能目标，可以采用无功补偿的方式来达到对于电能的最大化使用。在现阶段，配电网的无功补偿方式主要有变电站的集中补偿、配电变低压补偿、配电线路集中补偿，以及用电设备的就地补偿等。提高功率因数最常用的方法就是在使用/供出无功功率的用电或供电设备上并联无功补偿电容器，如采用 SVC、SVG 等无功补偿装置对配电网无功功率进行实时补偿。

（1）变电站集中无功补偿装置。

变电站集中无功补偿装置包括并联电容器、静止补偿器、同步调相机等，主要目的是改善输配电线路的功率因数，平衡输配电线路的无功功率，提高系统终端变电所的母线电压，补偿高压输电线路和变电站主变压器的无功损耗。这些补偿装置一般集中接在变电站的 6 kV 母线上，因此具有方便维护、容易管理等优点。但这种补偿方案对 6 kV 输配电线路的降损没有明显的作用。

（2）低压就地分散无功补偿装置。

低压就地分散无功补偿装置能对配电变压器和配电线路都产生节电降耗的效果，因此它是最有效的一种补偿方式。从理论计算和实践中证明，低压设备无功补偿的综合性能最高，经济效果最好，是值得广泛应用的一种节能措施。但是根据 GB 50052—2009《供配电系统设计规范》第 5.0.12 条规定：接在电动机控制设备侧电容器的额定电流，不应超过电动机励磁电流的 0.9 倍。低压补偿容量受到电动机自身励磁限制，不能选择得过大，对于这种自然功率因数低的配电线路，仅靠加装低压分散无功补偿装置常常难以使配电线路的首端功率因数达到 0.9 以上。针对油田抽油机存在的负荷不均衡、数量大、地理分布广，负荷随地质条件及时间而变化等特点，一般在抽油机控制柜内放入随机补偿装置，随抽油机电动机的启停而投入运行或断开，而且其补偿容量可采用自动分组投切容量式或固定容量式。

低压就地分散无功补偿装置具有体积小、易于安装、补偿效果好、造价低等特点,而其缺点是由于分布广、数量大,日常维护及管理会比较困难。

(3)低压集中无功补偿装置。

低压集中无功补偿装置一般安装在低压变电所配电间内,它是目前应用很广泛的一种无功补偿装置。通常采用微机跟踪、控制负荷波动分组自动投切电容器补偿,补偿区间从几十至几百千乏不等,目的是实现无功功率的就地平衡,提高用电企业功率因数,改善用户电压质量和降低配电线路损耗。

补偿后功率因数高、节能降损效果好是低压集中无功补偿最主要的优点。但由于油田生产企业的用电负荷一般比较分散,所以无法实现集中补偿,一般只适用于中心输油站等负荷集中的区域。

集中补偿,主要是减少发电厂至变电所输电线路的无功电力,以及补偿变电所本身的无功损耗,从而降低输电线路的无功损耗。但这种补偿方式不能降低配电线路的无功损耗,因为用户需要的无功功率会通过变电所以下的配电线路向负荷端输送,所以为了有效降低线路损耗,必须做到无功功率在哪里发生就应该在哪里补偿。

自动补偿是根据线路运行的功率因数情况做相应投入或切除电容量来作为补偿的,功率因数过低时投入电容量大;功率因数偏高时逐渐切除投入的电容量,从而将功率因数保持在设定值附近。

综上所述,对于油田配电网,采油厂、炼油厂负荷相对稳定的工业线路采用集中补偿,负荷波动较大的生活线路采用无功自动投切补偿。

6.2.5 加装滤波器

随着我国石油化工行业的快速发展,大量照明设备的采用(主要是3次谐波)、非线性电气设备的增加(主要是3次谐波),甚至变频器的大量投入(主要是7次谐波),向企业电网输送了很大的谐波量。在电力系统自动运行的过程中,为了防止电网体系连接电气设备出现误动作,应尽可能消除谐波带来的影响。电气体系在运行过程中会产生谐波,谐波的出现会对电气设备的正常运行造成影响,降低其实际性能。谐波的危害具体如下:①在输电发电的各个环节加快设备绝缘位置的老化速度,并且会伴随出现设备噪声、设备振动;②会破坏电力系统的继电保护装置;③对计量仪表产生危害;④对通信设备产生干扰;⑤对电动机设备造成影响,以及出现谐波过电压等现象。

谐波的抑制方式有很多,常用的有改善三相不平衡度,加装交流滤波装置,采取有源滤波器、无源滤波器等新型抑制谐波的措施。有源滤波器、无源滤波器虽造价较高，但效果明显、便于实施，因此经常和无功补偿装置一并考虑。

在选择谐波抑制措施时，应根据谐波达标的水平、效果、经济性和成熟程度，综合比较后做决定。

当需要考虑谐波及集肤效应时，铜耗、铁耗、磁滞损耗和涡流损耗等各类电力设备谐波损耗的形式相似：

$$\Delta A_{s \cdot x} = \Delta A_{s \cdot 1} \sum_{n=2}^{\infty} n^{C_1} HRI_n^{C_2} \quad (6-21)$$

式中：$\Delta A_{s \cdot x}$——某类设备的谐波损耗值，W；

$\Delta A_{s \cdot 1}$——某类设备的基波损耗值，W；

n——谐波次数；

HRI_n——第 n 次谐波电流含有率，即指第 n 次谐波电流与基波电流的比值，可表示为 $\frac{I_n}{I_1}$；

C_1、C_2——谐波损耗指数，不同设备、不同含义的谐波损耗指数不同。

另外，对于电容器、电缆、电动机等各种电力设备，式（6-21）同样成立。它们的损耗由基波损耗和谐波损耗组成，其中谐波损耗都具有式（6-21）的形式，只是附加倍数不同。从电力设备的角度看，网络谐波损耗最终都体现在电力设备的损耗上。由于变压器和线路为配电网中的主要电力设备，因此重点研究变压器和线路的谐波损耗倍数。变压器和线路的谐波损耗倍数见表 6-4。

表 6-4　变压器和线路的谐波损耗倍数

设备名称	谐波附加损耗类型	附加倍数 K
变压器	绕组的附加损耗	$nHRI_n^2$
	铁心的磁滞附加损耗	$nHRI_n^{16}$
	铁心的涡流附加损耗	$n^2 HRI_n^2$
线路	线路导体附加损耗	$\sqrt{n} HRI_n^2$

电能质量中谐波电流对电网损耗的影响：变压器绕组基波损耗、变压器铁心磁滞基波损耗、变压器铁心涡流基波损耗、线路基波损耗。

通过以上各类设备的损耗分析可知，设备的损耗主要取决于基波损耗和谐波损耗。基波损耗反映了设备的性能差异，而谐波损耗反映了电力系统内电流的畸变程度。基波损耗的附加倍数可以反映谐波损耗的大小。由表 6-4 可知，各类设备的谐波损耗均与系统内谐波电流含有率（HRI_n）密切相关，HRI_n 取决于电力系统内非线性电力负载设备的性能参数值，反映了谐波电流的相对大小。因此，可将配电网谐波损耗按照变压器和线路类型进行分解，如式（6－22）所示：

$$\Delta A_{\mathrm{x}} = \left(\sum nHRI_n^2\right)\Delta A_{\mathrm{r}} + \left(\sum nHRI_n^{16}\right)\Delta A_{\mathrm{c}} + \left(\sum n^2HRI_n^2\right)\Delta A_{\mathrm{w}} + \left(\sum \sqrt{n}HRI_n^2\right)\Delta A_{\mathrm{l}} \quad (6-22)$$

式中：ΔA_{r}——变压器绕组基波损耗；

ΔA_{c}——变压器铁心磁滞基波损耗；

ΔA_{w}——变压器铁心涡流基波损耗；

ΔA_{l}——线路基波损耗。

设在基波总损耗中，变压器绕组基波损耗、变压器铁心磁滞基波损耗、变压器铁心涡流基波损耗、线路基波损耗分别占 a_1、a_2、a_3、a_4，其中 a_1、a_2、a_3、a_4 与所研究网络的网架结构、变压器参数、线路参数和负荷状态等因素相关。因此，将式（6－22）进一步改写，可得到谐波损耗的数学模型：

$$\Delta A_{\mathrm{x}} = \left(\sum nHRI_n^2\right)a_1 + \left(\sum nHRI_n^{16}\right)a_2 + \left(\sum n^2HRI_n^2\right)a_3 + \left(\sum \sqrt{n}HRI_n^2\right)a_4 \quad (6-23)$$

6.2.6 三相负荷平衡

由于低压配电网系统采用单相供电方式，且包括电焊机等两相负荷，中压系统还有一些单相变压器运行等，因此无论是三线制的中压系统还是四线制的低压系统，三相不平衡是普遍存在的问题。不平衡负载不仅会影响变压器的安全运行，还会增加线路和变压器的损耗。对于三相不平衡负载，就地调整配电台区的三相负荷平衡是一项见效快、投资少的配电网降损节能措施。图 6－5 是对中低压配电网进行理论线损计算时，不同情况的三相不平衡系统的向量图。

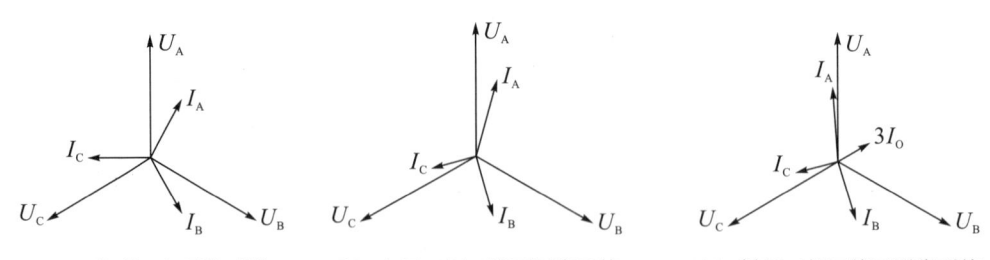

(a) 理想的三相平衡系统　　(b) 中压三相三线不平衡系统　　(c) 低压三相四线不平衡系统

图 6－5　中低压配电网三相不平衡系统向量图

与三相电流相比，三相电压不平衡度较小，所以在进行中低压配电网损耗分析建模时，一般可采用三相电压平衡、电流不平衡系统模型，即三相电压相对平衡，电流不平衡度相对较高。在三相三线不平衡系统中，线路的功率损耗

只在相线上，其值为

$$\Delta P_{\text{unbalance}} = (I_A^2 + I_B^2 + I_C^2)R \tag{6-24}$$

式中：I_A、I_B、I_C——三相电流有效值，A；

R——相线有效电阻，Ω。

由于中压输配电网一般采用三相三线，其高压计量只采集两相的数据，在此假设采集 A、C 两相的电参数，则需要计算出 B 相的电参数。由于三相三线不平衡系统中各相电流瞬时值满足：

$$\sqrt{2}\,I_A(\cos\theta_A + \mathrm{j}\sin\theta_A) + \sqrt{2}\,I_B(\cos\theta_B + \mathrm{j}\sin\theta_B) + \sqrt{2}\,I_C(\cos\theta_C + \mathrm{j}\sin\theta_C) = 0 \tag{6-25}$$

式中：θ_A、θ_B、θ_C——三相电流相位。

则有

$$I_B = \sqrt{(I_A\cos\theta_A + I_C\cos\theta_C)^2 + (I_A\sin\theta_A + I_C\sin\theta_C)^2} \tag{6-26}$$

$$\cos\theta_B = -\frac{I_A\cos\theta_A + I_C\cos\theta_C}{(I_A\cos\theta_A + I_C\cos\theta_C)^2 + (I_A\sin\theta_A + I_C\sin\theta_C)^2} \tag{6-27}$$

$$\sin\theta_B = -\frac{I_A\sin\theta_A + I_C\sin\theta_C}{(I_A\cos\theta_A + I_C\cos\theta_C)^2 + (I_A\sin\theta_A + I_C\sin\theta_C)^2} \tag{6-28}$$

所以三相三线不平衡系统中线路损耗可用式（6-29）表示：

$$\begin{aligned}\Delta P_{\text{unbalance}} &= (I_A^2 + I_B^2 + I_C^2)R \\ &= [I_A^2 + (I_A\cos\theta_A + I_C\cos\theta_C)^2 + (I_A\sin\theta_A + I_C\sin\theta_C)^2 + I_C^2]R\end{aligned} \tag{6-29}$$

低压配电网三相四线不平衡系统中，由于在中性线上有叠加电流，中性线截面比相线要小，电阻比相线要大，所以在计算低压网线损时，需要充分考虑三相不平衡对线损的影响，其功率损耗不仅包括相线损耗，中性线的损耗也不能忽略。由于三相四线不平衡系统采集三相的电参数，故中性线上的叠加电流可通过式（6-30）计算得到：

$$I_N = I_A(\cos\theta_A + \mathrm{j}\sin\theta_A) + I_B(\cos\theta_B + \mathrm{j}\sin\theta_B) + I_C(\cos\theta_C + \mathrm{j}\sin\theta_C) \tag{6-30}$$

式中：I_N——中性线电流，A。

四线制三相不平衡系统中线路总损耗为

$$\Delta P_{\text{unbalance}} = (I_A^2 + I_B^2 + I_C^2)R + I_N^2 R_N$$
$$= (I_A^2 + I_B^2 + I_C^2)R + [(I_A\cos\theta_A + I_B\cos\theta_B + I_C\cos\theta_C)^2 +$$
$$(I_A\sin\theta_A + I_B\sin\theta_B + I_C\sin\theta_C)^2]R_N$$

(6-31)

式中：R_N——中性线电阻，Ω。

三相不平衡系统中，变压器各绕组负荷不平衡，其损耗也将变大，其理论值为

$$\Delta P_{\text{Tunbalance}} = P'_{\text{Kunbalance}} + P'_0 = (I_A^2 + I_B^2 + I_C^2)R_K + P'_0$$
$$= (I_A^2 + I_B^2 + I_C^2)\frac{P_K}{3I^2} + P'_0$$

(6-32)

式中：I——变压器额定电流，A。

6.3 配电网技措节能量核算方法

6.3.1 核算边界

配电网技措边界划分标准：

（1）对于设备替换类的项目，项目边界为设备本体，如线路改造、变压器改造。

（2）对于加装设备类和运行管理类的项目，项目边界为同一电压等级变电站的母线，包括但不限于项目边界内所有受影响的设备、设施。

（3）计算并联无功补偿项目能量时的边界条件为自无功补偿电源点至上一级无功补偿电源点之间所有串接的线路和变电设备，如图6-6所示，虚线框内即并联无功补偿项目边界。

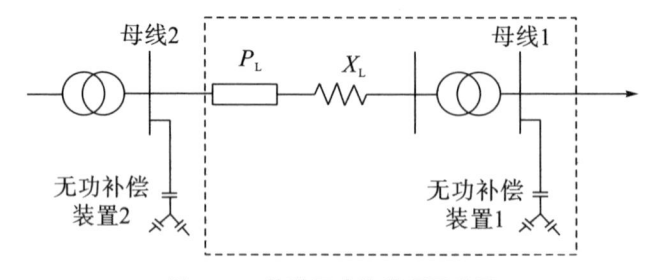

图6-6 并联无功补偿项目边界

6.3.2 配电网技措节能量核算方法推荐

6.3.2.1 线路改造

推荐方法：基期能耗-影响因素模型法。

已知条件：线路改造前后的线路参数、线路长度。因为线路改造前后电流不变，所以测得的改造后的电流平均值即为校正值。

线路改造项目年节电量 $\Delta(\Delta E_L)$ 计算式简化为

$$\Delta(\Delta E_L) = 3 \times I_{av}^2 \times (R - R') \times 24 \times 365 \times 10^{-3} \quad (6-33)$$

式中：I_{av}——改造后的电流平均值，A；

R——线路改造前导线电阻，Ω；

R'——线路改造后导线电阻，Ω。

6.3.2.2 变压器改造

推荐方法：基期能耗-影响因素模型法。

高效变压器项目年节电量 $\Delta(\Delta E)$ 计算式简化为

$$\Delta(\Delta E) = \left\{ (P_0 - P_0') + \left[P_K \times \left(\frac{S_N' \times \beta}{S_N} \right)^2 - P_K' \times \beta^2 \right] \right\} \times 8760 \quad (6-34)$$

式中：P_0——变压器改造前原配电变压器的空载损耗，kW；

P_K——变压器改造前原配电变压器的负载损耗，kW；

P_0'——变压器改造后节能配电变压器的空载损耗，kW；

P_K'——变压器改造后节能配电变压器的负载损耗，kW；

S_N——变压器更换前容量，kVA；

S_N'——变压器更换后容量，kVA；

β——改造后平均负载率。

6.3.2.3 升压

若两个量测日的负荷状态完全一致，则工况一致。

基于油田实际情况，能获得节能技措改造后某一次线路、变压器数据情况，可知节能量计算公式为

$$\Delta(\Delta E_L) = \left(\frac{U'^2}{U^2} - 1 \right) \Delta E_L' \quad (6-35)$$

因为 $\Delta E'_\mathrm{L}$ 为报告期电能损耗，所以需要计算线路损耗、变压器损耗，计算方式参考 SY/T 5268—2018《油气田电网线损率测试和计算方法》。

线路有功损耗 P_loss1 可表示如下：

$$P_\mathrm{loss1} = 3I_\mathrm{av}^2 R \tag{6-36}$$

变压器有功损耗 P_loss2 可表示如下：

$$P_\mathrm{loss2} = \Delta P_0 + \frac{P_\mathrm{js}^2 + Q_\mathrm{js}^2}{U^2} \cdot \frac{\Delta P_\mathrm{K} U_\mathrm{be}^2}{S_\mathrm{e}^2} \tag{6-37}$$

式中：P_loss2——变压器有功损耗，kW；

ΔP_0——变压器空载有功损耗，kW；

P_js——变压器计算有功负荷，kW；

Q_js——变压器计算无功负荷，kvar；

U——变压器运行电压，kV；

ΔP_K——变压器短路有功损耗，kW；

U_be——变压器额定电压，kV；

S_e——变压器额定容量，kVA。

总损耗可表示为

$$\Delta E'_\mathrm{L} = (P_\mathrm{loss1} + P_\mathrm{loss2})T \tag{6-38}$$

式中：T——测试周期，h。

6.3.2.4 并联无功补偿装置

1. 直接对比测试法（作差法）

根据无功补偿装置容量计算（作差法），加装并联无功补偿装置后的节电力 $\Delta(\Delta P)$ 计算公式如下：

$$\Delta(\Delta P) = \frac{Q^2 + Q'^2}{U^2}R - Q_\mathrm{c}\tan\delta \times 10^{-3} = Q_\mathrm{c}(C - \tan\delta) \times 10^{-3}$$

$$\tag{6-39}$$

式中：U——从补偿点至上级无功电源点所有串接的元器件电阻值的基准额定电压，kV；

R——从补偿点至上级无功电源点所有串接的元器件归算至基准电压下的等效电阻，Ω；

Q_c——信息采集时刻无功优化装置投入的补偿容量，kvar；

Q'——信息采集时刻系统的无功负荷，kvar；

Q——信息采集时刻系统若没无功补偿装置的无功负荷，通过信息采集时刻系统无功负荷和无功补偿装置投入补偿容量折算，$Q = Q' + Q_c$，kvar；

$\tan \delta$——电容器的介质损耗角正切值，以出厂值为准；

C——无功经济当量，$C = \dfrac{R}{U^2}(2Q' + Q_c)$。

节电量计算公式如下：

$$\Delta(\Delta E) = \sum_{i=1}^{n} \Delta(\Delta P_i) t_i \qquad (6-40)$$

式中：$\Delta(\Delta P_i)$——项目第 i 种工况下的节电力，kW；

t_i——项目第 i 种工况下的无功补偿装置运行时间，h。

2. 直接对比测试法（作商法）

根据功率因数校正前后的变化估算（作商法），加装并联无功补偿装置后的节电力 $\Delta(\Delta P)$ 计算公式如下：

$$\Delta(\Delta P) = \left(\dfrac{1}{\cos^2 \varphi} - \dfrac{1}{\cos^2 \varphi'}\right)\dfrac{P'^2}{U^2} R - Q_c \tan \delta \times 10^{-3} \qquad (6-41)$$

式中：$\cos \varphi'$——信息采集时刻系统的功率因数；

P'——信息采集时刻系统的有功功率；

$\cos \varphi$——信息采集时刻系统若没无功优化装置系统的功率因数，则通过信息采集时刻系统无功功率、有功功率和无功补偿装置投入补偿容量折算，$\cos \varphi = \dfrac{P'}{\sqrt{P'^2 + (Q' + Q_c)^2}}$；

U、R、Q'、Q_c、$\tan \delta$ 的定义及单位同作差法。

节电量计算公式如下：

$$\Delta(\Delta E) = \sum_{i=1}^{n} \Delta(\Delta P_i) t_i \qquad (6-42)$$

式中：$\Delta(\Delta P_i)$——项目第 i 种工况下的节电力，kW；

t_i——项目第 i 种工况下的无功补偿装置运行时间，h。

3. 直接对比测试法（平均电流法）

作商法和作差法必须求得从补偿点至上级无功电源点所有串接的元器件归算至基准电压下的等效电阻，但是边界划分的范围使得误差一定会存在。为了消除这种误差，可以采取平均电流法进行计算。

因为无功补偿装置可以关闭且不影响系统正常运行，所以量测得到的数据前后工况（负荷不变）一致。

(1) 变压器部分节电量的计算。

此变压器节能量计算参考 SY/T 5268—2018《油气田电网线损率测试和计算方法》，变压器节电量计算公式如下：

$$\Delta A_{bi} = \sum_{i=1}^{n}(P_{bi1} - P_{bi2})t \qquad (6-43)$$

$$P_{bi1} = \Delta P_{0i} + \frac{P_i^2 + Q_i^2}{U^2}\frac{\Delta P_K U_{be}^2}{S_e^2} \qquad (6-44)$$

$$P_{bi2} = \Delta P_{0i} + \frac{P_i'^2 + Q_i'^2}{U^2}\frac{\Delta P_K U_{be}^2}{S_e^2} \qquad (6-45)$$

式中：P_{bi1}——采取节能技措前第 i 个变压器有功损耗，kW；

ΔP_{0i}——第 i 个变压器空载有功损耗，kW；

t——测试时间，h；

P_i——采取节能技措前第 i 个变压器测得有功功率，kW；

Q_i——采取节能技措前第 i 个变压器测得无功功率，kvar；

P_{bi2}——采取节能技措后第 i 个变压器测得有功负荷，kW；

P_i'——采取节能技措后第 i 个变压器测得有功功率，kW；

Q_i'——采取节能技措后第 i 个变压器测得无功功率，kvar；

U——运行电压，kV；

ΔP_K——第 i 个变压器短路有功损耗，kW；

U_{be}——第 i 个变压器额定电压，kV；

S_e——第 i 个变压器额定容量，kVA。

(2) 线路部分节电量的计算。

线路节电量计算公式如下：

$$\Delta A_{xm} = \sum_{m=1}^{n} 3(I_m^2 - I_m'^2) \times 10^{-3} \times R_{xm}t \qquad (6-46)$$

式中：ΔA_{xm}——第 m 条线路年节电量，kW·h；

n——年电容器投入的实际次数；

I_m——补偿前第 m 条线路平均电流，A；

I_m'——补偿后第 m 条线路平均电流，A；

t——电容器投入时间，h；

R_{xm}——第 m 条线路的电阻，Ω。

(3) 电力电容器损耗计算。

因为电力电容器的加入也会产生一定的损耗电量，所以需要减去：

$$\Delta A_{\text{c}} = \sum_{j=1}^{h} (Q_{cj} \tan \sigma_j) t \times 10^{-3} \qquad (6-47)$$

式中：ΔA_{c}——损耗电量，$kW \cdot h$。

h——油气田电网中投入运行的并联电力电容器个数；

Q_{cj}——第 j 台并联电力电容器的容量，kvar；

$\tan \sigma_j$——第 j 台并联电力电容器的介质损失角正切值，可查阅有关电容器产品手册得到；

t——电容器投入时间，h。

因此，年节约总电量 ΔA_z 应为

$$\Delta A_z = \Delta A_{\text{bi}} + \Delta A_{xn} - \Delta A_{\text{c}} \qquad (6-48)$$

4. 直接对比测试法（等值电阻法）

平均电流虽然可以准确计算节能量，但是每条线路的电流在实际油田测量中只能通过倒推法求得，电流存在一定误差。考虑实际油田测量数据的难度，等值电阻法只需测量出线侧总电流，可行性较高；缺点是需要知道配电网接线图才能计算等值电阻。

线路等值电阻 R_{eqx} 计算公式如下：

$$R_{\text{eqx}} = \frac{\sum_{i=1}^{n} S_{Ni}^2 R_i}{\left(\sum S_N \right)^2} \qquad (6-49)$$

变压器等值电阻 R_{eqb} 计算公式如下：

$$R_{\text{eqb}} = \frac{U^2 \sum_{i=1}^{n} P_{Ki}}{\left(\sum S_N \right)^2} \times 10^3 \qquad (6-50)$$

配电网等值电阻 R_{eq} 计算公式如下：

$$R_{\text{eq}} = R_{\text{eqx}} + R_{\text{eqb}} \qquad (6-51)$$

配电网总节电量 ΔA 计算公式如下：

$$\Delta A = \left[(I_2^2 - I_1^2) R_{\text{eq}} - \sum_{i=1}^{n} P_{0i} \right] t \qquad (6-52)$$

式中：I_1——配电网无功补偿前出线侧总电流，A；

I_2——配电网无功补偿后出线侧总电流，A；

P_{0i}——第 i 个变压器的空载损耗，kW；

S_{Ni}——第 i 个变压器的额定容量，kVA；

P_{Ki}——第 i 个变压器的负载损耗，kW；

t——测试时间，h。

6.3.2.5 谐波治理

推荐方法：基期能耗-影响因素模型法。

若两个量测日的负荷状态完全一致，在相同的网架结构下，这两个量测日中配电网的基波损耗值也应相同。因此，将两个量测日的基波损耗值化归至同一基准，在一定程度上即是将这两个典型量测日的负荷状态化归于同一水平。

选取配电网中某一负载率较高且所带负荷主要是工业负荷等非线性负荷的配变，在该配变的高压侧装设配变监控终端（TTU），得到 TTU 在典型量测日内的基波电能 ΔE_{jq} 和总电能 ΔE_{zq}。

由此得到治理前基期谐波总损耗 ΔE_{xq}：

$$\Delta E_{xq} = \Delta E_{zq} - \Delta E_{jq} \qquad (6-53)$$

同样由 TTU 得到治理后的基波电能 ΔE_{jh} 和总电能 ΔE_{zh}，报告期谐波总损耗 ΔE_{xh}：

$$\Delta E_{xh} = \Delta E_{zh} - \Delta E_{jh} \qquad (6-54)$$

通过 TTU 治理谐波（通常研究 5 次、7 次、11 次、13 次、17 次）的谐波电流含有率为 HRI_{nq} 和 HRI_{nh}。同时，根据变压器绕组附加损耗、变压器铁心的磁滞附加损耗、变压器铁心的涡流附加损耗和线路导体附加损耗的计算公式，得到谐波治理前后谐波损耗值：

$$\Delta E_{sx} = \Delta E_{sj} \sum_{n=2}^{\infty} n^{C_1} HRI_n^{C_2} \qquad (6-55)$$

式中：ΔE_{sx}——某类设备的谐波损耗值，kW·h；

ΔE_{sj}——某类设备的基波损耗值，kW·h；

n——谐波次数；

HRI_n——第 n 次谐波电流含有率，指第 n 次谐波电流与基波电流的比值，可表示为 $\dfrac{I_n}{I_1}$；

C_1、C_2——谐波损耗指数，不同设备、不同含义的谐波损耗指数不同。

前面已介绍过变压器和线路的谐波损耗倍数求法，详见表 6-4。

谐波治理前变压器绕组基波损耗为 ΔE_{rq}，谐波治理前变压器铁心的磁滞基波损耗为 ΔE_{cq}，谐波治理前变压器铁心的涡流基波损耗为 ΔE_{wq}，谐波治理前配电线路的基波损耗为 ΔE_{lq}，谐波治理前电网基波总损耗为 ΔE_{jq}。治理前基期谐波总损耗 ΔE_{xq} 为

$$\Delta E_{xq} = \Big[\big(\sum nHRI_{nq}^2\big)a_1 + \big(\sum nHRI_{nq}^{16}\big)a_2 + \big(\sum n^2 HRI_{nq}^2\big)a_3 + \big(\sum \sqrt{n} HRI_{nq}^2\big)a_4\Big]\Delta E_{jq}$$

(6-56)

谐波治理后变压器绕组基波损耗为 ΔE_{rh}，谐波治理后变压器铁心的磁滞基波损耗为 ΔE_{ch}，谐波治理后变压器铁心的涡流基波损耗为 ΔE_{wh}，谐波治理后配电线路的基波损耗为 ΔE_{lh}，谐波治理后电网基波总损耗为 ΔE_{jh}。治理后报告期谐波总损耗 ΔE_{xh} 为

$$\Delta E_{xh} = \Big[\big(\sum nHRI_{nh}^2\big)a_1 + \big(\sum nHRI_{nh}^{16}\big)a_2 + \big(\sum n^2 HRI_{nh}^2\big)a_3 + \big(\sum \sqrt{n} HRI_{nh}^2\big)a_4\Big]\Delta E_{jh}$$

(6-57)

式中：a_1——变压器绕组基波损耗占该地区基波总损耗的百分比；
a_2——变压器铁心的磁滞基波损耗占该地区基波总损耗的百分比；
a_3——变压器铁心的涡流基波损耗占该地区基波总损耗的百分比；
a_4——配电线路的基波损耗占该地区基波总损耗的百分比。

若 ΔE_{jq} 和 ΔE_{jh} 一样，则可表示该两个典型量测日的负荷状态化归于同一水平。即可将报告期得到的 ΔE_{jh} 代入基期公式，则可得到报告期校准能耗值 ΔE_{jz}。

节能量计算如下：

$$\Delta(\Delta E) = \Delta E_{jz} - \Delta E_{xh}$$

(6-58)

6.4 实例分析

以 2020 年重油公司超稠三线九八变电所为例，2020 年无功补偿前线路数据和 2020 年无功补偿后线路数据分别见表 6-5 和表 6-6。

无功补偿前后变压器数据见表 6-7。

表6—5　2020年无功补偿前线路数据

序号	项目名称	节点编号 1	2	3	4	5	6	7	8
1	支路1起点	JB314	JB310	1	JB307	4	JB3临02	6	7
2	支路1起点类型	B	B	J	B	J	B	J	J
3	支路2起点	JB311	JB309	2	3	JB305	JB333	JB327	JB330
4	支路2起点类型	B	B	J	J	B	B	b	B
5	支路1电流（A）	1.493	10.521	2.012	1.834	14.968	0.292	5.237	13.189
6	支路2电流（A）	0.595	1.565	11.600	13.218	0.757	4.945	7.970	4.589
7	支路1导线规格	LGJ-95	LGJ-95	LGJ-95	LGJ-95	LGJ-95	LGJ-95	LGJ-95	LGJ-95
8	支路2导线规格	LGJ-95	LGJ-95	LGJ-95	LGJ-95	LGJ-95	LGJ-95	LGJ-95	LGJ-95
9	支路1线路长度（km）	350	0	100	50	300	100	200	50
10	支路2线路长度（km）	150	150	50	150	0	0	0	0
11	环温时导线单位电阻（支1）（Ω/km）	0.3036	0.3037	0.3036	0.3036	0.3037	0.3036	0.3036	0.3037
12	环温时导线单位电阻（支2）（Ω/km）	0.3036	0.3036	0.3037	0.3037	0.3036	0.3036	0.3036	0.3036

续表

序号	项目名称	节点编号							
		9	10	11	12	13	14	15	16
1	支路1起点	8	9	10	11	12	13	14	15
2	支路1起点类型	J	J	J	J	J	J	J	J
3	支路2起点	JB326	JB324	JB322	JB329	JB321	JB320	JB328	
4	支路2起点类型	B	B	B	B	B	B	B	
5	支路1电流（A）	17.775	20.124	23.944	27.592	38.995	44.546	47.331	55.058
6	支路2电流（A）	2.352	3.836	3.699	14.737	6.040	2.830	7.783	15.582
7	支路1导线规格	LGJ-95	LGJ-95	LGJ-95	LGJ-95	LGJ-95	LGJ-95	LGJ-95	LGJ-95
8	支路2导线规格	LGJ-95	LGJ-95	LGJ-95	LGJ-95	LGJ-95	LGJ-95	LGJ-95	LGJ-95
9	支路1线路长度（km）	50	100	100	50	50	100	50	100
10	支路2线路长度（km）	0	0	0	50	0	0	0	100
11	环温时导线单位电阻（支1）（Ω/km）	50	100	100	50	50	100	50	100
12	环温时导线单位电阻（支2）（Ω/km）	0	0	0	50	0	0	0	100

续表

序号	项目名称	节点编号			
		17	18	19	20	21
1	支路1起点	16	17	18	19	20
2	支路1起点类型	J	J	J	J	J
3	支路2起点	JB304	JB303	JB302	JB301	—
4	支路2起点类型	B	B	B	B	B
5	支路1电流（A）	70.026	71.680	71.988	#N/A	#N/A
6	支路2电流（A）	1.701	0.315	3.598	#N/A	—
7	支路1导线规格	LGJ-95	LGJ-95	LGJ-95	LGJ-95	LGJ-95
8	支路2导线规格	LGJ-95	LGJ-95	LGJ-95	LGJ-95	LGJ-95
9	支路1线路长度（km）	150	100	150	50	1200
10	支路2线路长度（km）	0	100	150	50	0
11	环温时导线单位电阻（支1）（Ω/km）	0.3062	0.3063	0.3063	0.3063	0.3063
12	环温时导线单位电阻（支2）（Ω/km）	0.3036	0.3036	0.3036	0.3036	0.0000

表6-6 2020年无功补偿后线路数据

序号	项目名称	节点编号							
		1B	2B	3B	4B	5B	6B	7B	8B
1	支路1起点	JB314B	JB310B	1B	JB307B	4B	JB3临02B	6B	7B
2	支路1起点类型	B	B	J	B	J	B	J	J
3	支路2起点	JB311B	JB309B	2B	3B	JB305B	JB333B	JB327B	JB330B
4	支路2起点类型	B	B	J	J	B	B	B	B
5	支路1电流（A）	0.718	10.521	1.281	1.692	13.907	0.292	5.237	11.622
6	支路2电流（A）	0.595	0.842	11.206	12.315	0.268	4.946	6.436	1.589
7	支路1导线规格	LGJ-95	LGJ-95	LGJ-95	LGJ-95	LGJ-95	LGJ-95	LGJ-95	LGJ-95
8	支路2导线规格	LGJ-95	LGJ-95	LGJ-95	LGJ-95	LGJ-95	LGJ-95	LGJ-95	LGJ-95
9	支路1线路长度（km）	350	0	100	50	300	100	200	50
10	支路2线路长度（km）	150	150	50	150	0	0	0	0
11	环温时导线单位电阻（支1）（Ω/km）	0.3036	0.3037	0.3036	0.3036	0.3037	0.3036	0.3036	0.3037
12	环温时导线单位电阻（支2）（Ω/km）	0.3036	0.3036	0.3037	0.3037	0.3036	0.3036	0.3036	0.3036

续表

序号	项目名称	节点编号							
		9B	10B	11B	12B	13B	14B	15B	16B
1	支路1起点	8B	9B	10B	11B	12B	13B	14B	15B
2	支路1起点类型	J	J	J	J	J	J	J	J
3	支路2起点	JB326B	JB324B	JB322B	JB329B	JB321B	JB320B	JB328B	5B
4	支路2起点类型	B	B	B	B	B	B	B	J
5	支路1电流（A）	13.075	14.647	17.649	20.851	33.286	36.391	38.233	43.377
6	支路2电流（A）	1.582	3.014	3.230	14.737	3.380	1.855	5.148	14.164
7	支路1导线规格	LGJ-95	LGJ-95	LGJ-95	LGJ-95	LGJ-95	LGJ-95	LGJ-95	LGJ-95
8	支路2导线规格	LGJ-95	LGJ-95	LGJ-95	LGJ-95	LGJ-95	LGJ-95	LGJ-95	LGJ-95
9	支路1线路长度（km）	50	100	100	50	50	100	50	100
10	支路2线路长度（km）	0	0	0	50	0	0	0	100
11	环温时导线单位电阻（支1）（Ω/km）	0.3037	0.3037	0.3038	0.3038	0.3042	0.3043	0.3044	0.3046
12	环温时导线单位电阻（支2）（Ω/km）	0.3036	0.3036	0.3036	0.3037	0.3036	0.3036	0.3036	0.3037

续表

序号	项目名称	节点编号				
		17B	18B	19B	20B	21B
1	支路1起点	16B	17B	18B	19B	20B
2	支路1起点类型	J	J	J	J	J
3	支路2起点	JB304B	JB303B	JB302B	JB301B	B
4	支路2起点类型	B	B	B	B	B
5	支路1电流（A）	57.123	58.046	58.360	59.762	#N/A
6	支路2电流（A）	0.925	0.315	1.677	—	—
7	支路1导线规格	LGJ-95	LGJ-95	LGJ-95	LGJ-95	LGJ-95
8	支路2导线规格	LGJ-95	LGJ-95	LGJ-95	LGJ-95	0
9	支路1线路长度（km）	150	100	150	50	1200
10	支路2线路长度（km）	0	100	150	50	0
11	环温时导线单位电阻（支1）（Ω/km）	0.3053	0.3054	0.3054	0.3055	#N/A
12	环温时导线单位电阻（支2）（Ω/km）	0.3036	0.3036	0.3036	0.3036	0.0000

表6-7 无功补偿前后变压器数据

序号	项目名称	补偿前 JB301	补偿后 JB301B	补偿前 JB302	补偿后 JB302B	补偿前 JB303	补偿后 JB303B	补偿前 JB304	补偿后 JB304B
	变压器编号	JB301	JB301B	JB302	JB302B	JB303	JB303B	JB304	JB304B
	变压器型号	S-M-NX1-160/6		S9-M-315/6		SH15-315/6		S11-M-50/6	
1	额定容量	160		315		315		50	
2	一次端额定电流	14.66		30.31		28.90		4.81	
3	二次端额定电流	230.94		454.70		454.70		72.20	
4	一次端额定电压	6.300		6.000		6.300		6.000	
5	二次端额定电压	0.400		0.400		0.400		0.400	
6	短路有功损耗	1.870		3.650		3.650		0.870	
7	空载有功损耗	0.080		0.670		0.170		0.130	
8	无功补偿容量	—	100	—	100	—	0	—	60
9	补偿电流	—	23.8	—	28.8	—	0.0	—	12.9
10	输出电压平均值（线电压）	0.3861	0.3861	0.3861	0.3861	0.3857	0.3857	0.3828	0.3828
11	输出有功功率	5.167	5.167	1.957	1.957	2.213	2.213	5.584	5.584
12	输出无功功率	20.475	4.559	32.391	13.131	0.720	0.720	15.079	6.526

续表

序号	项目名称	补偿前 JB305	补偿后 JB305B	补偿前 JB307	补偿后 JB307B	补偿前 JB309	补偿后 JB309B	补偿前 JB310	补偿后 JB310B
	变压器编号	JB305	JB305B	JB307	JB307B	JB309	JB309B	JB310	JB310B
	变压器型号	S11-M-50/6		SH15-100/6		S9-M-125/6		S9-M-315/6	
1	额定容量	50		100		125		315	
2	一次端额定电流	4.81		9.16		12.03		30.31	
3	二次端额定电流	72.20		144.34		180.40		454.70	
4	一次端额定电压	6.000		6.300		6.000		6.000	
5	二次端额定电压	0.400		0.400		0.400		0.400	
6	短路有功损耗	0.870		1.500		1.800		3.650	
7	空载有功损耗	0.130		0.075		0.340		0.670	
8	无功补偿容量	—	15	—	80	—	30	—	0
9	补偿电流	—	7.9	—	2.7	—	11.4	—	0.0
10	输出电压平均值（线电压）	0.3847	0.3847	0.3821	0.3821	0.3835	0.3835	0.4031	0.4031
11	输出有功功率	1.552	1.552	10.394	10.394	3.398	3.398	97.370	97.370
12	输出无功功率	6.735	1.471	14.823	13.036	13.196	5.624	44.540	44.540

续表

序号	项目名称	补偿前 JB311	补偿后 JB311B	补偿前 JB314	补偿后 JB314B	补偿前 JB320	补偿后 JB320B	补偿前 JB321	补偿后 JB321B
	变压器编号	JB311	JB311B	JB314	JB314B	JB320	JB320B	JB321	JB321B
	变压器型号	SH15-100/6		SH15-125/6		S11-M-80/6		S11-M-160/6	
1	额定容量	100		125		80		160	
2	一次端额定电流	9.16		11.46		7.70		15.39	
3	二次端额定电流	144.34		180.42		115.50		230.90	
4	一次端额定电压	6.300		6.300		6.000		6.000	
5	二次端额定电压	0.400		0.400		0.400		0.400	
6	短路有功损耗	1.500		1.800		1.250		2.200	
7	空载有功损耗	0.075		0.085		0.175		0.270	
8	无功补偿容量	—	60	—	30	—	30	—	60
9	补偿电流	—	0.0	—	12.4	—	15.9	—	0.0
10	输出电压平均值(线电压)	0.3839	0.3839	0.3839	0.3839	0.3819	0.3819	0.3839	0.3839
11	输出有功功率	4.170	4.170	2.185	2.185	9.670	9.670	4.170	4.170
12	输出无功功率	3.540	3.540	14.273	6.028	24.998	14.481	3.540	3.540

第6章 配电网技措节能量核算方法

续表

序号	项目名称	补偿前 JB322	补偿后 JB322B	补偿前 JB324	补偿后 JB324B	补偿前 JB326	补偿后 JB326B	补偿前 JB327	补偿后 JB327B
	变压器编号	JB322	JB322B	JB324	JB324B	JB326	JB326B	JB327	JB327B
	变压器型号	S11-M-80/6		S11-M-80/6		S11-M-125/6		S9-M-315/6	
1	额定容量	80	80	80	80	125	125	315	315
2	一次端额定电流	7.70	7.70	7.70	7.70	12.03	12.03	30.31	30.31
3	二次端额定电流	115.50	115.50	115.50	115.50	180.40	180.40	454.70	454.70
4	一次端额定电压	6.000	6.000	6.000	6.000	6.000	6.000	6.000	6.000
5	二次端额定电压	0.400	0.400	0.400	0.400	0.400	0.400	0.400	0.400
6	短路有功损耗	1.250	1.250	1.250	1.250	1.800	1.800	3.650	3.650
7	空载有功损耗	0.175	0.175	0.175	0.175	0.235	0.235	0.670	0.670
8	无功补偿容量	—	25	—	30	—	30	—	30
9	补偿电流	—	7.8	—	13.1	—	12.4	—	24.2
10	输出电压平均值(线电压)	0.3791	0.3791	0.3817	0.3817	0.3806	0.3806	0.3794	0.3794
11	输出有功功率	16.216	16.216	13.571	13.571	7.125	7.125	24.246	24.246
12	输出无功功率	30.921	25.799	33.812	25.151	20.639	12.465	70.265	54.362

223

续表

序号	项目名称	补偿前 JB328	补偿后 JB328B	补偿前 JB329	补偿后 JB329B	补偿前 JB330	补偿后 JB330B	补偿前 JB333	补偿后 JB333B
	变压器编号	JB328	JB328B	JB329	JB329B	JB330	JB330B	JB333	JB333B
	变压器型号	S10-M-315/6		S11-M-315/6		S11-M-200/6		SH15-125/6	
1	额定容量	315	315	315	315	200	200	125	125
2	一次端额定电流	30.31	30.31	30.31	30.31	19.25	19.25	11.46	11.46
3	二次端额定电流	454.70	454.70	454.70	454.70	288.70	288.70	180.42	180.42
4	一次端额定电压	6.000	6.000	6.000	6.000	6.000	6.000	6.300	6.300
5	二次端额定电压	0.400	0.400	0.400	0.400	0.400	0.400	0.400	0.400
6	短路有功损耗	3.650	3.650	3.650	3.650	2.600	2.600	1.800	1.800
7	空载有功损耗	0.530	0.530	0.475	0.475	0.325	0.325	0.085	0.085
8	无功补偿容量	—	60	—	0	—	65	—	40
9	补偿电流	—	44.7	—	0.0	—	49.1	—	0.0
10	输出电压平均值（线电压）	0.3823	0.3823	0.3810	0.3810	0.3825	0.3825	0.3751	0.3751
11	输出有功功率	29.978	29.978	132.440	132.440	10.607	10.607	10.791	10.791
12	输出无功功率	65.867	36.268	53.110	53.110	42.066	9.537	47.437	47.437

(1) 平均电流法。

线路节电力为

$$\Delta P_{xm} = \sum_{m=1}^{n} 3(I_m^2 - I_m'^2)R_{xn} \times 10^{-3}$$
$$= 2.769 - 1.994 = 0.775 (\text{kW})$$

变压器节电力为

$$\Delta P_{bi} = \sum_{i=1}^{n} \left(\frac{P_i^2 + P_i^2}{U^2} - \frac{P_i'^2 + Q_i'^2}{U'^2} \right) \frac{\Delta P_K U_{be}^2}{S_e^2}$$
$$= 6.011 - 4.796 = 1.215 (\text{kW})$$

电力电容器损耗为

$$\Delta P_c = \sum_{i=1}^{h} (Q_{ci} \tan \sigma_i) \times 10^{-3}$$
$$= 750 \times 0.2 \times 10^{-3} = 0.150 (\text{kW})$$

年总节电量P_z为

$$\Delta P_z = \Delta P_{bi} + \Delta P_{xn} - \Delta P_c$$
$$= 1.215 + 0.775 - 0.150 = 1.840 (\text{kW})$$

一年无功补偿装置约运行 8000 h,采用无功补偿装置得到年总节电量为

$$\Delta A_z = \Delta P_z t_i$$
$$= 1.840 \times 8000 = 14720 (\text{kW} \cdot \text{h})$$

(2) 等值电阻法。

线路等值电阻为

$$R_{eqx} = \frac{\sum_{i=1}^{n}(S_{Ni}^2 R_i)}{(\sum S_N)^2} = 0.1839 (\Omega)$$

变压器等值电阻为

$$R_{eqb} = \frac{U^2 \sum_{i=1}^{n} P_{Ki}}{(\sum S_N)^2} \times 10^3 = 0.1136 (\Omega)$$

配电网等值电阻为

$$R_{eq} = R_{eqx} + R_{eqb} = 0.2975 (\Omega)$$

年总节电量为

$$\Delta A_z = \Delta P_z t_i = [3(I_1^2 - I_2^2)R_{eq} \times 10]t_i$$
$$= 1.861 \times 8000 = 14888 (\text{kW} \cdot \text{h})$$

第 7 章 压缩机组技措节能量核算方法

7.1 压缩机组简介

压缩机组作为天然气生产过程中的核心设备，在增压开采、排水采气等工艺环节发挥着重要作用。天然气压缩热力过程、天然气性质直接影响着压缩机组的能耗指标。

7.1.1 压缩机分类

压缩机行业一般根据压缩机的结构形式、压缩级数、气缸作用方式等进行分类，气田压缩机组根据驱动方式主要分为燃气发动机驱动压缩机组及电驱式压缩机组。

7.1.1.1 按结构形式分类

1. 立式压缩机

立式压缩机的气缸中心线和地面垂直，机身形状简单、重量轻、不易变形。往复惯性力垂直作用在基础上，基础的尺寸较小，机器的占地面积小。

2. 卧式压缩机

卧式压缩机的气缸中心线和地面平行，分单列或双列，且都在曲轴的一侧。由于整个机器都处于操作者的视线范围之内，管理维护方便，曲轴、连杆的安装拆卸都较容易。其主要缺点是惯性力不能平衡，故转速的增加受到限制，导致压缩机、驱动机和基础的尺寸及质量大，占地面积大。

3. 角度式压缩机

角度式压缩机的各气缸中心线彼此成一定的角度，但不等于 180°。由于气缸中心线相互位置不同，又区分为 L 型、V 型、W 型、扇型等。该结构装拆气阀、级间冷却器和级间管道设置方便，结构紧凑、动力平衡性较好，多用作小型压缩机。

4. 对置式压缩机

气缸在曲轴两侧水平布置，相邻的两相对列曲柄错角不等于180°。对置式压缩机分两种：一种为相对两列的气缸中心线不在一条直线上，制成3、5、7等奇数列；另一种曲轴两侧相对两列的气缸中心线在一条直线上，成偶数列，相对列上的气体作用力可以抵消一部分，用于超高压压缩机。

5. 对称平衡式压缩机

对称平衡式压缩机两主轴承之间，相对两列气缸的曲柄错角为180°，惯性力可完全平衡，转速能提高；相对列的活塞力能互相抵消，减少了主轴颈的受力与磨损。多列结构中，每列串联气缸数少，安装方便，产品变型较卧式和立式容易。

7.1.1.2 按压缩级数分类

（1）单级压缩机：气体在气缸内进行一次压缩。

（2）两级压缩机：气体在气缸内进行两次压缩。

（3）多级压缩机：气体在气缸内进行多次压缩。

7.1.1.3 按气缸作用方式分类

（1）单作用压缩机：气体只在活塞的一侧进行压缩，又称单动压缩机。

（2）双作用压缩机：气体在活塞的两侧均能进行压缩，又称复动或多动压缩机。

7.1.1.4 气田压缩机组分类

气田压缩机组主要分为燃气发动机驱动压缩机组，包括整体式压缩机组和分体式压缩机组，及电驱式压缩机组。

1. 整体式压缩机组

整体式压缩机组的发动机与压缩机共用一个机身、一根曲轴，呈对称平衡布置，惯性力和惯性力矩得到很好的平衡，振动小。

2. 分体式压缩机组

分体式压缩机组的发动机与压缩机机身和曲轴是独立的，多列水平卧式对称平衡型结构，各列精确的往复运动件重量差，有效地平衡了惯性力和惯性力矩，机组振动小，噪声低。

3. 电驱式压缩机组

电驱压缩机组亦是分体式压缩机组的一种，两者区别在于前者用电力驱动压缩机旋转。

7.1.2 压缩机组结构及特点

本章结合气田压缩机组应用的主力机型及称呼习惯，按整体式压缩机组、分体式压缩机组和电驱式压缩机组分别进行系统论述。

7.1.2.1 整体式压缩机组

整体式压缩机组由主机部分和辅助系统两部分构成。

1. 主机部分

压缩机组主机主要由动力部分、机身部分、压缩部分组成，结构模拟如图7-1所示。

动力部分　　　　　　机身部分　　　　　　压缩部分

图7-1　压缩机组主机结构模拟

压缩机组的动力和压缩部分共用一根曲轴。动力缸的动力通过十字头和曲轴连杆机构传递给压缩缸做功，动力缸和压缩缸及部分配套设施安装在机座上，压力容器安装在底座及压缩缸上，燃气分离器安装在底座上，构成一台整体式撬装压缩机组。

（1）机身部分。

机身部分由中体、动力连杆、压缩连杆、曲轴及轴承等构成，机身两端分别安装动力缸和压缩缸，为对称平衡布置，使得机组的振动减少到最低点。

（2）动力部分。

动力部分主要由动力缸、动力活塞、动力缸填料等组成。动力活塞顶部与缸盖、缸体内壁构成燃烧室，同时活塞在缸体内做往复运动，向缸盖方向运动时对空燃混合气进行压缩，最后混合气燃烧对外做功，活塞向曲轴方向运动时，对扫气室内的新鲜空气进行压缩，使之同时起到扫气泵的作用；动力缸填料是对做往复运动的活塞杆进行滑动润滑，它一方面密封工作容积内的气体，一方面润滑活塞杆，而刮油环是使活塞杆的润滑油均匀适度，以防止过量润滑油窜入气缸影响气缸工作。

动力部分是一个典型的二冲程发动机，曲轴每旋转一周，动力活塞就有一个做功冲程。当活塞向气缸头运动时，活塞后部内腔形成瞬时负压，混合阀靠压差打开，动力缸吸入新鲜空气；活塞头部首先关闭进气口，然后再封闭排气口；燃气喷射阀靠液压力打开，燃气进入动力缸，活塞继续运动，这就是压缩冲程。在接近压缩冲程终点前，密封在动力缸活塞头部内的这部分混合气体由火花塞点燃，混合气体燃烧膨胀做功，使动力活塞向曲轴端运动，这就是做功冲程。当活塞运动至不能封闭排气口时，燃烧后的废气由排气口排出，活塞继续运动，进气口被打开，这时，在压缩冲程中进入后部的空气已被压缩到具有一定的压力，形成扫气泵；在此压力下，新鲜的空气由进气口进入活塞头部的空腔，并吹扫残留在缸内的废气，有助于废气的排出，这就是进气、排气冲程。稍后，活塞又向缸头运动，又开始新的冲程。

燃气发动机属于内燃机，是一种以天然气或其他混合气体为燃料，靠火花塞点燃的活塞式内燃机，其基本原理类似于汽油机。燃气发动机可按工作循环、吸气方式、转速以及结构等，分为多种型式。它的主要优点是热效率较高，一般达 35%～37%，若进行余热回收，热效率可达 40%；燃料气消耗率低至 0.3 m³/(kW·h)。同时，燃气发动机可改变转速，当驱动压缩机时，方便调速。

燃气发动机的额定输出功率与其所处的海拔有关，当海拔超过 500～830 m，额定输出功率将下降，这个高度界限因燃气发动机的具体制造厂商而异。当一台燃气发动机所处的位置超过其额定功率开始下降的高度界限时，高度每上升 300 m，其额定功率常要降低 3% 左右。气温对燃气发动机的额定输出功率也有影响，当气温超过一定限度时，额定输出功率将减小。发动机结构原理模型如图 7-2 所示。

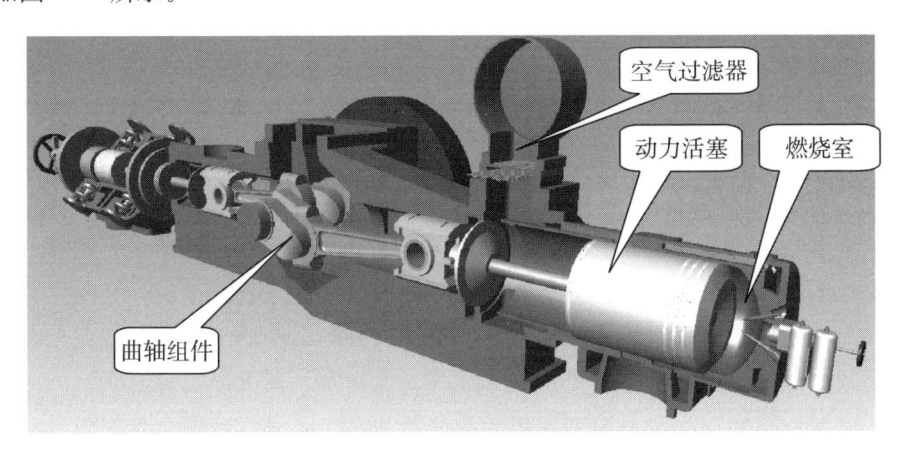

图 7-2 发动机结构原理模型

（3）压缩部分。

压缩部分由压缩缸总成构成，包括压缩缸、活塞、余隙缸、气阀及填料等组成（见图7－3），每种压缩缸总成与中体接口尺寸完全一致，可根据工况需要选择不同的压缩缸总成与机身部分组合，以构成不同用途的机组。

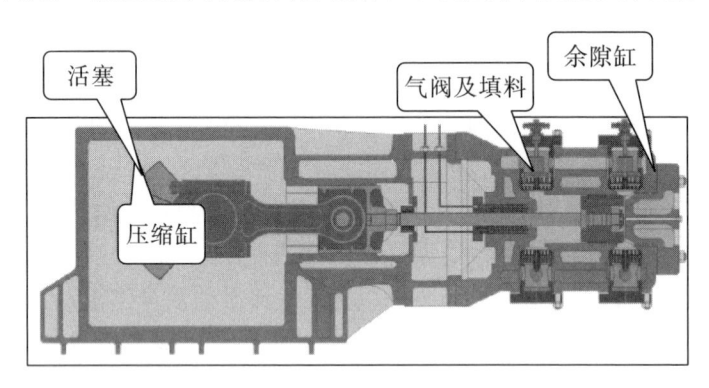

图7－3　压缩部分模型

燃气压缩机组的压缩缸均为双作用结构，但可根据需要拆除进气阀，进行单作用运行，以实现对排气量的大幅度调节；压缩缸内安装有压缩活塞，压缩活塞有的是盘状铸铁活塞，有的是筒状铸铁活塞；每级压缩缸的盖端又都配置有可调余隙缸，余隙缸安装在压缩缸的缸头端，通过调节余隙活塞的行程以调节余隙容积，既可实现机组在最大功率和最大排量经济运行，也可满足部分变工况的要求。

2. 辅助系统

整体式压缩机组的辅助系统主要由燃料供给及调速系统、进排气系统、点火系统、润滑系统和预润滑系统、冷却系统、气体配管系统、启动系统、仪表电气系统等组成。

燃料供给及调速系统主要包括卧轴控制组件、注气系统、燃料进气组件、调速系统等，其主要作用是根据机组负荷情况，保证定时适量地供给动力缸燃料气，使之工作转速平稳。

进排气系统主要包括空气进气总成、排气管及消声器、工艺气管路等，其主要作用是为机组运动提供清洁的空气和排出废气。

点火系统提供机组运转的能量和整个仪表控制系统的工作电源。点火系统的组成由触发线圈、磁电动机、点火线圈、火花塞、点火导线等组成。

润滑系统和预润滑系统主要包括注油器油箱、润滑管路等，其作用是对各相互运动表面提供充分润滑。

冷却系统主要包括冷却器及水管路等，其作用是降低压缩介质的温度、提高机器效率，降低机组工作温度、提高使用寿命。

气体配管系统，气体配管的作用主要是将气体引入压缩机组，经过压缩后，再引向使用或外输场所。

启动系统主要包括启动阀和管路等，其作用是启动机组。

仪表电气系统是对压缩机组的压力、温度、转速、液位、油流、振动等参数进行监控，超限时自动停车保护，对某些参数做简单的自动调节，确保压缩机组正常运行、安全可靠。

7.1.2.2 分体式压缩机组

与整体式压缩机组类似，分体式压缩机组主要由主机部分和辅助系统组成。

1. 主机部分

分体式压缩机组的压缩部分与整体式压缩机组一致，不再赘述。

（1）机身总分。

分体式压缩机组的机身由曲轴、连杆、十字头等组成。

（2）发动机驱动部分。

分体式压缩机组使用的是四冲程活塞发动机，其工作循环分成进气、压缩、做功、排气四个行程，在曲轴旋转两圈的过程中完成的。四冲程活塞发动机工作原理如图7-4所示。

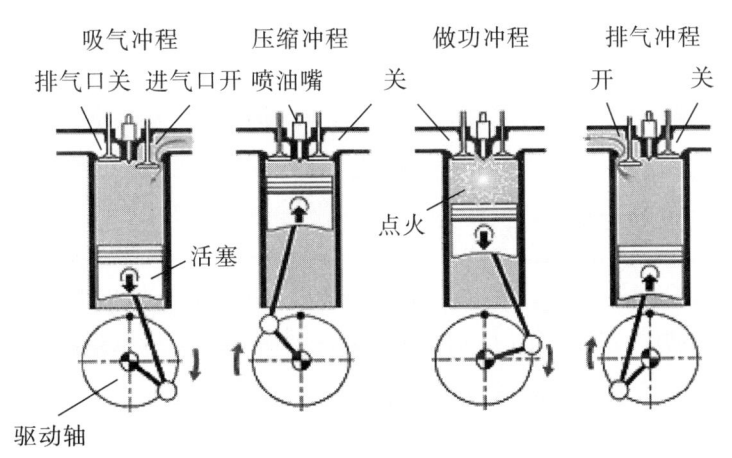

图7-4 四冲程活塞发动机工作原理

①进气冲程。

进气冲程中活塞被曲轴带动由上止点向下止点移动，与此同时，进气门开启、排气门关闭，当活塞由上止点向下移动时，活塞上方的容积增大，气缸内的压力降低，产生一定的真空度使空气或混合气通过打开着的气门被吸入气缸。

②压缩冲程。

随着曲轴转动，活塞被带动由下止点向上止点移动，同时进气门、排气门均关闭。活塞上方的容积减小，吸入气缸的气体被压缩，其压力和温度均升高。

③做功冲程。

压缩终了时，气缸内腔的容积很小，迅速燃烧的混合气使缸内气体的压力和温度急剧升高。活塞被高压气体推动下行，带动曲轴旋转输出机械功。燃烧过程进行的时间极其短暂，但对发动机的动力性、经济性、运转平稳性、工作可靠性及寿命等都有很大的影响。膨胀行程中，进排气门均关闭。

④排气冲程。

活塞被曲轴带动由下止点向上止点移动，同时，排气门开启、进气门关闭。当活塞上行时，将燃烧后的废气从排气门排出气缸。

2. 辅助系统

分体式压缩机组的辅助系统主要包括机组的润滑系统和冷却系统。

润滑系统有两个独立的润滑部分：机体润滑部分润滑传动装置，气缸润滑部分润滑气缸和填料。主油泵和气缸注油器由曲轴后端销直接驱动。

分体式压缩机组的冷却系统与整体式压缩机组的冷却系统相比，冷却风扇如果采用立式安装，则与之相同；否则，冷却风扇采用外加电源的电动机驱动。

7.1.2.3 电驱式压缩机组

以 ZWD710-D602/1 天然气压缩机组为例，电驱式压缩机组主要由天然气压缩机、电动机、联轴器、冷却器、进排气洗涤罐、进排气缓冲罐、控制柜、膨胀水箱、底座等组成，如图 7-5 所示。

图7-5 电驱式压缩机组结构

鉴于电驱式压缩机组压缩部分与分体式压缩机组压缩部分结构及特点类似，下面主要阐述电驱式压缩机组的电动机及辅助系统。

1. 电动机

电驱式压缩机组的电动机使电能转化为机械能，通过曲柄连杆机构将旋转运动转化为活塞杆的往复运动，驱动压缩机做功。

(1) 传动部分。

传动部分是把电动机的旋转运动转化为活塞往复运动的一组驱动机构，包括连杆、曲轴和十字头等。曲柄销与连杆大头相连，连杆小头通过十字头销与十字头相连，十字头与活塞杆相连接。

(2) 机身部分。

机身是用来支承（或连接）气缸部分与传动部分的零部件，此外机身还可能安装有其他辅助设备或零部件。机身部分的辅助设备及零部件包括：向运动机构和气缸的摩擦部位提供润滑油的油泵和注油器、中间冷却系统、供给气量调节系统。此外，在气体管路系统中还有安全阀、滤清器、缓冲容器等。

2. 辅助系统

电驱式压缩机组辅助系统主要包括润滑系统、电动机冷却系统、工艺气管路、进排气洗涤罐、电气控制和保护系统等，除了电动机冷却系统、电气控制和保护系统与整体式压缩机组和分体式压缩机组的电气控制和保护系统存在差异，其他结构参照前两种机型。

(1) 电动机冷却系统。

电驱式压缩机组驱动电动机的冷却系统通常采用内循环通风扇自冷。电动机冷却系统是电动机的主要换热部件，是维持电动机运行的重要装置，直接影响着电动机的温升、出力和寿命。

（2）电气控制和保护系统。

压缩机组电气控制采用 PLC 可编程控制器，包括 CPU、I/O 模块、模数转换模块、通信模块等，配彩色触摸屏，监测、显示机组温度、压力、润滑等重要工作参数，完成机组主电动机、冷却系统电动机、水泵电动机和油泵电动机的运转控制和机组加卸载自动/手动控制，对机组运行过程进行监控、报警和联锁停车保护，并完成机组曲轴箱油加热器、管路电伴热器和主电动机加热器的控制。

机组控制系统包括对压力、温度、液位、振动等参量进行监测控制的各种仪表及控制柜，主要用于对机组的工作参量进行监测，对关键参量设置超限自动停车保护，并对某些参量做简单的自动调节，以保证机组运行正常，安全可靠。

此外，电驱式压缩机组处于易燃易爆场合，必须采取可靠的防止火花、电弧和防高温的措施。常用的隔爆型电动机采用隔爆外壳把可能产生火花、电弧和危险温度的电气部分与周围的爆炸性气体混合物隔开，增安型电动机是在正常运行条件下不会产生电弧、火花或危险高温的电动机结构上，再采取一些机械、电气和热的保护措施，使之进一步避免在正常或认可的过载条件下出现电弧、火花或高温的危险，从而确保其防爆安全性。

7.1.3 压缩机组能耗影响因素

影响压缩机组能耗的因素众多，如气质、发动机效率、传动效率、工作参数、冷却器换热性、泄漏、压力损失、余隙容积、摩擦耗功等。

7.1.3.1 压缩机组能耗组成

典型燃气发动机驱动压缩机组工艺流程如图 7-6 所示，压缩机组的能耗组成如下：

（1）发动机：输入能量为燃料气热值，输出的有用功包括压缩机轴功率、风机轴功率、水泵轴功率、润滑油系统驱动功率，损耗包括烟气热量、冷却热量、机身散热、摩擦磨损等。

（2）压缩机：输入能量为轴功率；输出的有用功为压缩天然气的指示功率，与压缩气气量、压缩气组分、进口温度、进口压力、出口温度、出口压力有关；损耗包括冷却热量、机身散热、摩擦磨损等。

(3) 冷却和润滑系统：输入能量为冷却器、水泵和润滑油泵的轴功率（部分分体式压缩机组的输入能量为电能）；输出的有用功为流体通过该设备获得的能量；损耗包括散热、摩擦磨损等。

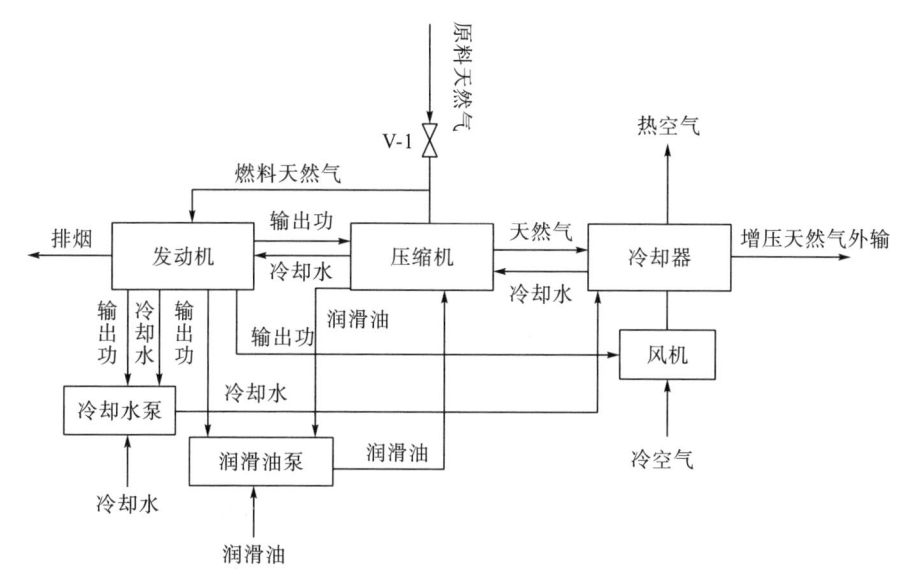

图7-6 典型燃气发动机驱动压缩机组工艺流程

往复式压缩机组能量分配如图7-7所示。

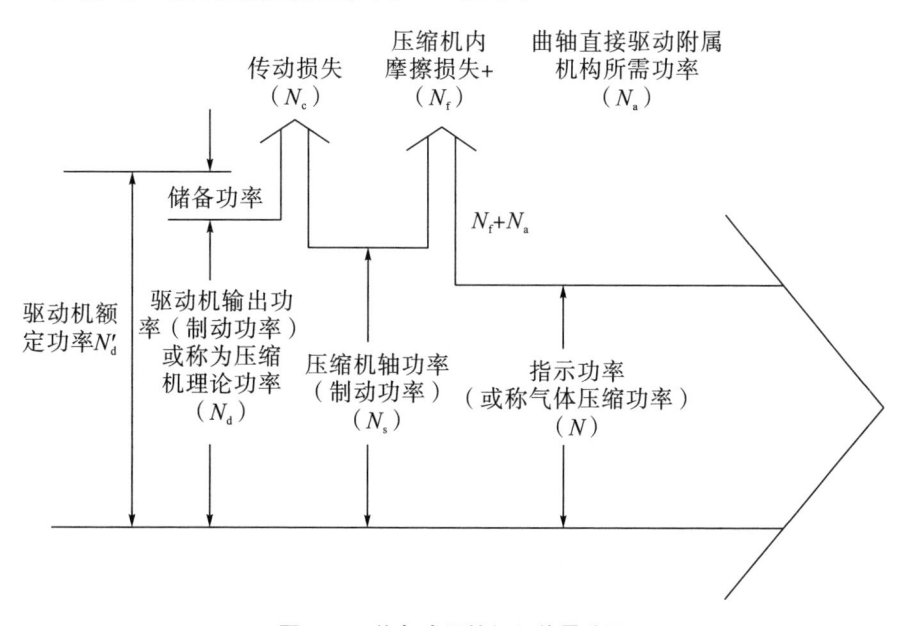

图7-7 往复式压缩机组能量分配

气田压缩机组的各部分组成中，天然气发动机的热效率一般可达35%～37%，压缩机的效率一般可达85%～95%。天然气发动机的热损失最大，掌握发动机的热平衡是研究压缩机组节能技术的基础。以RTY1250机组为例，其热平衡如图7-8所示。

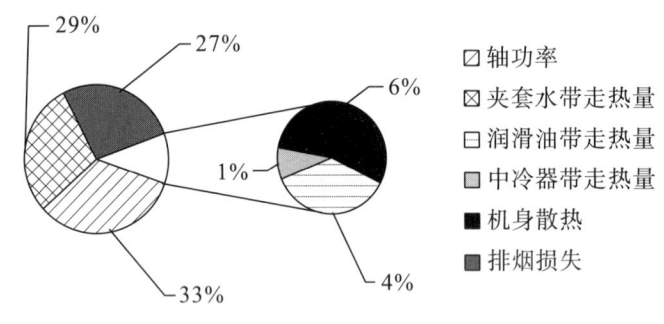

图7-8　RTY1250机组热平衡

从图7-8中可以看出，天然气发动机的燃料燃烧热有33%左右通过轴向外输出，而夹套水和排烟各带走了约30%的热量。发动机的节能降耗可以从降低排烟热损失和夹套水带走热量入手，从而使整个压缩机组的能耗得以降低。

7.1.3.2　影响压缩机效率的因素

1. 压缩功率利用率

压缩机组在选型设计中，所选择的设计点参数对压缩机组实际负荷率有重要影响。实际建设过程中，机组选型设计点参数与实际情况普遍存在相差较大的问题，机组功率及处理能力都得不到充分利用。

2. 压缩机组配套设备技术能力

压缩机组辅助系统包括水泵、冷却风扇、气体配管系统等，这些配套设备的技术水平直接影响着燃料气消耗指标。例如，目前压缩机组工艺系统阻力普遍在0.1～0.3 MPa之间，按照进气压力1 MPa、排气压力5 MPa、压力损失0.2 MPa计算，某气矿增压气量为$972×10^4$ m³/d，功率消耗724 kW，1台机组辅助系统多消耗2 kW；按某气矿增压机组年累计运行时间668552 h计算，辅助系统耗功增加$133.71×10^4$ kW·h。

3. 压缩机组运行参数控制

压缩机组运行参数中，冷却系统水温、压缩比、处理负荷等对压缩机组运行效率有直接影响。及时优化运行参数，可带来明显的节能效果；反之，若不注重压缩机组运行的精细化管理，现场操作管理中不注意参数控制和调节，可能导致增压设备运行效率下降，能耗增加。

4. 压缩机组运行温度

压缩机制造厂商对天然气压缩机组的环境温度提出了明确要求，即常规天然气压缩机组的设计环境温度最高为45℃，最低为-50℃。目前，在役压缩机降噪工房普遍存在室内高温问题。现行的压缩机组噪声控制对机组排气、消声器、散热器等采取了隔热处理，并将废气引向高空或室外排放，以减少室内热源。

压缩机降噪工房均采用风机强制散热，但这需要安装大量风机，能耗及运行成本将随之增加。另外在现场使用过程中还发现，当环境温度超过30℃时，很难依靠空气流动来散失室内不断聚集的热量，因而恶化了压缩机组的工况，影响了性能，造成压缩机组功率损失，同时增加了燃料气消耗量。

5. 压缩机的不正常漏气

压缩机的不正常漏气主要发生在压缩机内有相对运动的构件接合部位上，如气缸和活塞环、活塞杆和填料环，由于相对运动的存在，有时磨损过度，有时磨损不均，都将使接合部出现很小的缝隙。被压缩的天然气将由于压力高而自此外泄，造成气缸内天然气压力不能保证正常要求，使得应该在一定压力下打开的排气阀由于压力低而不能按时打开，严重影响压送天然气的效率。

6. 阀片和阀座的结合面磨损或黏附油垢，致使阀关闭不严

这种原因受天然气质量和阀片、阀座、限制器的质量等影响，不仅磨损阀片、阀座，而且焦油的大量存在首先能粘住阀片、阀座，使本应打开的阀片不能及时打开，其次粉尘的存在会造成吸排气阀关闭不严，导致天然气不能按照要求进出气缸，吸气时把高压天然气吸入气缸，排气时又把气缸内天然气部分排入吸气管路，直接影响压气量。

7. 阀片弹簧对效率的影响

此影响大致分为两个方面，一方面如果弹簧弹力过大，使阀提前关闭、滞后打开，会造成吸气量与排气量都少；另一方面如果弹簧疲劳断裂，阀片升程的间隙使缸内天然气与外部管道直接连通，会造成天然气压力升高困难。这两种情况的存在对压缩机组效率的影响特别明显，如管理不善将直接影响供气效率，此时可能使压缩机组效率仅为原来的40%（按实际运行效果分析）。

8. 压缩机气缸余隙容积对气缸的影响

天然气压缩机常常采用调节气缸余隙的方式来调节排气量，满足工艺需求。由气阀至气缸通道形成的余隙容积主要由于气阀的布置难以避免，余隙容

积的存在对排气量而言是不利的。

9. 积碳的影响

压缩机在运行过程中会产生积碳现象，积碳能使活塞环卡死在环槽里，使气阀不能正常启闭，进而使气流通道面积减小，增加阻力。当积碳存在于气缸内时，将使压缩机的余隙容积减小，影响压缩机的排气量；当积碳过多时，将使气阀损坏，增加维修费用。

10. 辅机对机组效率的影响

（1）冷却系统对效率的影响。

压缩机组出口温度对输送体积的影响较大，压缩机各级出口冷却（降低出口温度，减小无效高温带来的损失）是必要的，虽然冷却会消耗掉部分能量，但相比高温对输送天然气影响的量来说，要低得多。

（2）润滑油系统对效率的影响。

润滑油有如下四个方面的作用：①减轻滑动部位的磨损，延长零件寿命；②减少摩擦功耗；③冷却作用，可带走摩擦热，使零件的工作温度不过高，从而保证滑动部分必要的运转间隙，防止接触面被烧伤；④密封气缸的工作容积，以提高活塞和填料箱的密封性。根据润滑油的这些作用，结合实际管理中的经验，发现润滑油的这些作用都直接或间接与压缩机组的效率有关。

7.1.3.3 压缩机组能效

天然气压缩机发动机由燃料气驱动，通过进气、压缩、燃烧、膨胀、排气等过程不断循环，发动机工况直接影响燃料气消耗。而影响发动机工况的主要因素有空气过剩系数、混合气的分配、转速负荷等。作为天然气压缩系统考虑，压缩气量、压缩气性质、冷却系统、消声系统等都对燃料气消耗或系统效率有影响。

1. 混合气的分配

对于多个动力缸参与燃烧的过程，各缸内混合气分配的均匀性会直接影响燃料燃烧效率和燃料消耗率。因此，提高各缸内混合气分配的均匀性对于降低燃料消耗率，提高燃烧效率具有重要意义。

2. 转速和负荷

压缩机组转速低时燃料气和空气的混合效果较差，燃料消耗率较高，同时增加了爆燃倾向。转速提高后提高了活塞速度，增加了燃料气和空气的流速，加强了压缩过程中的挤压气流，促进燃料气与空气混合。同时提高转速也提高了压缩终端温度，加快了混合气的燃烧准备，提高了火焰传播速度，减弱了末端混合气焰前反应，使其不易发生爆燃。

压缩机组负荷增大时，进入气缸的混合气量增多，燃烧压力升高，而且参与气量相对减少，容易产生爆燃；减小负荷时，降低了进气压力，燃烧过程恶化，相对残余废气量增加，燃料分子和氧分子的接触机会减少，燃烧不完全，燃烧效率降低。

3. 燃料气注入时间与点火提前角

对于两冲程天然气发动机，气缸内燃气注入时长介于空气进气结束与点火时刻之间，因此针对不同的转速、负荷和运行工况，调整最佳的注气时间，对于改善燃料气和空气的混合，提高燃烧效率，降低发动机能耗具有重要意义。点火提前角是衡量点火时刻的依据，含义是从发出电火花到外止点位置的曲轴转角，其对燃烧的及时性有很大影响，大小随燃料的热值、转速、负荷而定。

4. 压缩天然气性质

压缩天然气是含有可凝组分的气体混合物，在压缩过程中由于混合气中部分组分产生凝析，组分含量降低，使气体组分发生变化引起混合气体性质的变化，如含水率的变化、压缩因子和过程指数的变化、混合气密度的变化等，从而影响压缩机组的工作。

5. 冷却系统

天然气压缩机冷却系统有水冷式和风冷式两种，这里主要对水冷式进行分析。水冷式冷却系统主要受冷却介质和冷却液工作温度的影响，而且冷却液工作温度控制在一定范围内才能起到有效冷却和节能降耗的目的。

6. 消声系统

天然气压缩机发动机废气排放口都安装有消声器，目前西南油气田压缩机组配套的消声器有工业型、降噪型和宽频型三种，在国内各油气田压缩机组配套均以工业型为主。消声器性能的好坏不仅影响天然气压缩机排气噪声的大小和声环境的污染，而且对发动机的功率、耗气、扭矩等性能都有较大影响。

7. 燃料气热值

单位质量（或体积）的燃料气完全燃烧时所放出的热量为燃料气热值。天然气作为压缩机组的重要燃料，在高温下与空气中的氧气发生化学反应放出大量的热能，由于天然气的组成成分不同，燃料热值不同，同质量（或体积）发热量不同，因而天然气的热值对压缩机组效率存在一定影响。

7.1.3.4 压缩机组能量损失

在进行压缩机组的节能评价之前，需要了解压缩机组的能量分配。作用于压缩机组的能量有部分用于提高气体压力，其余能量均通过各种形式损失掉了。

1. 燃烧损失

压缩机组的工作过程存在一个燃烧效率，也因此存在燃烧损失。其中，燃烧效率是指燃料燃烧后实际放出的热量与其完全燃烧后放出的热量的比值，是考察燃料燃烧充分程度的重要指标，主要取决于燃烧装置和燃料自身的特性，与环境等因素有关。

2. 传动损失

压缩机与驱动机的传动方式主要是直接传动，不论是何种传动方式，驱动机输出的能量都不可能全部传递给压缩机，总是存在一定的传动损失。为了衡量从驱动机到压缩机的传动损失，用传动效率表示其大小。传动损失是压缩机轴功率和驱动机输出功率之比，即：

$$\eta_c = \frac{N_z}{N_c} \times 100\% \qquad (7-1)$$

式中：η_c——传动效率，%；

N_z——压缩机轴功率，kW；

N_c——驱动机输出功率，kW。

3. 流动损失

对实际阀门的吸排气过程，气体流经阀门时必然会有压降，该压降会导致压缩机驱动功率增大，排气量下降。气阀会造成能量损失是显然的，虽然其对排气量的影响不十分明显，但却同样重要。

4. 压力波动损失

对于往复式压缩机，假定缸内气体压力成周期性变化，而气阀管线侧的压力保持不变（事实上，由于气体在流进或流出压缩机气缸时是不稳定的，所以在进出气缸的管道内会有压力波动），压力波动的方式和幅度取决于气缸、气阀和管线的状况。通过压力波动计算，可得到图7-9所示典型计算结果。

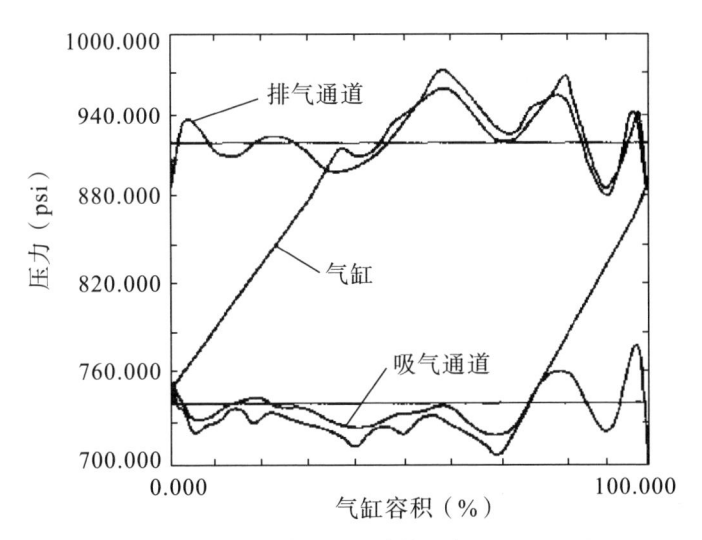

图 7-9 典型的有压力波动的压容（$p-V$）图

在实际的压缩系统中，需要做仔细的分析才能预测这种压力波动，并且在实际系统中，压缩机的排气量或功率既可能升高也可能降低。然而，由于维持波动的能量是由压缩机提供的，因而该波动不可能提高压缩机的效率，并且排气量的增加必然需要多做相应的功来实现。同样，进出压缩机的管线也必须经过恰当设计，也就是说，应有合理的长度和管径。

5. 传热损失

在多数压缩机中，热传递对性能产生的最大影响是，当气体流经进气流道、吸入口和气阀时对其进行了加热，这相当于提高了吸气温度。由于该效应，气体的密度降低，因此虽然气体的质量流率减小，但压缩功却没有显著降低。

6. 泄漏损失

压缩机中各运动部件的间隙或贴合面不可避免地会产生泄漏，如在气阀、活塞环和填料等处。

7. 局部阻力损失

在一般管路系统中，不但存在沿程损失，而且存在局部阻力损失。当流体流过弯管、阀门、三通、流道突然扩大或缩小等管道局部区域时，流体流速大小和方向被迫急剧地发生改变，流体质点撞击产生旋涡、二次流以及流动的分离及再附壁现象。此时由于流体的黏性作用，流体质点间发生剧烈的摩擦和动量交换，阻碍了流体的运动。这种在局部障碍物处产生的损失称为局部损失，其阻力称为局部阻力。

7.2 压缩机组节能技措方法

本节从优化运行技术、节能技术改造、电动机的节能技术以及其他节能技术四个方面,阐述压缩机组的节能技措方法。

7.2.1 优化运行技术

7.2.1.1 技术特点

优化运行技术包括运行参数的优化和工况的调节,通过对压缩机组运行参数优化和工况调节(主要实现排气量调节),确保压缩机在非额定工况下的高效工作,实现压缩机安全可靠运行和节能的目的。

7.2.1.2 技术原理

1. 最佳压缩比分配

温度对一定结构的往复式压缩机组的压缩比有较大影响。目前,多级压缩最佳压缩比分配是按中间冷却器效果(即冷却到第1级的吸气温度,同时不考虑中间冷却时存在的压力损失)及压缩机组理论耗功为最小值来确定的,即各级压缩比相等时,压缩比分配为最佳,各级压缩比为

$$\varepsilon_i = \sqrt[z]{\frac{p_d}{p_s}} \tag{7-2}$$

式中:z——压缩机级数;

p_d——压缩机组级间排气压力,MPa;

p_s——压缩机组级间进气压力,MPa;

ε_i——压缩机组各级压缩比。

对于实际气体,考虑到气体可压缩性的影响,压缩比的分配可根据功相等的原则做适当升降。在实际压缩比分配中,有时为了平衡活塞力,不得不破坏等压缩比分配原则,使各级压缩比的分配服从其所造成的活塞力限制。另外,第一级压缩比可以取小一些,以保证第一级有较高的容积系数,从而使气缸尺寸不至于过大。通常第一级压缩比 $\varepsilon_1 = (0.90 \sim 0.95)\sqrt[z]{p_d/p_s}$。如果不按照等压缩比或等功原则分配各级压缩比,便会在一定程度上增加指示功消耗。下面讨论如何根据压缩机理论耗功最小来确定最佳压缩比。

以两级压缩为例进行压缩比优化,假设各级多变指数相等,则可得

$$W = \frac{m-1}{m} R_g [T_1(\varepsilon_1^{\frac{m-1}{m}} - 1) + T_2(\varepsilon_2^{\frac{m-1}{m}} - 1)] \quad (7-3)$$

$$T_2 = \frac{\varepsilon_1^{\frac{m-1}{m}} T_1(1-E) + T_{S1}(e^\alpha - 1)}{e^\alpha - E} \quad (7-4)$$

$$\varepsilon = \varepsilon_1 \varepsilon_2 \sigma_1 \quad (7-5)$$

$$m = \frac{\ln\left(\frac{p_2}{p_1}\right)}{\ln\left(\frac{V_2}{V_1}\right)} \quad (7-6)$$

式中：R_g——气体常数；

T——吸气温度，K，下标1、2分别表示第1、2级的参数；

ε——总压缩比；

σ——级间相对压力损失，即下一级吸气压力与前一级排气压力之比，下标1表示第二级吸气压力与第一级排气压力之比；

T_{S1}——一级中间冷却介质流入温度，K；

E——热容量之比，$E = \frac{C_p m_气}{C_s m_冷}$，$C_p$ 为被压缩气体的定压比热 [kJ/(kg·K)]，C_s 为中间冷却介质的定压比热 [kJ/(kg·K)]，$m_气$ 为被压缩气体质量流量（kg/s），$m_冷$ 为中间冷却介质质量流量（kg/s）；

α——系数，$\alpha = \frac{1-E}{E} \frac{BC_s}{q_s}$，$B$ 为中间冷却介质的换热率，相当于单位有效温差，从单位排气量中带走的热量（kJ/K），q_s 为单位排气量所消耗的中间冷却介质质量（kg）；

m——气体多变指数，无量纲；

p_1——进气压力，MPa；

p_2——排气压力，MPa；

V_1——进气体积，m³；

V_2——排气体积，m³。

(1) 中间冷却温度在 T_2 为常数的条件下求最佳压缩比，由式（7-5）、$\frac{\partial W}{\partial \varepsilon_1} = 0$ 和 $\frac{\partial \varepsilon_2}{\partial \varepsilon_1} = \frac{\varepsilon}{\varepsilon_1^2 \sigma_1}$ 可得指标功率最小的压缩比分配关系为

$$\begin{cases} \varepsilon_1 = \left(\frac{T_1}{T_2}\right)^{\frac{m}{2(m-1)}} \left(\frac{\varepsilon}{\sigma_1}\right)^{\frac{1}{2}} \\ \varepsilon_2 = \left(\frac{T_2}{T_1}\right)^{\frac{m}{2(m-1)}} \left(\frac{\varepsilon}{\sigma_1}\right)^{\frac{1}{2}} \end{cases} \quad (7-7)$$

（2）在中间冷却换热率 B 为一个常数的条件下，由 $\frac{\partial W}{\partial \varepsilon_1} = 0$ 和 $\frac{\partial T_2}{\partial \varepsilon_1} =$ $\frac{m-1}{m} \frac{1-E}{e^\alpha - 1} T_1 \varepsilon^{-\frac{1}{n}}$ 可得指标功率最小的压缩比分配关系为

$$\begin{cases} \varepsilon_1 = \left(\dfrac{T_{S1}}{T_1}\right)^{\frac{m}{2(m-1)}} \left(\dfrac{\varepsilon}{\sigma_1}\right)^{\frac{1}{2}} \\ \varepsilon_2 = \left(\dfrac{T_1}{T_{S1}}\right)^{\frac{m}{2(m-1)}} \left(\dfrac{\varepsilon}{\sigma_1}\right)^{\frac{1}{2}} \end{cases} \tag{7-8}$$

综上所述，不同冷却条件下，多级压缩最佳压缩比分配并不相同，即最佳压缩比的分配与冷却条件有关。压缩比与能耗的关系有：

①随着气体多变指数 m 的增加，不同冷却条件下第一级压缩的最佳压缩比 ε_1 变化并不相同，偏离极值点会引起功耗的增加。

②随 m 的减小或 T_2 的降低（B 增加），无论强化级间冷却（B 增加）还是强化气缸冷却（n 减小），都将有效降低功耗。

2. 进气温度优化

根据式（7-3）可知，压缩机的理论压缩功正比于压缩缸进气温度 T_1 和气体常数 R_g，这表明进气温度越低，进气气质越好，压缩功耗越低。因此，提高各级冷却器的冷却效果以降低压缩机各级进气温度、提高各级分离器的分离效果以降低各级压缩缸进气的含液率，均可达到降低压缩机能耗的目的。增压压缩机理论循环为多变循环，级间压缩过程的终点温度由式（7-9）计算：

$$T_2 = T_1 \left(\frac{p_2}{p_1}\right)^{\frac{m-1}{m}} \tag{7-9}$$

压缩过程气体多变指数 m 的选择将影响到压缩机的实际排气温度和计算排气温度的偏差，以及实际所耗功同计算功率的偏差。

多变压缩实际气体的指示功率为

$$W_{\text{pol}} = \frac{m}{m-1} p_1 V_1 \left[\left(\frac{p_2}{p_1}\right)^{\frac{m-1}{m}} - 1\right] \times \frac{Z_s + Z_d}{2Z_s} \tag{7-10}$$

式中：W_{pol}——每一理论工作循环的多变压缩功，N·m；

p_1——气体的压缩始点压力，Pa；

p_2——气体的压缩终点压力，Pa；

V_1——气体的压缩始点排气量，m³/min；

Z_s——气体的压缩始点状态下的压缩性系数。

Z_d——气体的压缩终点状态下的压缩性系数。

以上所计算的理论功率是指压缩机在理论循环中的功率，这种功率没有考

虑实际工作过程中所产生的各种阻力损失。但是理论功率的计算为压缩机实际功率计算提供了一个比较基准。

压缩机在设计时要求算出指示功率，为此先将实际指示图简化成类似理论指示图的形式，当已知气缸压力指示图和机器转速时，指示功率计算式为

$$N_i = \frac{1}{60} p_i A_p s n \tag{7-11}$$

式中：N_i——指示功率，W；

p_i——平均指示压力，Pa；

A_p——活塞面积，m²；

s——冲程，m；

n——转速，r/min。

对于理想气体，指标功率计算公式为

$$W_i = \frac{m}{m-1} p_1' \lambda_V V_h \left[\left(\frac{p_2'}{p_1'} \right)^{\frac{m-1}{m}} - 1 \right] \tag{7-12}$$

级间指示功率用 kW 表示时，计算公式为

$$N_i = \frac{\omega}{1000} W_i = \frac{\omega}{1000} \frac{m}{m-1} p_1' \lambda_V V_h \left[\left(\frac{p_2'}{p_1'} \right)^{\frac{m-1}{m}} - 1 \right] \tag{7-13}$$

式中：W_i——理想气体指标功率，W；

λ_V——容积系数；

V_h——气缸工作容积，双作用气缸应为两侧气缸工作容积之和，m³；

m——气体多变指数，低压级 $m = (0.95 - 0.99)k$，高压级可取 $m = k$；

ω——电动机转速，r/s；

p_1'——平均实际吸气压力，Pa；

p_2'——平均实际排气压力，Pa。

实际压缩比 $\varepsilon' = \dfrac{p_2'}{p_1'}$。

从以上推导可以得出，绝热循环功耗最大，等温循环功耗最小，多变循环介于两者之间。等温过程实际上是不存在的，但将其与实际压缩过程进行比较，可以判定实际过程的经济性。当任意级的进气温度由于冷却不完善而使该级进气温度升高时，会使该级功耗增加，第二级进气温度比第一级进气温度每增加3℃，会使第二级功耗增加约1%。因此，为了降低功耗应降低该级的进气温度，即要改善该级前的冷却。

以压缩机为多级冷却为例，冷却介质为水，其级间入口、出口温度见表7-1。

表 7-1　压缩机各级压缩入口、出口温度模拟

第 i 级压缩	入口温度	出口温度
1	50℃	120℃
2	30℃	75℃
3	45℃	100℃
4	45℃	75℃

通过以上分析得知，级间温度对压缩机效率影响较大，级间温度的控制直接和压缩机冷却效果相关，但是改善级间冷却时要注意：

（1）改善冷却不应增加冷却器的阻力，否则有可能得不偿失。冷却反映在后一级的收益，阻力反映在前一级的耗损，若前者大于后者，则对机器来说功耗有所降低；若后者大于前者，则功耗反而增加。

（2）对于现场的压缩机，在运行中如果冷却水温降低或水耗量增大，也能使中间冷却效果改善，但这将引起级间压力改变，对级间功耗影响较复杂。例如，一个两级压缩机组若运行中级间冷却改善，则级间压力降低，由此第一级压力比降低并功耗减少，第二级压力比提高并功耗增加。一般情况下，压力改变引起的功耗增加值要小于冷却改变引起的功耗降低值，故而机组的能耗还是会降低。

3. 进气压力和行程容积优化

往复式压缩机组的指示功是压缩机气缸在工作循环中压缩气体所消耗的总功量，用 W_j 表示，实际压缩过程的指示功计算公式如下：

$$W_j = p_s V_s \lambda_V \frac{m}{m-1} \left[\left(\frac{p_d}{p_s} \right)^{\frac{m-1}{m}} - 1 \right] \quad (7-14)$$

式中：p_s——气缸吸气压力，Pa；

p_d——气缸排气压力，Pa；

V_s——压缩机排气量，m³/s；

λ_V——容积系数，表示气缸工作容积利用率降低的程度，无量纲；

m——气体多变指数，无量纲。

由式（7-14）可知，压缩机的指示功正比于气缸吸气压力和排气量。这表明吸气压力越高，排气量越大，指示功越大。因此，减小吸气压力或者排气量，可减少压缩机指示功。而进气压力与集气管路特性、级间压缩比和进排气阀压力损失等相关，排气量的调节通过工况调节实现，具体分析见工况调节部分。

4. 合理配置冷却水温

压缩机组动力缸、压缩缸通过夹套冷却水进行冷却。动力缸水温过高将导致发动机功率下降，动力缸水温过低，将导致气缸内温度下降，燃烧速度减慢，润滑油变稠，摩擦功率增加，发动机有效功率下降。因此，发动机工作时，必须保持一定的冷却水温度。新投运机组在动力缸上方出水管路上安装一个温度调节器，可自动调节循环水温度。发动机冷却液温度由70℃提高到80℃，燃料气消耗率将降低3%～5%。某气矿通过对负荷率相同的部分压缩机组进行分析比较后发现，运行冷却水温最低为41℃，最高为72℃，同型机组燃料气消耗率相差11.2%，设备运行效率差距明显。以ZTY系列天然气压缩机组为例，动力缸、压缩缸理论冷却关系见表7-2。

表7-2 动力缸、压缩缸理论冷却关系表

序号	机组型号	动力缸 进水温度(℃)	动力缸 出水温度(℃)	动力缸 冷却水带走的热量(MJ/h)	动力缸 需要循环水量(m³/h)	压缩缸 进水温度(℃)	压缩缸 出水温度(℃)	压缩缸 冷却水带走的热量(MJ/h)	压缩缸 需要循环水量(m³/h)
1	ZTY85	74	82	242.83	7.01	63	71	48.57	1.39
2	ZTY170	74	82	482.74	13.93	63	71	96.30	2.78
3	ZTY265	74	82	759.46	21.80	63	71	152.00	4.36
4	ZTY310	74	82	888.40	25.50	63	71	178.00	5.10
5	ZTY470	74	82	1347.00	38.66	63	71	269.60	7.73
6	ZTY630	74	82	1805.00	51.85	63	71	361.00	10.36

从表7-2可以看出，通过调节冷却水温度，压缩机组的燃料气消耗率降低，最大降幅为4%。研究表明，随着冷却水温度的升高，压缩机组燃料气消耗率逐渐降低，到达一极值点后，随之上升。

因此，可通过节温器或调节动力缸及压缩缸进水管的截止阀来控制冷却水量，使冷却水温度稳定在最佳状态，改善发动机和冷却器热传递的效果，从而提高机组热效率，降低发动机的功率消耗，使增压站达到经济运行状态。

5. 混合气的分配

对于多个动力缸参与燃烧的过程，各缸内混合气分配的均匀性会直接影响燃料燃烧效率和燃料消耗率。因此，提高各缸内混合气分配的均匀性对于降低燃料消耗率，提高燃烧效率具有重要意义。

混合气进入发动机动力缸进行燃烧,由于混合气在各缸中难以分配均匀,不仅会对发动机产生不良影响,而且由于各缸不能用经济的混合气工作,造成发动机功率下降;反之增加燃料消耗率。为此,对于天然气压缩机组,可以通过调节燃料喷射阀的调节螺栓,改善各缸混合气的均匀性。

6. 转速调节

在转速较低时,燃料气和空气的混合效果较差,燃料消耗率较高,同时增加了爆燃倾向。转速提高后提高了活塞速度,增加了燃料气和空气的流速,加强了压缩过程中的挤压气流,促进燃料气与空气混合,同时提高转速也可以提高压缩终端温度,使混合气的燃烧准备加快,火焰传播速度提高,末端混合气焰前反应减弱,不易发生爆燃。

7. 负荷率

图 7-10 为 ZTY 系列天然气压缩机组燃料气消耗率曲线,在相同转速下,随着负荷率的下降,天然气压缩机组的燃料气消耗率上升,且上升幅度逐渐加快。因此,为促进压缩机组节能经济运行,应优先考虑提高压缩机组的负荷率。提高机组负荷率有很多方式,如改变压缩缸单双作用方式、调整余隙尺寸、调节进排气旁通方式等。前部分所述改缸技术也是提高机组负荷率的有效手段。

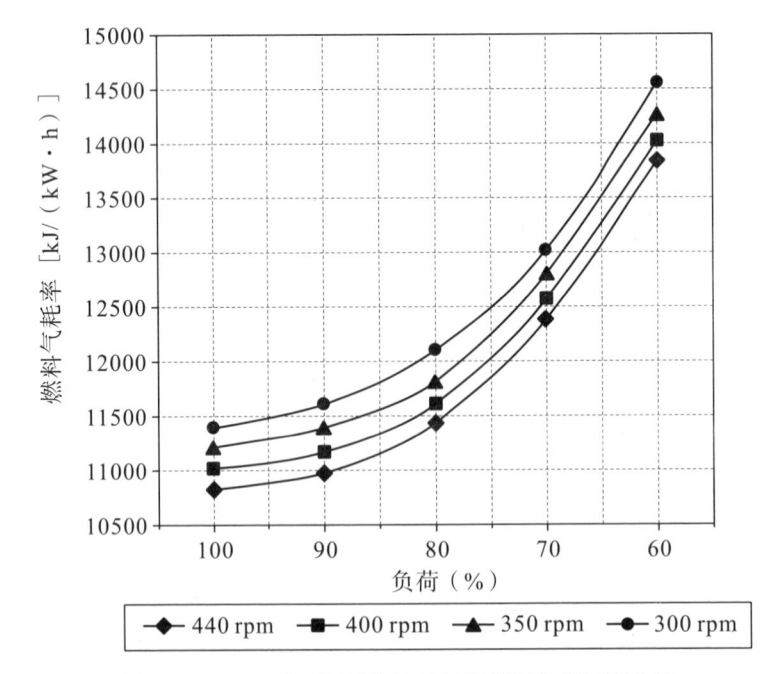

图 7-10 ZTY 系列天然气压缩机组燃料气消耗率曲线

8. 燃料气注入时间与点火提前角

(1) 燃料气注入时间。

对于两冲程天然气发动机，气缸内燃气注入时间处于空气进气结束与点火时刻之间，因此针对不同的转速、负荷和运行工况，调整最佳的注气时间，对于改善燃料气和空气的混合、提高燃烧效率、降低发动机能耗，具有重要意义。点火提前角是衡量点火时刻的依据，其含义是从发出电火花到外止点位置的曲轴转角，其对燃烧的及时性有很大的影响，其大小也随燃料的热值、转速、负荷而定。

由于燃料注入时间和点火提前角的配合与转速、负荷和运行工况有关。为此，需要在不同的转速、负荷和运行工况条件下选择最佳注气时间，通过调整注气时间与点火提前角，改善燃料区和空气的混合，提高燃烧效率，降低发动机能耗。

(2) 点火提前角。

在发动机工作循环中，点火时刻是用点火提前角来表示的。从点火时刻起到活塞到达压缩上止点这段时间内，曲轴转过的角度即为点火提前角，它对燃烧过程的有效性和发动机的工作有很大的影响。若点火提前角过小，将使混合气的燃烧过程在容积不断增大的膨胀过程中进行，炽热的气体与气缸壁的接触面积增加，导致散热损失增大。同时，燃烧释放的热量未得到充分利用，最高燃烧压力降低，气体的膨胀功减少，导致发动机过热，功率下降，耗气量增加。若点火提前角过大，压缩过程将消耗较多的能量，最高燃烧压力较高，可能出现爆燃和运转不平稳现象，同样导致发动机过热、功率下降。只有选择最适当的点火提前角，才能保证燃烧及时，发动机功率最大，热能利用最好。

根据压缩机厂家提供的最佳点火提前角参数（7°~11°），对增压站三、增压站四、增压站五、增压站六的燃气压缩机组进行了点火提前角调节的现场试验，结果见表7-3。

表7-3 点火提前角试验结果

序号	压缩机组编号	调节前 点火提前角（°）	调节前 燃料气消耗率 [Nm³/(kW·h)]	调节后 点火提前角（°）	调节后 燃料气消耗率 [Nm³/(kW·h)]	下降幅度（%）
1	ZTY310-2#	7	0.542	11	0.515	4.90
2	ZTY265-3#	9	0.591	11	0.582	1.50

续表

序号	压缩机组编号	调节前		调节后		下降幅度（%）
		点火提前角（°）	燃料气消耗率[Nm³/(kW·h)]	点火提前角（°）	燃料气消耗率[Nm³/(kW·h)]	
3	DPC360-3#	9	0.866	11	0.838	3.20
4	ZTY265-7#	9	0.740	11	0.726	2.00

从表7-3可以看出，在工况不变的条件下，点火提前角对燃料气消耗率有影响，具体表现为：随着点火提前角的增大（7°~11°，或9°~11°），燃料气消耗率下降，试验条件下降幅度最大为4.9%。该技术无需改造费用，经济效益和节能效益十分明显。点火提前角的调整方法和位置如图7-11所示。

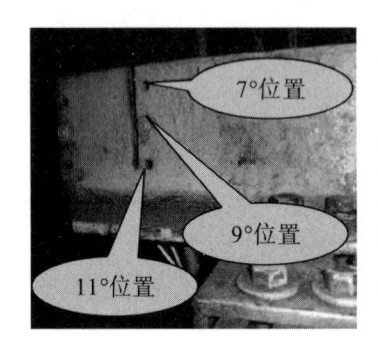

图7-11 点火提前角简易调整方法和位置

值得注意的是，最佳点火提前角并非定值，发动机在不同的转速、不同的负荷及不同的工况下，其最佳点火提前角也不相同。必须根据具体情况，及时对点火提前角进行相应调整。

9. 变频调速技术

采用变频调速技术可以使电驱压缩机组实现变速，通过改变电驱压缩机组的电动机转速来改变压缩机组的转速，达到节能的目的。通过调节转速的方法改变压缩机组性能曲线的位置，转速减小，性能曲线向左下方移动，如图7-12所示。

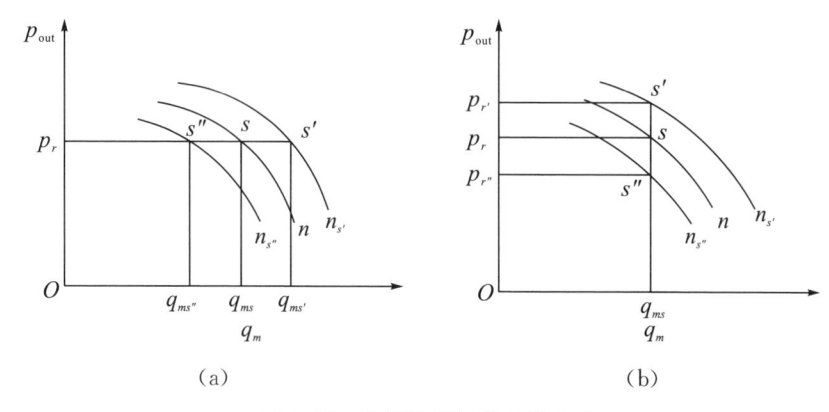

图7-12 变频调速技术性能曲线

图7-12（a）为用户要求压力 p_r 不变而流量增大到 $q_{ms'}$ 或减小为 $q_{ms''}$，调节转速到 $n_{s'}$ 或 $n_{s''}$，使性能曲线移动即可满足要求。图7-12（b）为用户要求流量不变而压力升高到 $p_{r'}$ 或降低为 $p_{r''}$，调节转速到 $n_{s'}$ 或 $n_{s''}$ 的情况。

应用变频调速技术，其压力和流量的变化都较大，且不引起气体附加损失，也不附加其他结构，因而它是一种经济简便的方法。

10. 气量调节

目前，在天然气开采中主要通过输气管网的调配、改变场站工艺、气缸余隙调节、单双作用调整、应用PLC等方法调节气量。下面对几种方法进行简要介绍。

（1）输气管网的调配。

对输气管网的调配可以调整压缩机组的处理量，提高增压机的负荷率，提高机组效率。输气管网的调配需要对整个增压站的供气管网或者整个或部分气藏的气量进行分析，调整增压机组的处理气量。

（2）改变场站工艺。

改变场站工艺是通过场站工艺改造，调整场站机组的单机处理量，实现气量调节，提高增压机的负荷率。

（3）气缸余隙调节。

改变压缩机气缸中的有效余隙容积，可以改变压缩腔室中吸入的气体量，在新鲜气体从进气阀进入压缩腔室之前，在余隙中的残留膨胀至进口压力，当余隙容积足够大时，压缩机压缩腔的最小排气量可降至零。气缸余隙调节法的缺点是初始投资大，而且当余隙调节装置布置在气缸的曲轴侧时，存在空间分布困难。一定工作容积的气缸，余隙容积不同时排气量也不一样，因而可利用外接一个容积的方法改变气缸余隙，从而改变压缩机组实际排气量，这称为连通补助余隙容积调节方法。补助余隙容积的大小可以是固定不变的，也可以是可变的；补助余隙容积与气缸的连通时间可以是全行程连通，也可以是部分行程连通。这样就形成多种连通补助余隙容积的调节方式，从而实现间断、分级或连续的容积流量调节。

（4）单双作用调整。

在实际生产中，压缩机组的设计排气量不一定完全满足工艺生产的要求，特别是某种因素导致压缩机组不能投入全负荷运转时，经常出现实际需求量小于设计排气量的现象。通常在入口压力、入口温度不变的前提下，采用出入口连通线及节流阀，使气体再返回入口，从而降低排气量，以满足工艺生产的要求。这种方法虽简单易行、操作方便，但功率消耗大，且只是名义上降低了排气量，实质却是过剩气体在压缩机组出入口之间进行无意义的循环，造成严重的能量浪费，极不经济。为满足工艺生产要求和节约能量，可进行单双作用的调整，当实际需气量小于或等于设计排气量的二分之一时，将压缩机气缸的双作用改为单作用，以满足实际工况和节能要求；反之将压缩机气缸的单作用改为双作用，达到改变排气量的目的。

（5）应用 PLC。

可编程逻辑控制器（programmable logic controller，PLC）从广义上说也是一种计算机系统，只不过它具有比计算机系统更强的与工业设备相连接的接口，具有更适用于控制要求的编程语言。PLC 的应用场合主要有开关量逻辑控制、闭环过程控制、通信及联网、数据处理和控制变频器。

应用 PLC 的往复压缩机组控制系统，一般包括如下几方面内容：

①数据采集及处理。需采集的数据包括压缩机组转速、扭矩，压力（各级吸气压力、排气压力等），流量（塔顶气流量、压缩机组进口流量、出口流量、气阀排出流量）。

②性能参数的屏幕显示。显示内容主要包括压力参数、流量参数、控制参数、压力变化趋势、流量变化趋势、控制参数变化趋势及流程图等。

③进出口流量、压力的自动调节。偏离预先设定期望值时，测控系统发出调整信号，控制相应的执行机构进行自动调节。测控系统根据编制的工艺流程和规定的操作程序，对机器设备执行一定的顺序控制或程序控制，如实现压缩机组的程序启动与停车、自动卸载以及通过与机组性能模拟参数的比较，不断调整工况参数，使机组保持在最佳工况点运行等。

7.2.2 节能技术改造

7.2.2.1 技术特点

节能技术改造包括压缩端和动力端的调整，也包括辅助系统的改造，如此，才能真正实现节能改造和节能监测的相辅相成。

7.2.2.2 技术原理

1. 气缸改造

随着各气田陆续进入中后期开发，产气量受输气压力和用户用气情况的影响会随时发生变化，压缩机组的运行工况逐渐偏离设计工况，导致部分压缩机组的负荷降低。这不仅会增大设备的机械磨损，增加维修保养费用，而且会使单台机组的燃料气消耗大幅度增加。最直接有效的方式是更换一台能满足生产现状的压缩机组，但投资太高，并不适用。对此，可通过改变压缩缸径，增大单台机组处理能力，提高机组运行效率，在进排气压力一定的情况下，加大压缩机组的处理气量。

2. 气阀改造

气阀是压缩机的核心部件，其质量和性能影响着压缩机组的运行和耗能，直接关系到生产系统的正常生产秩序。气阀的寿命短是石油、石化企业经常遇到的制约生产的技术难题。解决好这一难题，对于石油化工等领域的大型压缩机而言意义重大。根据集气工艺的特点，工艺用压缩机气阀对耗能的影响主要有两个方面：一个是气阀的阻力损失对功率的影响，另一个是由于气阀的使用寿命过低、安全运行周期过短造成的经常故障停车带来的对生产系统的损失和人工、物料、备件的损耗。后者尤为重要。

运行实践证明，气阀使用寿命过短，往往是阀片的运动规律不合理造成的。根据实际损坏气阀的拆检发现，破坏形式主要是阀片、阀簧断裂。其中阀片几乎都是径向断裂的。从断口和裂纹的情况分析，阀片的断裂是频繁撞击造成的。这说明气阀弹簧力不合理，过大、过小都会影响阀片的运动规律，直接影响了气阀的使用寿命和能量损失。因此，保持适中的气阀弹簧力是提高气阀使用寿命和减少能量损失的关键。图7-13是根据某压缩机高压级排气阀实际运行工况模拟的阀片运动规律曲线。

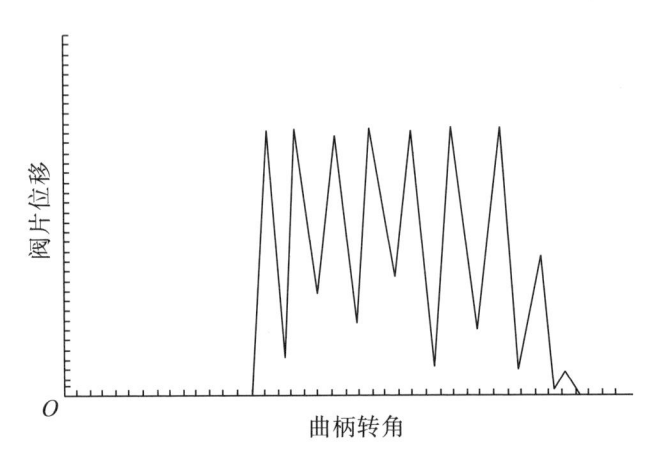

图 7-13 某压缩机高压级排气阀实际运行工况的阀片运动规律曲线

从实际运行工况模拟的阀片运动规律可以看出，阀片发生了"颤振"现象。气阀的实际使用寿命仅能达到 800~900 h，可明显地判断出在该工况下气阀弹簧力过大，导致阀片的撞击频率和次数数倍增加。原因主要如下：

（1）工艺用压缩机的实际运行工况一般都比较复杂，往往受化工流程的变化影响而产生波动，当不稳定工况长期偏离额定压力较大时，必然会造成阀片的运动规律改变，导致阀片延迟关闭或发生"颤振"。

（2）该工艺用压缩机的运行工况长期低于设计工况，气阀的弹簧力过大，阀片的运动发生了"颤振"，撞击频率、次数增加，损失增加，寿命下降。

结合工艺流程实际，针对气阀损坏的原因，气阀弹簧力是影响气阀寿命、流动阻力损失的重要参数。因此，改进的重点一定要根据该工艺用压缩机长期实际运行的工况，优化气阀结构参数，重新确定气阀的弹簧力，使阀片有良好的运动规律，以保证气阀有足够的使用寿命，尽可能延长压缩机的稳定运行时间，进而实现节能降耗、安全生产的目标。

对上述高压级的排气阀，结合实际运行工况修改原结构参数，对气阀的弹簧力做重新调整，使气阀的功率损失减少，阀片运动规律趋于合理，使用寿命可以提高 2~3 倍。图 7-14 为改进后该高压级排气阀阀片的运动规律。

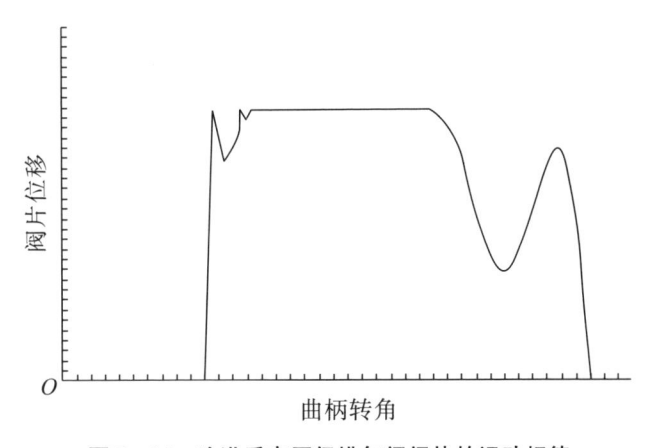

图 7-14 改进后高压级排气阀阀片的运动规律

3. 冷却系统改造

天然气压缩机组冷却系统有水冷式和风冷式两种，水冷式压缩机组是利用冷却水的循环流动导走压缩过程中的热量，风冷式压缩机组是利用自身风力通过散热片导走压缩过程中的热量。

水冷式压缩机组冷却系统主要受冷却介质和冷却液工作温度影响，而且冷却液工作温度要控制在一定范围内才能起到有效冷却和节能降耗的作用，就像汽车冷却系统正常工作温度都是在 90℃ 左右一样。

天然气压缩机组系统的水消耗主要是水冷式压缩机组的冷却水消耗。由于防冻剂价格较高、消耗量较大，所以目前天然气压缩机组基本都是使用纯净水或软化水作为冷却介质，在冷却过程中水也会不断消耗。对于水冷式压缩机组发动机，气动力缸在正常负荷工况条件下的冷却液温度应控制在 80℃～85℃ 为佳。有研究表明，水冷式压缩机组发动机冷却液温度由 70℃ 提高到 80℃，燃料的消耗率将降低 3%～5%。水冷式压缩机组冷却水采用的是纯净水或软化水，除了正常消耗外，还要杜绝冷却水的跑冒滴漏，控制冷却水的温度，提高冷却效率，有条件的情况下可更换冷却液（如乙二醇等），以有效降低燃料消耗率。水冷式压缩机组动力缸、压缩缸通过夹套冷却水进行冷却。动力缸水温过高会导致发动机有效功率下降；动力缸水温过低会导致气缸内温度下降，进而导致燃烧速度减慢、润滑油变稠、摩擦功率增加，发动机有效功率下降。因此，发动机工作时，必须保持一定的冷却水温度。在新投运机组动力缸上方出水管路上安装一个温度调节器，可自动调节循环水温度。此外，还可通过调节动力缸及压缩缸进水管的截止阀来控制冷却水量，使冷却水温度控制在最佳状态。

由于在正常运行状态时，各压缩机组动力缸及压缩缸进水管的截止阀处于全开状态，半关闭截止阀将使循环水量减少，冷却水出水温度上升。为防止冷却水温度超高，确定选择冷却水温度较低的压缩机组进行试验。对卧北、黄草峡、张家场的压缩机组的现场试验得到以下结论：

（1）通过调节冷却水温度，单台机组可节约燃料气 24~56 m²，节约量达到 4%。

（2）随着冷却水温度的升高，增压机组燃料气消耗量降低。当达到燃料气消耗最低极限点后，随着冷却水温度的升高，燃料气消耗量增加。试验表明，冷却水温度一般控制在 68℃~72℃。

（3）可通过节温器或调节动力缸及压缩缸进水管的截止阀来控制冷却水量，使冷却水温度控制在最佳状态，改善发动机和冷却器热传递的效果，从而提高机组热效率，降低发动机的功率消耗。

工艺用压缩机组多属于大中型、高压、多级的水冷式压缩机组。冷却系统多数采用气缸夹套水冷和级间冷却器并联或混联的结构。冷却系统的效果直接影响着功耗和排气温度。根据理论分析，级间冷却效果下降会直接影响下一级的功耗：温度每增加 3℃，下一级的功耗约增加 1%。气缸冷却主要是为了降低压缩过程指数，起到省功和降低压缩气体终了温度的作用，并使气缸有较均匀的温度场。为此，运行中调整冷却水流量及控制冷却水温度，使其有较好的冷却效果，可以达到省功的目的。

对于集气压缩机组，还应注意到冷却水流量并非越大越好。过大的冷却水流量会导致气缸镜面上润滑油的温度过低，影响润滑油的性能，增加摩擦功率，增加比功率。

针对水垢及水质中化学物质的含量情况，可使用以碳酸钠、磷酸钠、氢氧化钠配成的复合去垢剂来提高水质。同时，定期清理冷却循环水过滤装置，去掉各种水垢沉淀物，防止水垢再次进入压缩机组内。

4. 消声器改造

对于安装在发动机废气排放口的消声器，其背压值对燃料消耗有直接影响。对消声器进行改造，调整其背压值达到燃料消耗的最佳值，可以降低燃料气的消耗。例如，使用新型环保节能消声器，不但可降低制造成本，而且可使单位功能耗降低 10%。

5. 润滑系统改造

将润滑油应用于机械，可以减少机械摩擦，保护机械及加工件运动部件，起润滑、冷却、防锈、清洁、密封和缓冲等作用。因此必须保证摩擦表面有足够的润滑油。润滑油在使用过程中会因机械摩擦产生少量消耗。除正常消耗外，以下三方面原因会造成润滑油过度消耗：一是机械结构不合理；二是所使用的润滑油质量低劣，不符合要求；三是使用维护不当。机械结构不合理如气缸失圆，造成活塞与气缸接触不良，径向间隙变大，润滑油容易进入燃烧室燃烧形成积炭；管理维护不当如过多或过少的润滑油注入量，会造成润滑油的非正常消耗。为避免润滑油的过度消耗，应该对失圆气缸进行搪磨，使用检测合格的油品，注入适量润滑油，定期检查润滑油是否有跑冒滴漏。

（1）注油单泵注油量优化调整措施。

目前，气田开采通常采用两种方式对动力缸、压缩缸及填料注油，一是点对点注油方式；二是注油单泵先将润滑油传送至分配器，然后通过分配器里面的活塞运动将润滑油传递给每个注油点。

现场试验结果显示，动力缸注油量可根据机组负荷进行适当调整，对于负荷低于60%的机组，正常运行时可将注油量调整至3.5滴/冲程；负荷高于60%的机组，注油量可按厂家说明调整至5.2~6.5滴/冲程。压缩缸注油量应根据机组缸径进行调整，压缩缸缸径低于7英寸的可按3滴/冲程来考虑。活塞杆盘根应根据活塞杆直径、排气压力进行调整，可按2滴/冲程来考虑。

（2）曲轴箱换油时间优化调整措施。

各压缩机组可根据不同气质、不同负荷适当调整润滑油的使用时间。

6. 电力系统改造

天然气压缩机组系统的电力消耗主要来自降噪厂房内的轴流风机，若是风冷式压缩机组，则风冷机电力消耗量居多，以及相对很少量的仪器仪表耗电。风冷式压缩机组的风冷机主要是冷却压缩机和发动机，降噪厂房的轴流风机的作用主要是为厂房降温，可通过合理控制风机的运转时间和风机的安装使用数量有效降低电力消耗。

对于风冷式压缩机组，在有预留轴的情况下可考虑使用预留轴带动风冷机运转，可大幅减少电力消耗。对于降噪厂房降温的轴流风机，可考虑增加或改造温度检测仪、可燃气体检测仪、H_2S检测仪，并改造控制系统，仅在温度或气体超标时风机才开始运转，降低不必要的风机电力消耗。

7. 密封系统改造

活塞环不仅是活塞压缩机的主要密封件，也是重要的运动摩擦件，还是关键的易损件之一。它的寿命和性能关系到生产系统的产量和效益，影响着系统的生产秩序。为此，提高活塞环的使用寿命，改善活塞环的摩擦特性，对工艺用压缩机组尤为重要。因此，合理确定活塞环材质和改善润滑对提高活塞环寿命、减少摩擦功率定会起到一定的作用。

7.2.3 电动机的节能技术

7.2.3.1 技术特点

电动机是电驱式压缩机组的动力源，同时也是能耗比较重要的影响因素。对于电动机，可采用变频调速进行改造，节约电能，且其负荷（流量）调节方便、灵活。

7.2.3.2 技术原理

1. 合理选用电动机类型

（1）选用节能型电动机。Y 系列电动机的优点是效率高、节能、起动性能好。

（2）合理选用电动机类型。选用电动机类型，除了要满足拖动功能，还应考虑经济运行性能。对于年运行时间大于 3000 h、负载率大于 50% 的电动机，应选择 YX 系列高效率三相异步电动机。与 Y 系列电动机相比，YX 系列电动机的效率平均提高 3%，损耗降低 20%~30%；虽然购置成本高于 Y 系列电动机，但从长期运行看，经济性还是明显的。

（3）合理选用电动机的额定容量。在能量转换的过程中，电动机不可避免地存在一定损耗，如与负载电流大小基本无关的铁耗、机械损耗等（称为空载损耗或固定损耗），与负载电流大小有关的定子、转子铜耗及杂散损耗等（称为负载损耗或可变损耗）。通常，电动机并非处于额定状态运行，将电动机的实际输出功率 P_2 与额定输出功率 P_N 的比值称为负载率 K，即：

$$K = \frac{P_2}{P_N} \times \sqrt{\frac{I_1^2 - I_0^2}{I_N^2 - I_0^2}} \quad (7-15)$$

式中：I_N——电动机额定电流，A；

I_0——电动机空载电流，A；

I_1——电动机负载电流，A。

电动机的效率是随负载状况而变化的，当电动机的固定损耗等于可变损耗时，电动机的效率出现最大值，此时对应的负载率称为最佳负载率。最佳负载率 K_j 的计算公式为

$$K_j = \sqrt{\frac{P_0}{(1/\eta_N - 1)P_N - P_0}} \quad (7-16)$$

式中：P_0——电动机空载功率，kW；
　　　η_N——电动机额定效率，%。

通常情况下，当电动机的实际负载率 $K>70\%$ 时，其功率因数和效率较高，所以，电动机最佳运行状态为 $70\%\leqslant K\leqslant 100\%$；当电动机的实际负载率 $K<40\%$ 时，其功率因数和效率较低，必须调换小容量电动机，使电动机在接近最佳负载率下运行；当电动机的实际负载率 K 为 $40\%\sim 70\%$ 时，则需要经过技术经济比较后再决定是否需要更换电动机。图 7-15 是广泛应用的 Y 系列（IP44）三相异步电动机的效率曲线实例。

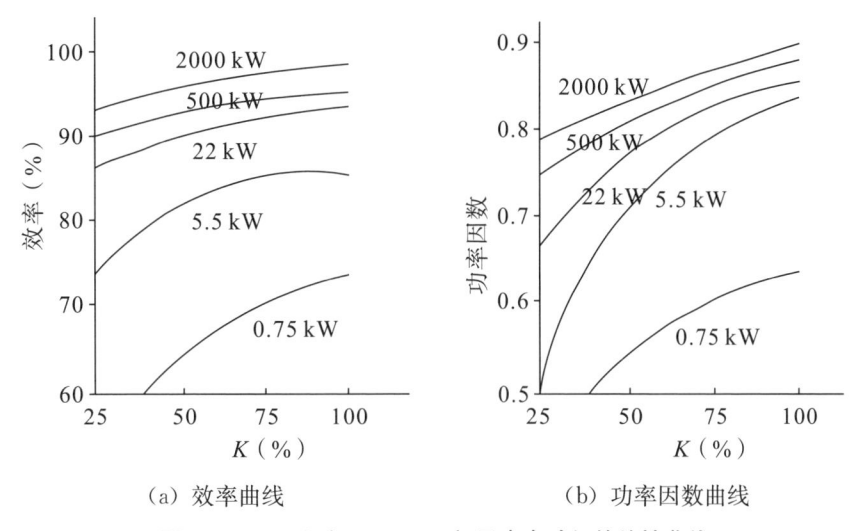

(a) 效率曲线　　　　　(b) 功率因数曲线

图 7-15　Y 系列（IP44）三相异步电动机的特性曲线

通常情况下，电动机负载越小，效率越低。随电动机负载的增加，电动机的效率可以得到改善。从图 7-15（a）可看出，电动机负载率越低，效率也越低，特别是小容量电动机，当负载率低于 40% 时，其效率将显著下降。

2. 合理选择电动机启动装置

低压鼠笼大中型电动机可用软起动器启动，即采用大功率晶闸管模块作为主回路的开关元件，通过控制它的导通角来实现软特性的电压爬升。软起动器具有对电网无过大冲击、对机械传动系统齿轮及联轴器震动小、启动转矩平滑稳定等优点。启动电流在 2.5~3.5 倍额定电流范围内可调，启动时间也可调。

高压鼠笼型电动机的启动方式多选用电抗器、自耦变压器等，但这些设备很难获得理想的起动参数。热变阻器软启动装置能较好地满足起动要求。热变阻器由具有负温度系数的电阻材料制成，当电动机启动，电阻体通过启动电流时，其温度升高，阻值随之减小，从而使电动机端电压逐步升高，启动转矩逐步增加，以实现电动机的平稳运动。启动转矩根据电动机参数和负载要求配制适当的启动电阻值以获得最佳起动参数，即在较小的启动电流下，获得足够大的启动转矩。这样不仅有节能效果，而且可延长电动机的使用寿命，减少对机械设备的冲击。

传统的大型绕线型电动机大多采用频繁变阻器启动，不但耗能，而且故障率高。目前较为先进的方式是采用液体变阻启动器，它利用两极间的液体电阻，通过机械传动装置使极板的距离逐步接近直至接触，使串入转子回路的电阻无级变小最后为零，实现电动机平滑启动。其特点是启动电流小，对电网无冲击，热容量大，可连续启动 5~10 次，维护方便，使用可靠。

传统的中小型绕线型电动机主要采用频敏变阻器和油浸变阻器启动，故障率高、维修量大，经常影响设备的正常运转。无刷无环启动器较好地解决了上述问题，它是一种起动平滑，不改变运行特性且不受粉尘干扰的启动设备，其一次起动电流限制在 3~41 A 之间，适合于 11~600 kW 的高低压绕线型电动机。该启动器是利用频敏变阻器的原理，利用铁磁性材料的频感特性研制的，安装在电动机转轴原来装集电环的位置，与转子同步旋转，省去了辅助启动装置。

3. 合理选用电动机无功补偿方法

在电力传动中，异步电动机（以下简称电动机）以其本身固有的优点得到广泛应用。从电动机的设计和制造方面考虑，其一般在额定负载时效率和功率因数最高（最高功率因数为 0.85）。实际运行时，电动机往往不在额定负载下工作，其功率因数降低，能量损耗增大。因此，在电动机拖动系统中加装功率因数控制器对节能而言有重要意义。

无功补偿给用电户带来的直接经济效益是可以减少电费支出。一方面，由于提高功率因数 $\cos \varphi$，不但可以避免因功率因数 $\cos \varphi$ 过低而受罚，而且可以受到供电部门按功率因数调整电费的奖励；另一方面，提高功率因数 $\cos \varphi$ 可降低电网传输和分配无功功率造成的有功功率损耗，因而可以少支付相应的电费。

因此对异步电动机采用无功功率补偿，以提高功率因数、节约电能、减少运行费用、提高电能质量，既符合节约能源的国策，又可给增压带来经济效益，具有很好的应用前景。

4. 合理选择电动机的调速方式

根据增压站工作的特殊性，采用变频电动机可以有效降低能耗，节约能源。变频调速器主要优点是结构简单、稳定可靠、调速精度高、启动转矩大、调速范围广、节能显著，特别适合长期以低转速运转和工作环境恶劣的设备或多台电动机共用一套变频电源以及多台电动机需要精确调速运转等场合。对于一些调速精度要求不高，调速范围不宽，并且不频繁调速的绕线型电动机，可采用液力耦合器调速，该方式更经济可靠、实用，且维护简单。

7.2.4 其他节能技术

7.2.4.1 烟气余热回收技术

燃气发动机的烟气带走了约30%燃料燃烧产生的燃烧热，是压缩机组能量损失的重要部分。压缩机组的烟气余热回收技术主要包括热能直接回收、吸收式制冷、有机朗肯循环等方式。

7.2.4.2 提高中间冷却器的换热性能

分析往复式压缩机组的压缩过程理论可知，提高中间冷却器的换热性能，降低各级气缸的进气温度，使得每级压缩接近于等温压缩，可实现压缩机组功率的降低，对于压缩机组节能较为关键。

7.2.4.3 化学除垢

在检修压缩机组时往往会发现，部分压缩机组的中间冷却器及后冷却器存在水垢，严重时部分冷却器管芯完全堵塞，失去换热功能，致使二级进气温度偏高，影响压缩机效率。可对中间冷却器、后冷却器和一级、二级气缸水道进行化学清洗，不仅可避免强力机械除垢不完全造成气体与管束换热不均，以及可能对管束造成破坏的问题，同时也可减轻检修工人的劳动强度。

7.2.4.4 降低流动阻力

在满足工艺需要的情况下，尽可能减少系统气路的流动阻力。如吸气管路要直、短，尽量少装弯头和阀门，减少管道沿程损失和局部压力损失，降低滤清器阻力，降低功耗。另外，可通过改造局部管网，匹配最佳管径，得到最佳的流动速度，减少管道阻力损失。阀门闭合和全开启时功率损失小，节流50%~70%时阀门功率损失最大，因此要尽可能让大多数阀门（尤其是流量大的阀门）全开，而让少量阀门作为裕量调节。

7.2.4.5 减小设备内外泄漏

压缩机各密封部件的内外泄漏和气阀阀片的启闭不及时，都会导致压力损失，因此要强化压缩机组的维护保养。在设备检修中，要严格按照各零件的安装顺序、技术数据进行安装，使进排气阀、活塞环和填料函等处的内外泄漏减小到最低限度，降低能耗，提高设备工作效率。

7.3 压缩机组技措节能量核算方法

7.3.1 计算方法

针对节能节水技术措施项目评估，压缩机组技措节能量主要有如下四种计算方法。

7.3.1.1 单耗法

单耗法指通过比较系统、装置或设备报告期与基期的单位产品综合能耗变化，计算节能量的方法。计算如式（7—17）：

$$\Delta E = \sum_{i=1}^{n} r_i M_r \left(\frac{e_{ri}}{M_r} - \frac{e_{bi}}{M_b} \right) \quad (7-17)$$

式中：ΔE——技术措施节能量，tce；

e_{ri}——报告期消耗的第 i 种能源实物量，10^4 m^3；

e_{bi}——基期消耗的第 i 种能源实物量，10^4 m^3；

M_r——报告期产品产量，10^4 m^3；

M_b——基期产品产量，10^4 m^3；

r_i——第 i 种能源折标准煤系数；

n——消耗能源的种类数。

该方法适用于产品产量变化较小、生产品种单一的技措项目，如气井产量递减过快、处理量变化较大的技术措施不宜用此方法。

7.3.1.2 效率法

效率法指通过比较系统、装置或设备报告期与基期的效率变化，计算节能量的方法。计算如式（7—18）：

$$\Delta E = \sum_{i=1}^{n} r_i e_{ri} \left(1 - \frac{\eta_r}{\eta_b} \right) \quad (7-18)$$

式中：η_r——报告期平均效率值；

η_b——基期平均效率值。

该方法适用于负荷输出恒定且便于测算的技措项目。例如，在管道内涂刷了超光滑涂层的机泵运行效率提高，增压机组改造后效率提高。

7.3.1.3 比较法

比较法指通过比较系统、装置或设备报告期与基期的综合能耗量、废弃能源资源回收利用量变化，计算节能量的方法。计算如式（7－19）：

$$\Delta E = \sum_{i=1}^{n} r_i (e_{ri} - e_{bi}) \qquad (7-19)$$

该方法适用于节能效果不受产品产量、设备或系统效率影响的技术措施，或产品产量、效率变化较大的技措，能源回收利用等技措项目，如井站优化简化、供能供水管网大修。

综上所述，上述三种计算方法适用于压缩机适应性改造，可用于压缩机技措节能量的计算。现有规范标准中推荐上述三种方法用于压缩机技措节能量计算，但可能产生不同评估项目评估计算方法不同或相同评估项目评估计算方法不同，计算边界不统一等问题。

7.3.1.4 基期能耗-影响因素模型法

基期能耗-影响因素模型法采用的是《国际节能效果测量和认证规程》（IPMVP）中节能量审核的方法及思路，通过分析能耗与影响因素之间的关系，建立数学模型，从而使能耗可通过影响因素表示。模型法实质为以改造前的能耗数据及外界条件数据为基础，建立基期能耗-影响因素回归模型，通过基期能耗-影响因素回归模型预测该项目在改造后的外界条件下，未实施节能改造时的能耗，并以此作为调整后的基期能耗，通过对比项目改造后的实际能耗与调整后的基期能耗，从而得出节能量。

基期能耗-影响因素模型法应用统计学的原理，利用统计数据将能耗与影响能耗的相关因素建立关系式，通过对数学模型拟合度的评价，来评价数学模型对实际情况的反映程度。采用此方法，不仅可以使节能量的计算更加准确，而且科学性也更强。基期能耗-影响因素模型法适用范围较广，不仅考虑了项目的实际用能情况，还考虑了外部影响的变化对能耗的影响，适合于计算复杂系统改造的节能量。但是为了保证模型的精度，需要的数据量较大，因此可能增加测量成本。

模型的建立：通过回归分析等方法建立基期能耗与其影响因素的相关性模型，所建模型应具有良好的相关性。

$$E_b = f(x_1, x_2, \cdots, x_i) \tag{7-20}$$

式中：E_b——基期能耗，10^4 m³；

x_i——基期能耗影响因素的值。

常见的重要影响因素包括自然因素（如室内外气温）和运行因素（如产量、开工率、客房占用率）等。

$$E_a = f(x_1', x_2', \cdots, x_i') + A_m \tag{7-21}$$

式中：E_a——校准能耗，10^4 m³；

A_m——校准能耗调整值；

x_i'——能耗影响因素在报告期的值（测量全部影响因素；测量部分影响因素，其他影响因素进行约定）。

仅当原本假定不变的影响因素（如设施规模、设备的设计条件、开工率等）发生影响报告期能耗的重大偶然性变化时，可通过合理设定 A_m 值得到校准能耗。设定 A_m 值时用到的影响因素应与式（7-21）中用到的影响因素相互独立（A_m 通常为 0）。

7.3.2 计算过程

节能量与各种能耗的关系如图 7-16 所示。

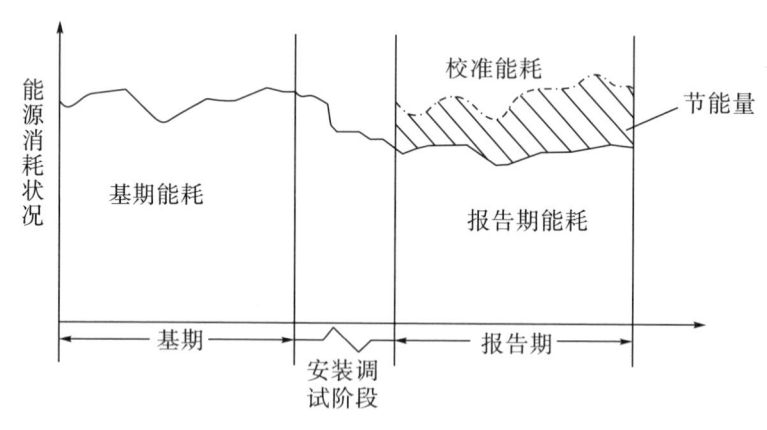

图 7-16 节能量与各种能耗的关系

节能量按如下公式计算：

$$\Delta E = E_r - E_a \tag{7-22}$$

式中：ΔE——节能量，10^4 m³；

E_r——报告期能耗，10^4 m³；
E_a——校准能耗，10^4 m³。

7.3.2.1 节约实物量计算

1. 直接比较法计算节约天然气实物量

能耗直接比较法一般针对节能量较大的节能改造项目。一般来说，当采用节能改造完成后一年的数据进行节能效果分析时，节能量应该比基期的能耗高10%以上才适合。如果节能改造项目的节能效果有限，节能量于总能耗的比重不高，采用此方法确定的项目节能量会偏高或偏低，甚至出现不节能的情况。

对于增压机组节能技措改造项目，如果只减少了燃料气消耗，对气井生产不会造成不利影响，因此采用直接比较法计算节能量。技措改造对象为增压站增压机组，对燃料气消耗量产生了影响，故能耗计算边界为增压机组的燃料气消耗量。首先统计基期和报告期每个月的燃料气消耗量，每个月节能量（节约燃料气消耗量）为改造后与改造前的燃料气消耗量差值。直接比较法计算节约天然气实物量公式如下：

$$E_i = M_{ri} - M_{bi} \tag{7-23}$$

式中：E_i——天然气第 i 月节约实物量，10^4 m³；
M_{ri}——报告期第 i 月的处理气量，10^4 m³；
M_{bi}——基期第 i 月的处理气量，10^4 m³。

$$E_s = \sum_i E_i \tag{7-24}$$

式中：E_s——年节约天然气实物量，10^4 m³。

2. 单耗法计算节约天然气实物量

单耗法通过报告期、基期单位产品综合能耗的差值与报告期产品产量的乘积计算得到节能量。该方法适用于缺乏能耗和相关自变量数据，无法通过建立数学模型计算校准基期能耗，在选定的基期和报告期生产比较稳定、产品产量变化不大的情况；并且项目对节能量的精度要求不高。

采用技术措施后节约了能源消耗量，同时增压机组的处理量降低，故确定以同期单耗法计算节能量。技措改造对象为整个场站，因此计算中产品产量应为整个场站的产品产量，即"处理气量"，能耗计算边界为所有机组的耗气量。单耗法计算节约天然气实物量公式如下：

$$E_i = M_{ri} \sum \left(\frac{e_{ri}}{M_{ri}} - \frac{e_{bi}}{M_{bi}} \right) \tag{7-25}$$

式中：E_i——天然气第 i 月节约实物量，10^4 m³；

e_{ri}——报告期第 i 月的压缩机组耗气量，10^4 m³；

e_{bi}——基期第 i 月的压缩机组耗气量，10^4 m³；

M_{ri}——报告期第 i 月的压缩机组处理气量，10^4 m³；

M_{bi}——基期第 i 月的压缩机组处理气量，10^4 m³。

$$E_s = \sum_i E_i \tag{7-26}$$

式中：E_s——年节约天然气实物量，10^4 m³。

3. 效率法计算节约天然气实物量

效率法基于压缩机组发动机在报告期与基期的效率变化计算节能量，适用于负荷输出恒定且便于测算的技措项目。但因其计算复杂，常常不被用于现场节能量计算。效率法计算节约天然气实物量公式如下：

$$E_{sn} = re_{rn}\left(1 - \frac{\eta_{bn}}{\eta_{bn}}\right) \tag{7-27}$$

式中：E_{sn}——第 n 月技术措施节能量，tce；

e_{rn}——报告期第 n 月消耗的燃料气，10^4 m³；

η_{rn}、η_{bn}——报告期第 n 月、基期第 n 月的压缩机组效率；

r——能源折标准煤系数。

报告期第 n 月、基期第 n 月的机组效率计算公式如下：

$$\eta_{rn} = \frac{M_{rn}\rho_a S_G R'}{e_{rn} Q_{\text{net,var}}} \sum_i Z_{\text{in}rin} T_{\text{in}rin} m_{\text{r}in} \left[\left(\frac{p_{\text{out}rin}}{p_{\text{in}rin}}\right)^{\frac{m_{\text{r}in}-1}{m_{\text{r}in}}} - 1\right] \tag{7-28}$$

$$\eta_{bn} = \frac{M_{bn}\rho_a S_G R'}{e_{bn} Q_{\text{net,var}}} \sum_i Z_{\text{in}bin} T_{\text{in}bin} m_{\text{b}in} \left[\left(\frac{p_{\text{out}bin}}{p_{\text{in}bin}}\right)^{\frac{m_{\text{b}in}-1}{m_{\text{b}in}}} - 1\right] \tag{7-29}$$

式中：ρ_a——标态下的空气密度（20℃），ρ_a=1.2 kg/m³；

S_G——天然气的相对密度；

$Q_{\text{net,var}}$——天然气的低位发热值，MJ/m³；

R'——天然气气体常数，J/(mol·K)；

i——压缩机级数；

M_{rn}——报告期第 n 月的压缩机组处理天然气量，m³/h；

M_{bn}——基期第 n 月的压缩机组处理天然气量，m³/h；

e_{rn}——报告期第 n 月的压缩机组耗气量，m³/h；

e_{bn}——基期第 n 月的压缩机组耗气量，m³/h；

$Z_{\text{in}rin}$——报告期第 n 月第 i 级压缩机进口压缩因子；

$Z_{\text{in}bin}$——基期第 n 月第 i 级压缩机进口压缩因子；

T_{inrin}——报告期第 n 月第 i 级压缩机进口温度，K；
T_{inbin}——基期第 n 月第 i 级压缩机进口温度，K；
P_{outrin}——报告期第 n 月第 i 级压缩机出口压力，MPa；
P_{outbin}——基期第 n 月第 i 级压缩机出口压力，MPa；
P_{inrin}——报告期第 n 月第 i 级压缩机进口压力，MPa；
P_{inbin}——基期第 n 月第 i 级压缩机进口压力，MPa；
m_{rin}——报告期第 n 月第 i 级压缩机气体多变指数；
m_{bin}——基期第 n 月第 i 级压缩机气体多变指数。

m_{rin}、m_{bin} 的计算公式如式（7-30）：

$$m_i = \frac{\ln\left(\dfrac{T_{outi}}{T_{ini}}\right)}{\ln\left(\dfrac{T_{outi}}{T_{ini}}\right)\varepsilon_i - \ln\left(\dfrac{Z_{outi}}{Z_{ini}}\dfrac{T_{outi}}{T_{ini}}\right)} \quad (7-30)$$

式中：Z_{outi}——第 i 级压缩机出口压缩因子；
Z_{ini}——第 i 级压缩机进口压缩因子；
T_{outi}——第 i 级压缩机出口温度，K；
T_{ini}——第 i 级压缩机进口温度，K。

$$E_s = \sum_n E_{sn} \quad (7-31)$$

式中：E_s——节约天然气实物量，10^4 m^3。

4. 基期能耗-影响因素模型法计算节约天然气实物量

以基期能耗-影响因素模型法计算节约的天然气实物量参见式（7-31）。

7.3.2.2 计算节能量

采用直接比较法、单耗法、效率法、基期能耗-影响因素模型法等计算节能量的方法均如下式：

$$E = \varepsilon_气 E_s \quad (7-32)$$

式中：E——年节约天然气量节能量，tce；
$\varepsilon_气$——天然气折标准煤系数，$\text{tce}/10^4\text{m}^3$。

7.3.2.3 计算节约价值量

采用比较法、单耗法、效率法、基期能耗-影响因素模型法等计算节约价值量均如下式：

$$z = cE_s \quad (7-33)$$

式中：z——节约总价值量，万元；

c——单位生产天然气卖出价格，元/m³。

注：天然气价格根据天然气销售价格 1.4037 元/m³ 计算。

7.3.2.4 方法选择的原则

直接比较法通过直接比较改造前后项目边界内的燃料气消耗量，不考虑任何其他因素，通过简单的计算获得节能量，但是需要具备能耗账单或者项目边界安装有单独计量仪表。这种计算方法简单、使用方便、可操作性一般、计算精度差，仅适用于不受外界影响的改造项目的节能量计算。

单耗法通过产品产量和单位产品综合能耗计算得到项目总的节能量。该方法考虑了产品产量对项目节能量的影响，但未考虑其他相关因素的影响，只是通过简单的数学计算的方式获得项目节能量。该方法操作简单、计算精度不高，适用于产品产量变化不大的项目。

效率法计算节能量时，机组需运行恒定且运行参数可测量。该方法比较复杂，现场一般不采用该方法进行节能量计算。

基期能耗-影响因素模型法以改造前的能耗数据及相关影响参数的数据为基础，建立基期能耗与影响因素的数学模型，通过数学模型预测该项目在改造后的相同外界条件下没有实施节能改造时的能耗，通过改造后的实际能耗与模型计算的能耗进行简单的数学计算，从而获得节能量。数学模型法的特点有使用较为简单（需要测试一定量的参数）、操作性一般、计算精度高、适用范围广。

不同节能量计算方法对比见表 7—4。

表 7—4 不同节能量计算方法对比

节能量计算方法	难易程度	可操作性	计算精度	适用范围
直接比较法	简单	一般	低	不受外界影响的项目
单耗法	简单	一般	低	仅受处理气量影响的项目
效率法	有点难度	一般	高	仅对单台机组产品产量产生影响的项目
基期能耗-影响因素模型法	较为简单	一般	高	全部类型改造项目

影响评价方法适用性的其他因素为可操作性。对于不同的节能量计算方法，由于其使用的方法不同、测量及获取的参数不同、所使用的辅助工具不

同，可操作性也存在很大差异。各类评价方法的可操作性差异见表7-5。

表7-5 各评价方法的可操作性差异

项目	直接比较法	单耗法	效率法	基期能耗-影响因素模型法
分项改造节能量	不可用	可用	可用	可用
可适用的改造措施	不受外界影响的项目	单项节能改造	单台机组节能改造	任何部分
操作技能	—	测量技能	测量技能	建模技能
对未改造部分的影响	不考虑	忽略或可测量	忽略或可测量	考虑
改造后运行周期	12个月以上	典型周期	典型周期	典型周期

7.3.3 计算方法适用性

7.3.3.1 节能技措

压缩机组优化运行技术包括运行参数优化、工况调节、节能技术改造等方法，通过对压缩机组的调节（实现排气量的调节），确保压缩机在非额定工况下高效工作，达到压缩机安全可靠运行和节能的目的。节能技措统计见表7-6。

表7-6 节能技措统计表

技术措施		改造条件	影响参数
运行参数优化	改变进气温度	级间温度过高或过低	进气温度、耗气量
	改变进排气压力	适用于机组进气前有节流阀的情况	进排气压力、行程容积、末级排气压力、处理量、耗气量
	改变转速	适用增压气量不在最佳处理范围内的情况，一般应用在驱动机为内燃机和汽轮机的压缩机上	转速、处理量、耗气量
工况调节（对输气管网调配及站场工艺进行改造，调节增压机组处理量）		适用于大车拉小车、需停机或者备用的情况	处理量、耗气量

269

续表

技术措施		改造条件	影响参数
节能技术改造	压缩缸改造	适用于机组停机改造大修的情况	缸径、处理量
	单双作用调整	适用于机组处理气量不足、负荷小的情况	行程容积、处理量、耗气量
	余隙调整	适用于机组气缸外侧有余隙缸的情况	余隙尺寸、处理量、耗气量
	冷却系统改造	适用于机组冷却系统有损的情况	排气温度、耗气量

7.3.3.2 节能量计算方法的选择

根据确定的现场改造方案，针对压缩机组节能技术措施，可将现场改造措施归为运行参数优化、工况调节、节能技术改造三类。

结合压缩机组节能技措改造影响参数，下面从适用边界、难易程度、可操作性、计算精度四个维度剖析不同技措条件下的压缩机组节能量计算方法。

1. 适用边界

（1）单耗法。

单耗法仅考虑了处理量与耗气量的关系，适用于产品产量变化较小、生产品种单一的技措项目；气井产量递减过快、处理量变化较大的技术措施不宜用此方法。单耗法适用性分析见表7—7。

表7—7 单耗法适用性分析

现场改造措施		适用/不适用
运行参数优化	改变进气温度	适用
		原因：改变进气温度对于机组处理气量影响不大，符合单耗法的适用范围，故推荐使用单耗法计算节能量
	改变进排气压力	不适用
		原因：改变进排气压力，处理气量变化较大，不符合单耗法的适用范围
	改变机组转速	适用
		原因：改变机组转速，会改变处理气量与耗气量，对处理气量影响不大，故推荐使用单耗法计算节能量
工况调节		适用
		原因：工况调节改变了整个机组的运行状况，符合单耗法的适用范围

续表

现场改造措施		适用/不适用
节能技术改造	压缩缸改造	适用
		原因：压缩缸改造是由于投资初期处理气量无法达到设计量的需要或者后期处理气量达不到需要造成的，符合单耗法的使用范围，故推荐使用单耗法计算节能量
	单双作用调整	不适用
		原因：单双作用情况改正提高了机组的负荷率，机组变化因素较复杂，不适合使用单耗法计算节能量
	余隙调整	不适用
		原因：余隙调整后，机组变化因素较复杂，不推荐使用单耗法计算节能量
	冷却系统改造	适用
		原因：冷却系统改造冷却效果直接影响机组耗功及排气温度，符合单耗法的适用范围

（2）基期能耗-影响因素模型法。

基期能耗-影响因素模型法以基期处理量、耗气量作为重要能耗影响因素。使用该方法时，应至少有3组独立的基期处理量、耗气量数据，且需判断该机组是否为独立系统，若为独立系统，则可选用基期能耗-影响因素模型法计算；若为非独立系统，需对每个子系统进行分析，判断其适用性。

根据 GB/T 28750—2012《节能量测量和验证技术通则》，基期能耗-影响因素模型法适用于各类泵类系统节能改造项目。在计算中，可作为一种复算方法。但若采集的数据较少，拟合度低于 0.75 时，不能使用该方法进行计算。运行工况稳定后，处理气量与耗气量较稳定，在数据获取困难时，一般采用基期能耗-影响因素模型法代替效率法计算节能量。

（3）效率法。

效率法适用于负荷输出恒定且便于测算的技措项目，或改造影响参数、设备较多，不易分析机组边界内设备改造所引起的系统参数改变的情况，其适用性分析见表 7-8。

表 7-8 效率法适用性分析

现场改造措施		适用/不适用
运行参数优化	改变进气温度	不适用
		原因：改变进气温度对机组能耗影响较小，使用效率法测算复杂
	改变进排气压力	适用
		原因：改变进排气压力，处理气量变化明显，改造影响参数较多，故推荐效率法计算节能量
	改变转速	不适用
		原因：改变转速，影响参数较少，使用效率法测算复杂
工况调节		适用
		原因：工况调节改变了整个机组内所有设备的运行工况，影响参数较多、较复杂。使用效率法可以反映机组边界内的整体节能情况，故推荐使用效率法计算节能量
节能技术改造	压缩缸改造	不适用
		原因：压缩缸改造为单一节能改造，比较容易分析该改造引起的工况变化，使用效率法测算较复杂
	单双作用调整	适用
		原因：单双作用影响参数较多，且单双作用调整直接影响机组的处理气量，故推荐使用效率法计算节能量
	余隙调整	适用
		原因：余隙调整影响参数较多，且余隙调整直接影响机组的处理气量，故推荐使用效率法计算节能量
	冷却系统改造	不适用
		原因：冷却系统改造主要影响机组的进排气温度，使用效率法测算复杂

（4）直接比较法。

直接比较法仅适用于节能技术措施可以关闭且不影响系统正常运行的改造项目，其适用性分析见表 7-9。

表 7-9 比较法适用性分析

现场改造措施		适用/不适用
参数优化	改变进气温度	不适用
	改变进排气压力	
	改变转速	
节能技术改造	压缩缸改造	原因：该类技措为一次改造，改造完成后即运行，技措无法关闭。不符合比较法的适用范围，不推荐使用比较法计算节能量
	单双作用调整	
	余隙调整	
	冷却系统改造	
工况调节		适用（特殊情况下）
		原因：针对单一站场内机组停机或作为备用机组等导致该站场无处理气量且不会影响周边其他站场的情况，以及基期、报告期数据只能采集自机组的耗气量，推荐使用比较法计算节能量。其余情况均不推荐使用比较法计算节能量

2. 难易程度、可操作性、计算精度

分析比较四种节能量计算方法，并根据其计算所需参数、可操作性等，总结出表 7-10 所示的计算方法对应的难易程度、可操作性、计算精度等。

表 7-10 节能量计算方法对比

计算方法	难易程度	可操作性	计算精度
单耗法	较烦琐	较困难	一般
效率法	烦琐	困难	较高
基期能耗-影响因素模型法	较为简单	一般	较高
直接比较法	简单	简单	低

从适用边界、难易程度、可操作性、计算精度四个维度分析不同节能技措节能量计算方法的推荐程度，见表 7-11。

表 7-11 节能量计算方法推荐程度

节能技措		单耗法	直接比较法	效率法	基期能耗-影响因素模型法
运行参数优化	改变进气温度	****		**	***
	改变进排气压力			***	****
	改变转速	***			****
工况调节	站场停输或改为备用，以及只采集到基期、报告期机组的耗气量		****		
	改造后对站场的生产运行影响较大	***		**	****
节能技术改造	压缩缸改造	***		**	****
	单双作用调整	**		****	***
	余隙调整	**		****	***
	冷却系统改造	***		**	****

注：*的多少表示推荐程度，*越多表示越推荐。

7.4 实例分析

压缩机组技措节能量核算方法主要有直接比较法、单耗法、效率法、基期能耗-影响因素模型法。现场节能改造技术措施主要有调节一级进气压力、调节转速、调节压缩机余隙以及机组运行优化等，对实施前后数据进行采集，通过上述方法计算节能量。

7.4.1 调节一级进气压力

一级进气压力主要是调节压缩机进气前节流阀，进气受到节流后，因克服节流阀阻力使压缩机的吸气压力和吸气密度降低，所以进入压缩机的气体质量流量减少，进气压力降低。根据节流阀开启度的不同，进气压力减少的程度也不同，可实现压缩机进气压力的连续调节。分别采用单耗法、基期能耗-影响因素模型法及效率法计算增压站的节能量。

7.4.1.1 节能量计算

1. B 增压站

（1）基础数据。

B 增压站调节一级进气压力节能技措实施前后基期和报告期生产与用能数

据见表7-12。设置6个工况调节方案（工况组合）分别进行节能量计算。

表7-12 基期和报告期生产与用能数据

工况	转速 （r/min）	进压（MPa）一级	进压（MPa）二级	排压（MPa）一级	排压（MPa）二级	进温（℃）一级	进温（℃）二级	排温（℃）一级	排温（℃）二级	耗气量 （m³/h）	处理气量 （m³/h）
1	851	1.21	2.09	2.09	4.12	17.5	34.8	53.9	84.6	83.33	4328
	851	1.21	2.10	2.10	4.12	17.4	34.9	53.9	85.4	83.41	4333
	851	1.21	2.10	2.10	4.12	17.5	34.6	54.7	83.4	83.47	4336
2	858	1.01	1.84	1.84	4.11	17.1	33.8	52.6	94.7	80.57	3720
	858	1.01	1.85	1.85	4.11	17.0	33.7	52.5	94.7	80.83	3783
	858	1.01	1.85	1.85	4.10	17.2	33.5	52.9	95.9	80.71	3738
3	865	0.80	1.59	1.59	4.09	17.3	32.5	54.2	101.0	76.67	3078
	864	0.80	1.61	1.59	4.09	17.0	32.6	54.4	103.9	76.71	3087
	864	0.80	1.61	1.59	4.09	17.1	32.7	54.4	103.5	76.81	3089

（2）单耗法计算结果。

调节一级进气压力是调节机组进气节流阀，而且只考虑了对单机组的影响，长时间的运行对气田产量和压缩机组燃料气消耗量都会产生影响，因此采用单耗法计算节能量是可行的。此时计算边界为机组的耗气量与处理气量。

采用单耗法计算得到的结果见表7-13。

表7-13 单耗法计算结果

工况变化	节约实物量（m³/h）	节能量（kgce）	节约价值量 （元，按1.4037元/m³计）
工况1→工况2	25.71	34.19	39.07
工况1→工况3	52.04	69.21	79.10
工况2→工况1	−29.73	−39.54	−45.19
工况2→工况3	30.87	41.06	46.92
工况3→工况1	−73.09	−97.20	−111.09
工况3→工况2	−37.50	−49.88	−57.01

（3）基期能耗-影响因素模型法计算结果。

根据基期能耗-影响因素模型法，相关变量为处理气量，采用基期能耗-影响因素模型法的归一化处理方式,建立相关变量是能源消耗的函数。表 7-14 为基期能耗-影响因素模型法计算结果,其中 y 表示校准耗气量,x 表示处理气量。

表 7-14 基期能耗-影响因素模型法计算结果

工况变化	拟合模型
工况 1→工况 2	$y=0.0173x+8.2506$
工况 1→工况 3	
工况 2→工况 1	$y=0.004x+6.2920$
工况 2→工况 3	
工况 3→工况 1	$y=0.0102x+45.2840$
工况 3→工况 2	

在改造后,将报告期相关因素(报告期处理气量)代入基期模型,计算出逐次的校准能耗;将累计得到的校准能耗与实际报告期累计的耗气量做对比,确定节能措施带来的节能量。

此时计算边界为机组基期的耗气量、处理气量与报告期的处理气量。采用基期能耗-影响因素模型法得到的计算结果见表 7-15。

表 7-15 基期能耗-影响因素模型法计算结果

工况变化	节约实物量（m³/h）	节能量（kgce）	节约价值量 (元,按 1.4037 元/m³ 计)
工况 1→工况 2	22.89	30.44	34.79
工况 1→工况 3	45.34	60.31	68.92
工况 2→工况 1	1.95	2.59	2.96
工况 2→工况 3	−3.85	−5.12	−5.85
工况 3→工况 1	−18.21	−24.22	−27.68
工况 3→工况 2	−8.40	−11.17	−12.77

(4) 效率法计算结果。

由于一级进气压力对压缩机组能耗的影响比其他工作参数对能耗的影响要大得多,而且本次现场试验采集数据全面,因此采用效率法计算节能量是可行的。

此时计算边界为机组耗气量、处理气量与工作参数。采用效率法计算得到的结果见表 7-16。

表 7－16 效率法计算结果

工况变化	节约实物量（m³/h）	节能量（kgce）	节约价值量（元，按 1.4037 元/m³ 计）
工况 1→工况 2	－8.51	－11.31	－12.93
工况 1→工况 3	－11.13	－14.80	－16.91
工况 2→工况 1	8.48	11.28	12.90
工况 2→工况 3	－2.95	－3.92	－4.48
工况 3→工况 1	11.54	15.34	17.54
工况 3→工况 2	3.05	4.05	4.63

（5）3 种方法结果对比和分析。

单耗法、基期能耗-影响因素模型法和效率法 3 种方法的计算节能量对比如图 7－17 所示。

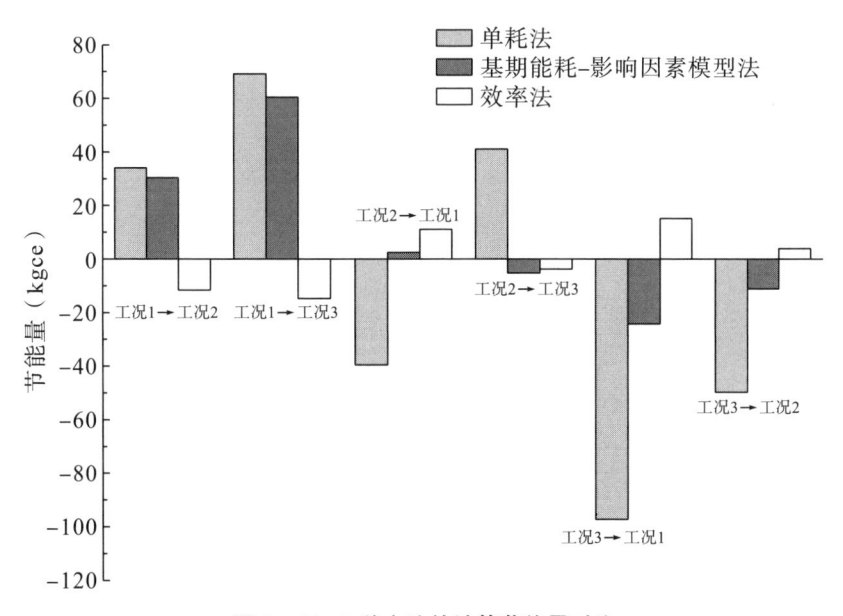

图 7－17　3 种方法的计算节能量对比

2．A 增压站

（1）基础数据。

A 增压站调节一级进气压力节能技措实施前后基期和报告期生产与用能数据见表 7－17。设置 12 个工况调节方案（工况组合），分别计算节能量。

表7-17 基期和报告期生产与用能数据

工况	转速(r/min)	进压（MPa） 一级	进压（MPa） 二级	排压（MPa） 一级	排压（MPa） 二级	进温（℃） 一级	进温（℃） 二级	排温（℃） 一级	排温（℃） 二级	耗气量(m³/h)	处理气量(m³/h)
1	331	0.421	1.130	1.130	2.485	19.1	35.1	88.6	97.6	67.21	1712
1	851	0.425	1.135	1.135	2.485	19.4	35.0	88.4	97.5	67.44	1714
1	851	0.427	1.136	1.136	2.488	19.3	34.9	88.2	97.6	67.57	1718
2	330	0.540	1.313	1.313	2.513	19.3	37.0	85.8	92.3	66.71	2154
2	858	0.542	1.316	1.316	2.514	19.4	36.8	86.6	92.4	66.99	2158
2	858	0.545	1.318	1.318	2.513	19.3	37.1	86.5	92.1	67.17	2187
3	330	0.632	1.459	1.459	2.530	19.9	38.2	85.5	90.1	67.74	2494
3	864	0.635	1.460	1.460	2.531	19.8	38.3	85.6	90.3	67.39	2475
3	864	0.638	1.467	1.460	2.534	20.0	38.3	85.6	90.0	67.75	2501
4	332	0.711	1.590	1.590	2.540	19.4	38.6	81.6	84.3	67.23	2777
4	332	0.713	1.591	1.591	2.541	19.3	38.3	81.4	84.0	66.93	2759
4	332	0.712	1.592	1.592	2.540	19.1	38.4	81.7	84.2	66.80	2770

（2）单耗法计算结果。

采用单耗法计算得到的结果见表7-18。

表7-18 单耗法计算结果

工况变化	节约实物量（m³/h）	节能量（kgce）	节约价值量（元，按1.4037元/m³计）
工况1→工况2	-54.62	-47.58	-54.37
工况1→工况3	-90.78	-80.02	-91.45
工况1→工况4	-125.56	-167.00	-190.86
工况2→工况1	43.23	57.49	65.70
工况2→工况3	-28.00	-37.25	-42.57
工况2→工况4	-55.77	-74.17	-84.77
工况3→工况1	62.51	83.14	95.02
工况3→工况2	24.36	32.40	37.03
工况3→工况4	-24.63	-32.75	-37.43
工况4→工况1	77.76	103.43	118.20

续表

工况变化	节约实物量（m³/h）	节能量（kgce）	节约价值量（元，按 1.4037 元/m³计）
工况 4→工况 2	43.63	58.03	66.32
工况 4→工况 3	22.15	29.46	33.66

（3）基期能耗-影响因素模型法计算结果。

根据基期能耗-影响因素模型法，相关变量为处理气量，采用基期能耗-影响因素模型法的归一化处理方式，建立相关变量是能源消耗的函数。表 7－20 为基期能耗-影响因素模型法计算结果，其中 y 表示校准耗气量，x 表示处理气量。

表 7－19 基期能耗-影响因素模型法计算结果

工况变化	拟合模型
工况 1→工况 2	
工况 1→工况 3	$y = 0.0561x - 28.7370$
工况 1→工况 4	
工况 2→工况 1	
工况 2→工况 3	$y = 0.0111x + 43.0000$
工况 2→工况 4	
工况 3→工况 1	
工况 3→工况 2	$y = 0.0148x + 30.7580$
工况 3→工况 4	
工况 4→工况 1	
工况 4→工况 2	$y = 0.0141x + 27.8670$
工况 4→工况 3	

在改造后，将报告期相关因素（报告期处理气量）代入基期模型，计算出逐次的校准能耗；将累计得到的校准能耗与实际报告期累计的耗气量做对比，确定节能措施带来的节能量。

此时计算边界为机组基期的耗气量、处理气量与报告期的处理气量。采用基期能耗-影响因素模型法得到的计算结果见表 7－20。

表 7-20 基期能耗-影响因素模型法计算结果

工况变化	节约实物量（m³/h）	节能量（kgce）	节约价值量（元，按 1.4037 元/m³计）
工况 1→工况 2	−78.60	−104.54	−119.48
工况 1→工况 3	−131.07	−174.32	−199.22
工况 1→工况 4	−178.80	−237.80	−271.77
工况 2→工况 1	16.12	21.44	24.50
工况 2→工况 3	−9.04	−12.02	−13.74
工况 2→工况 4	−20.24	−26.91	−30.76
工况 3→工况 1	33.81	44.97	51.40
工况 3→工况 2	12.41	16.51	18.86
工况 3→工况 4	−14.24	−18.94	−21.65
工况 4→工况 1	46.09	61.30	70.05
工况 4→工况 2	25.63	34.09	38.96
工况 4→工况 3	13.95	18.56	21.21

（4）效率法计算结果。

由于一级进气压力对压缩机组能耗的影响比其他工作参数对能耗的影响要大得多，而且本次现场试验采集数据全面，因此效率法是可行的。

此时计算边界为机组耗气量、处理气量与工作参数。采用效率法得到的计算结果见表 7-21。

表 7-21 效率法计算结果

工况变化	节约实物量（m³/h）	节能量（kgce）	节约价值量（元，按 1.4037 元/m³计）
工况 1→工况 2	−18.74	−24.92	−28.48
工况 1→工况 3	−23.69	−31.50	−36.00
工况 1→工况 4	−29.83	−39.67	−45.34
工况 2→工况 1	17.25	22.94	26.22
工况 2→工况 3	−4.36	−5.79	−6.62
工况 2→工况 4	−10.14	−13.48	−15.41
工况 3→工况 1	21.13	28.11	32.12

续表

工况变化	节约实物量（m³/h）	节能量（kgce）	节约价值量（元，按 1.4037 元/m³ 计）
工况 3→工况 2	4.21	5.60	6.40
工况 3→工况 4	−5.70	−7.59	−8.67
工况 4→工况 1	26.13	34.75	39.72
工况 4→工况 2	9.65	12.83	14.66
工况 4→工况 3	5.59	7.44	8.50

(5) 3 种方法结果对比和分析。

单耗法、基期能耗-影响因素模型法和效率法 3 种方法的计算节能量对比如图 7-18 所示。单耗法、基期能耗-影响因素模型法、效率法适用于调节一级进气压力节能技措改造项目的节能量计算，得到的结果存在一定差异，其中采用效率法计算得到的节能量普遍偏小。

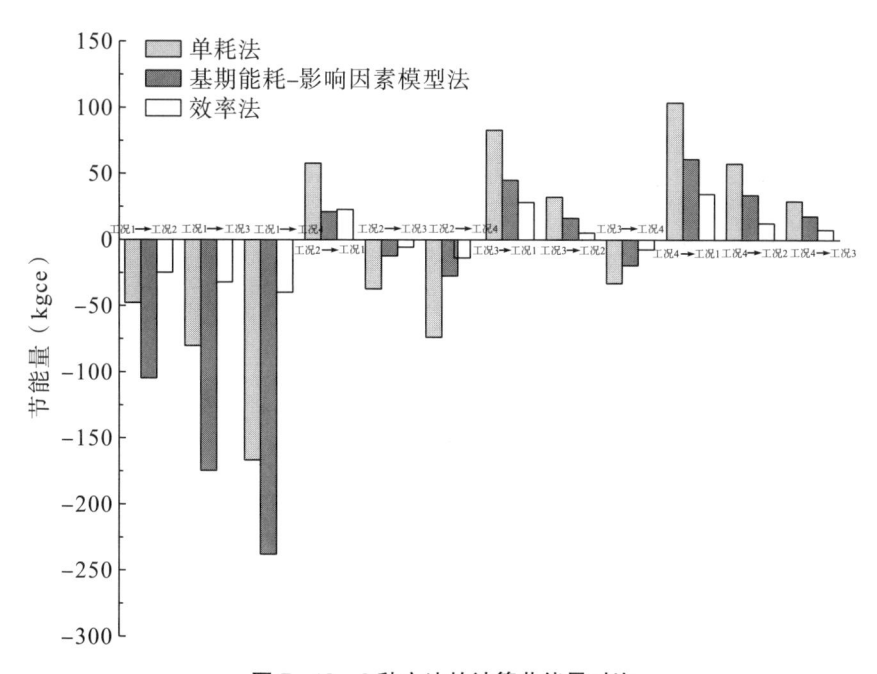

图 7-18 3 种方法的计算节能量对比

7.4.1.2 分析结果

针对调节机组的一级进气压力，将 B 增压站与 A 增压站采集工况计算的节能量进行汇总,分析采用不同节能量计算方法(基期能耗-影响因素模型法、效率法与单耗法)得到的节能量差别。

为方便观察,将单耗法计算的节能量设定为 1,其他数据按比例缩放。

1. B 增压站

基期能耗-影响因素模型法与单耗法计算的节能量比值如图 7-19 所示。

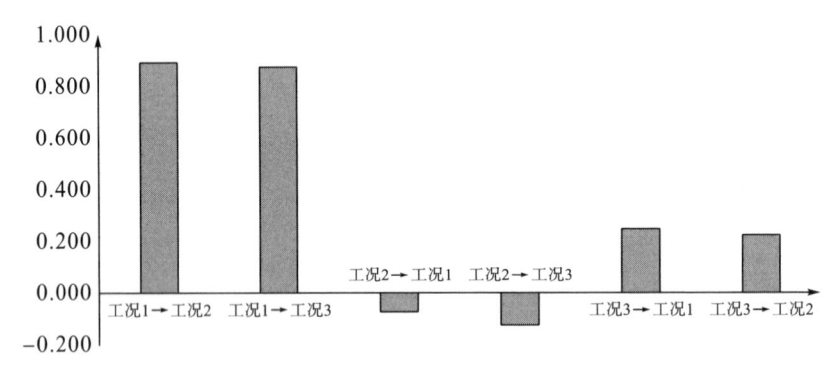

图 7-19　基期能耗-影响因素模型法与单耗法计算的节能量比值

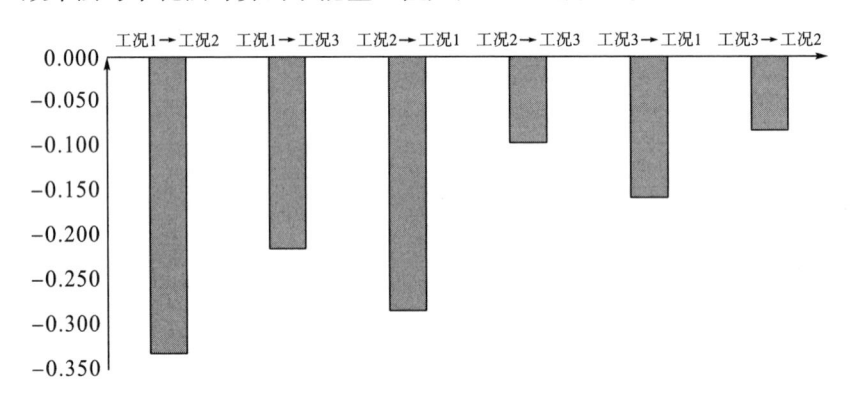

效率法与单耗法计算的节能量比值如图 7-20 所示。

图 7-20　效率法与单耗法计算的节能量比值

2. A 增压站

基期能耗-影响因素模型法与单耗法计算的节能量比值如图 7-21 所示。

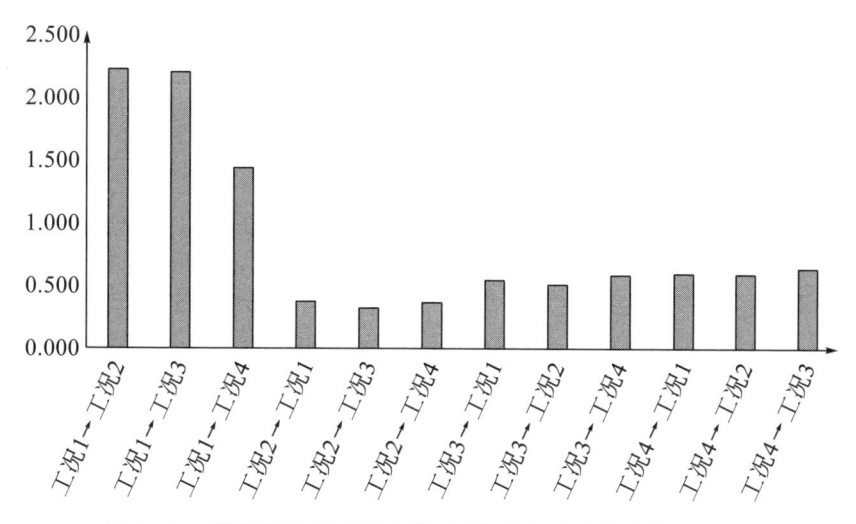

图 7-21 基期能耗-影响因素模型法与单耗法计算的节能量比值

效率法与单耗法计算的节能量比值如图 7-22 所示。

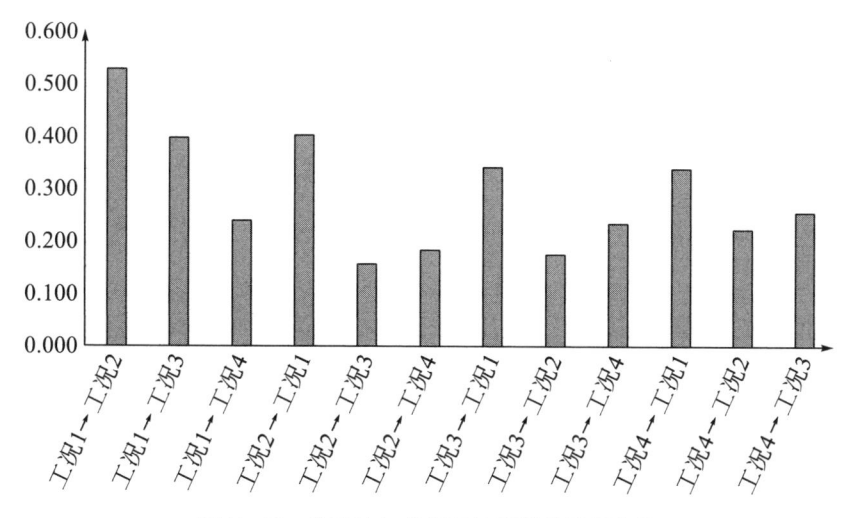

图 7-22 效率法与单耗法计算的节能量比值

通过分析，调节一级进气压力节能技措改造项目的节能量可用基期能耗-影响因素模型法、效率法、单耗法进行计算，但节能量大小存在一定差异，其中采用效率法计算得到的节能量普遍偏小。综合来看，节能量计算推荐使用基期能耗-影响因素模型法。

7.4.2 调节机组转速

调节机组转速，是通过改变压缩机的转速来调节压缩机的排气量。该方法的优点是能够实现气量的连续调节，且压缩机转速降低后，压缩机气缸内气体热力循环的周期变长，这意味着被压缩气体与外界的热交换程度会增大，压缩过程和膨胀过程指数会下降，有利于降低压缩机的指示功。而且调节过程中压缩机各级压比保持不变，不需要设置专门的调节机构等。

7.4.2.1 节能量计算

1. B增压站

（1）基础数据。

B增压站调节机组转速节能技措实施前后基期和报告期生产与用能数据见表7-22。设置6个工况调节方案（工况组合）分别进行节能量计算。

表7-22 基期和报告期生产与用能数据

工况	转速 (r/min)	进压（MPa）一级	进压（MPa）二级	排压（MPa）一级	排压（MPa）二级	进温（℃）一级	进温（℃）二级	排温（℃）一级	排温（℃）二级	耗气量 (m³/h)	处理气量 (m³/h)
1	851	1.21	2.09	2.09	4.12	17.5	34.8	53.9	84.6	83.33	4328
1	851	1.21	2.10	2.10	4.12	17.4	34.9	53.9	85.4	83.41	4333
1	851	1.21	2.10	2.10	4.12	17.5	34.6	54.7	83.4	83.47	4336
2	820	1.2	2.08	2.08	4.12	17.2	34.4	52.7	87.0	78.52	4242
2	820	1.2	2.08	2.08	4.12	17.3	34.4	53.4	86.6	78.71	4225
2	820	1.2	2.08	2.08	4.12	17.0	34.6	53.0	86.4	78.87	4229
3	790	1.21	2.11	2.11	4.12	17.1	34.6	52.6	86.7	74.96	4213
3	790	1.21	2.11	2.11	4.12	17.2	34.6	53.2	86.8	75.06	4200
3	790	1.21	2.11	2.11	4.12	17.3	34.4	53.0	86.9	75.10	4205

（2）单耗法计算结果。

采用单耗法计算得到的结果见表7-23。

表7-23 单耗法计算结果

工况变化	节约实物量（m³/h）	节能量（kgce）	节约价值量（元，按1.4037元/m³计）
工况1→工况2	-8.32	-11.06	-12.64
工况1→工况3	-17.79	-23.67	-27.05
工况2→工况1	8.51	11.32	12.94
工况2→工况3	-9.53	-12.67	-14.49

续表

工况变化	节约实物量（m³/h）	节能量（kgce）	节约价值量（元，按 1.4037 元/m³计）
工况 3→工况 1	18.33	24.38	27.86
工况 3→工况 2	9.59	12.75	14.57

（3）基期能耗-影响因素模型法计算结果。

根据基期能耗-影响因素模型法，相关变量为处理气量，采用基期能耗-影响因素模型法的归一化处理方式，建立相关变量是能源消耗的函数。表 7－24 为基期能耗-影响因素模型法计算结果，其中 y 表示校准耗气量，x 表示处理气量。

表 7－24　基期能耗-影响因素模型法计算结果

工况变化	拟合模型
工况 1→工况 2	$y=0.0173x+8.2506$
工况 1→工况 3	
工况 2→工况 1	$y=-0.015x+142.450$
工况 2→工况 3	
工况 3→工况 1	$y=0.0086x+111.2300$
工况 3→工况 2	

在改造后，将报告期相关因素（报告期处理气量）代入基期模型，计算出逐次的校准能耗；将累计得到的校准能耗与实际报告期累计的耗气量做对比，确定节能措施带来的节能量。

此时计算边界为机组基期的耗气量、处理气量与报告期的处理气量。采用基期能耗-影响因素模型法计算得到的结果见表 7－25。

表 7－25　基期能耗-影响因素模型法计算结果

工况变化	节约实物量（m³/h）	节能量（kgce）	节约价值量（元，按 1.4037 元/m³计）
工况 1→工况 2	－8.29	－11.03	－12.60
工况 1→工况 3	－17.92	－23.84	－27.24
工况 2→工况 1	19.11	25.42	29.05
工况 2→工况 3	－11.70	－15.56	－17.78
工况 3→工况 1	28.29	37.63	43.01
工况 3→工况 2	11.60	15.42	17.63

(4) 效率法计算结果。

此时计算边界为机组耗气量、处理气量与工作参数。采用效率法计算得到的结果见表 7-26。

表 7-26 效率法计算结果

工况变化	节约实物量（m³/h）	节能量（kgce）	节约价值量（元，按 1.4037 元/m³ 计）
工况 1→工况 2	−10.19	−13.56	−15.50
工况 1→工况 3	−17.85	−23.74	−27.13
工况 2→工况 1	10.36	13.77	15.74
工况 2→工况 3	−7.79	−10.36	−11.84
工况 3→工况 1	18.38	24.44	27.94
工况 3→工况 2	7.90	10.50	12.00

(5) 3 种方法结果对比和分析。

单耗法、基期能耗-影响因素模型法和效率法 3 种方法的计算节能量对比如图 7-23 所示。

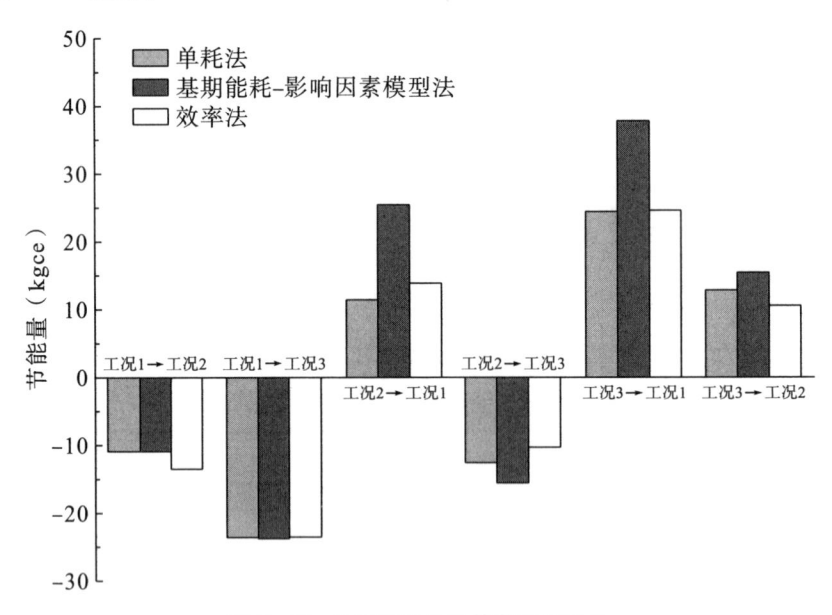

图 7-23 3 种方法的计算节能量对比

2. A 增压站

(1) 基础数据。

A 增压站调节机组转速节能技措实施前后基期和报告期生产与用能数据

见表 7-27。设置 12 个工况调节方案（工况组合）分别进行节能量计算。

表 7-27 基期和报告期生产与用能数据

工况	转速 (r/min)	进压（MPa）一级	进压（MPa）二级	排压（MPa）一级	排压（MPa）二级	进温（℃）一级	进温（℃）二级	排温（℃）一级	排温（℃）二级	耗气量 (m³/h)	处理气量 (m³/h)
1	300	0.743	1.604	1.604	2.516	19.9	37.1	80.0	83.0	59.75	2603
		0.742	1.603	1.603	2.517	20.0	37.0	80.1	82.7	60.10	2607
		0.744	1.603	1.603	2.518	19.7	37.4	80.2	82.6	59.44	2580
2	315	0.737	1.613	1.613	2.524	19.8	38.6	81.1	83.5	61.73	2697
		0.739	1.616	1.616	2.525	19.7	38.8	80.9	83.3	62.17	2711
		0.738	1.616	1.616	2.526	20.0	38.5	80.7	83.6	62.33	2720
3	332	0.711	1.590	1.590	2.540	19.4	38.6	81.6	84.3	67.23	2777
		0.713	1.591	1.591	2.541	19.3	38.3	81.4	84.0	66.80	2759
		0.712	1.592	1.592	2.540	19.1	38.4	81.7	84.2	67.03	2770
4	360	0.734	1.666	1.666	2.547	20.1	39.7	85.1	87.5	73.84	3064
		0.733	1.658	1.658	2.545	20.4	39.4	85.0	87.3	74.01	3043
		0.732	1.655	1.655	2.545	20.6	39.5	85.2	87.2	73.35	3097

（2）单耗法计算结果。

采用单耗法计算得到的结果见表 7-28。

表 7-28 单耗法计算结果

工况变化	节约实物量（m³/h）	节能量（kgce）	节约价值量（元，按 1.4037 元/m³计）
工况 1→工况 2	−0.84	−1.12	−1.28
工况 1→工况 3	9.89	13.16	15.04
工况 1→工况 4	9.37	12.46	14.24
工况 2→工况 1	0.80	1.07	1.22
工况 2→工况 3	10.75	14.30	16.34
工况 2→工况 4	10.32	13.72	15.68
工况 3→工况 1	−9.28	−12.34	−14.11
工况 3→工况 2	−10.52	−13.99	−15.99
工况 3→工况 4	−1.60	−2.12	−2.43
工况 4→工况 1	−7.95	−10.58	−12.09

续表

工况变化	节约实物量（m³/h）	节能量（kgce）	节约价值量（元，按 1.4037 元/m³ 计）
工况 4→工况 2	−9.12	−12.13	−13.87
工况 4→工况 3	1.43	1.90	2.17

（3）基期能耗-影响因素模型法计算结果。

根据基期能耗-影响因素模型法，相关变量为处理气量，采用基期能耗-影响因素模型法的归一化处理方式，建立相关变量是能源消耗的函数。表 7−29 为基期能耗-影响因素模型法计算结果，其中 y 表示校准耗气量，x 表示处理气量。

表 7−29 基期能耗-影响因素模型法计算结果

工况变化	拟合模型
工况 1→工况 2	$y = 0.0207x + 6.0568$
工况 1→工况 3	
工况 1→工况 4	
工况 2→工况 1	$y = 0.0266x - 9.8585$
工况 2→工况 3	
工况 2→工况 4	
工况 3→工况 1	$y = 0.0236x + 1.6145$
工况 3→工况 2	
工况 3→工况 4	
工况 4→工况 1	$y = 0.0125x + 111.9500$
工况 4→工况 2	
工况 4→工况 3	

在改造后，将报告期相关因素（报告期处理气量）代入基期模型中，计算出逐次的校准能耗；将累计得到的校准能耗与实际报告期累计的耗气量做对比，确定节能措施带来的节能量。

此时计算边界为机组基期的耗气量、处理气量与报告期的处理气量。采用基期能耗-影响因素模型法计算得到的结果见表 7−30。

第7章 压缩机组技措节能量核算方法

表 7-30 基期能耗-影响因素模型法计算结果

工况变化	节约实物量（m³/h）	节能量（kgce）	节约价值量（元，按 1.4037 元/m³计）
工况1→工况2	−0.19	−0.25	−0.29
工况1→工况3	10.96	14.57	16.65
工况1→工况4	12.51	16.63	19.01
工况2→工况1	1.65	2.20	2.51
工况2→工况3	9.70	12.90	14.74
工况2→工况4	5.95	7.91	9.04
工况3→工况1	−9.40	−12.50	−14.28
工况3→工况2	−10.43	−13.88	−15.86
工况3→工况4	33.56	44.64	51.01
工况4→工况1	−59.19	−78.72	−89.96
工况4→工况2	−48.02	−63.87	−72.99
工况4→工况3	−30.97	−41.18	−47.07

（4）效率法计算结果。

此时计算边界为机组耗气量、处理气量与工作参数。采用效率法计算得到的见表7-31。

表 7-31 效率法计算结果

工况变化	节约实物量（m³/h）	节能量（kgce）	节约价值量（元，按 1.4037 元/m³计）
工况1→工况2	−1.39	−1.85	−2.11
工况1→工况3	1.62	2.15	2.46
工况1→工况4	3.56	4.74	5.42
工况2→工况1	1.33	1.76	2.02
工况2→工况3	3.09	4.11	4.70
工况2→工况4	5.18	6.89	7.87
工况3→工况1	−1.46	−1.94	−2.21
工况3→工况2	−2.91	−3.87	−4.42
工况3→工况4	1.80	2.40	2.74
工况4→工况1	−2.96	−3.93	−4.50
工况4→工况2	−4.47	−5.95	−6.80

续表

工况变化	节约实物量（m³/h）	节能量（kgce）	节约价值量（元，按 1.4037 元/m³ 计）
工况 4→工况 3	−1.66	−2.21	−2.52

（5）3 种方法结果对比和分析。

单耗法、基期能耗-影响因素模型法和效率法 3 种方法的计算节能量对比如图 7−24 所示。

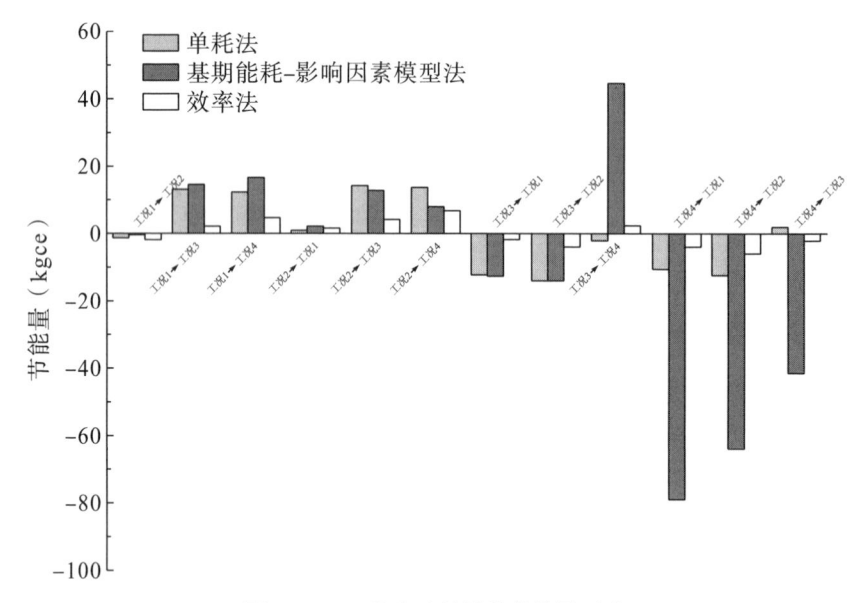

图 7−24　3 种方法的计算节能量对比

3 种方法计算的节能量差异明显，基期能耗-影响因素模型法计算的节能量较大，效率法和单耗法的计算节能量较小。

7.4.2.2　分析结果

将 B 增压站与 A 增压站采集工况计算的节能量进行汇总，分析调节机组转速节能技措实施后采用基期能耗-影响因素模型法、效率法与单耗法计算得到的节能量差别。

为方便观察，将单耗法计算的节能量设定为 1，其他数据按比例缩放。

1. B 增压站

基期能耗-影响因素模型法与单耗法计算的节能量比值如图 7−35 所示。

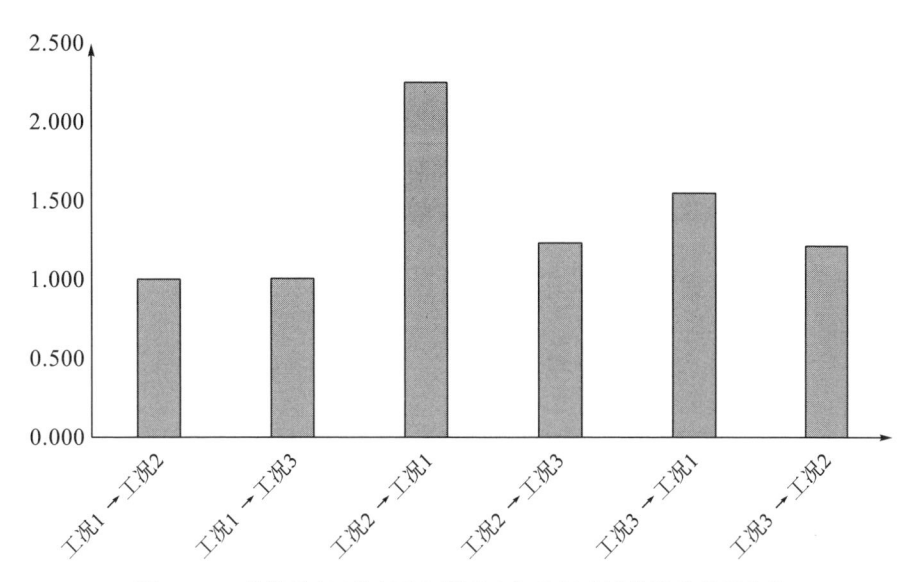

图 7-25 基期能耗-影响因素模型法与单耗法计算的节能量比值

效率法与单耗法计算的节能量比值如图 7-26 所示。

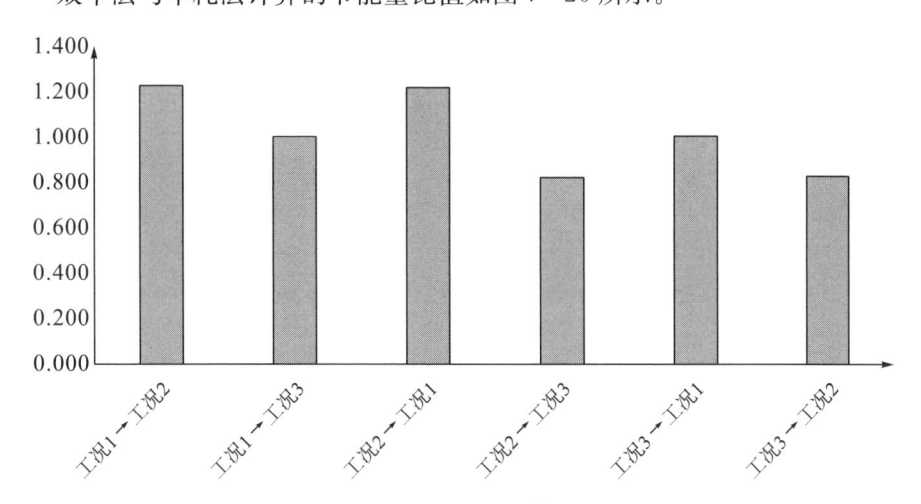

图 7-26 效率法与单耗法计算的节能量比值

分析图 7-25、图 7-26，可知 3 种方法计算的节能量较接近。

2. A 增压站

基期能耗-影响因素模型法与单耗法计算的节能量比值如图 7-27 所示。

·油气田节能量核算方法·

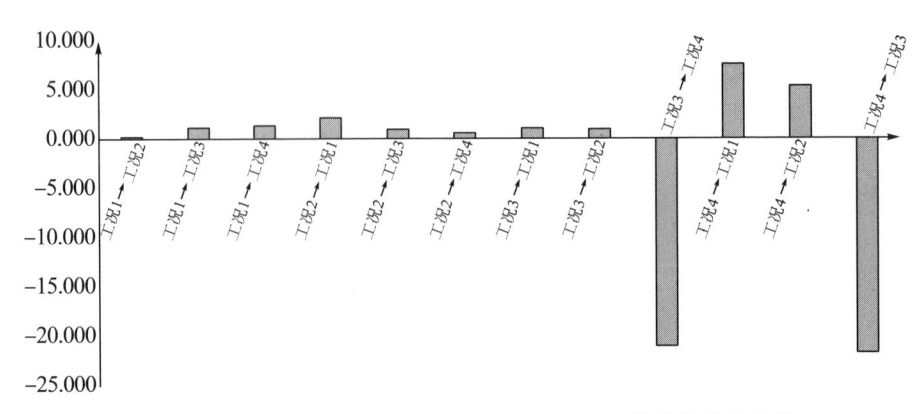

图 7-27 基期能耗-影响因素模型法与单耗法计算的节能量比值

效率法与单耗法计算的节能量比值如图 7-28 所示。

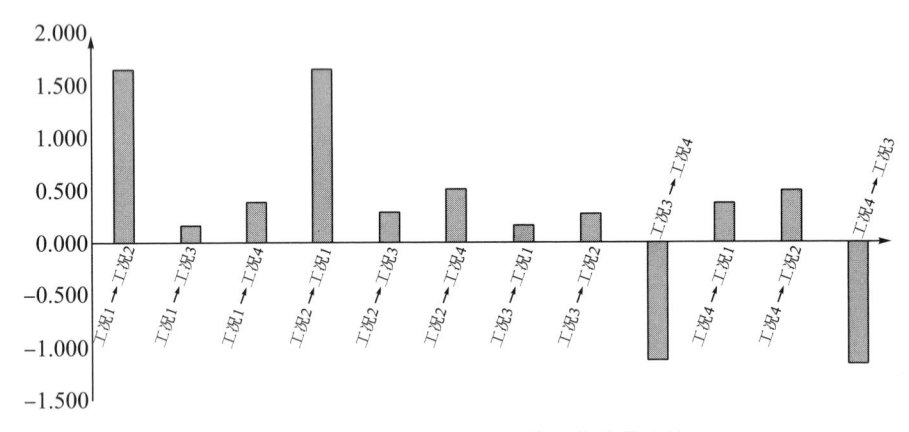

图 7-28 效率法与单耗法计算的节能量比值

通过分析，调节机组转速用 3 种方法计算的节能量差异明显，基期能耗-影响因素模型法计算的节能量较大，效率法和单耗法计算的节能量较小。

7.4.3 调节压缩机余隙

压缩机实际气量受余隙容积的影响，调节压缩机余隙，可以改变压缩机的容积系数，从而改变排气量。如此来看，只要连续改变余隙容积大小，就能实现压缩机流量的无级调节。调节压缩机余隙的工作原理：在压缩机的气缸上，除固定余隙容积外，将固定余隙改变成余隙容积连续可调，取消控制辅助余隙腔与气缸之间连接的余隙阀，可调余隙缸与外侧气缸直接相通，调节气缸工作腔。

实际应用中的余隙调节方法，在机器运行时按照余隙是否可变分为固定余隙调节和可变余隙调节两种：固定余隙调节法通过更换余隙调节装置部件改变余隙大小；可变余隙调节法的调节机构复杂，优点是稳定可靠，也能够在一定程度上达到调节压缩机排气量，同时降低运行成本的目的。可变余隙调节法需要对气缸进行改造，而且会导致压缩机比功率上升，节能效果不是很好。对于低压比的大型往复压缩机，需要的余隙容积过大。加之此装置十分复杂，且余隙容积改变的范围不大，气量调节范围受到限制。故这种方式的应用受到限制。

针对 B 增压站机组 1♯、2♯ 与 A 增压站机组 6♯ 气缸外侧均有余隙缸（如图 7－28、7－29 所示），且可以通过调节气缸余隙调节处理流量，考虑在不影响压缩机组正常生产运行的前提下，合理调节 B 增压站 1♯ 压缩机 Ⅰ 缸余隙与 A 增压站 6♯ 压缩机 Ⅰ 缸余隙。

7.4.3.1 节能量计算

1. B 增压站

（1）基础数据。

B 增压站调节压缩机余隙节能技措实施前后基期和报告期生产与用能数据见表 7－32。设置 2 个工况调节方案（工况组合）分别进行节能量计算。

表 7－32 基期和报告期生产与用能数据

工况	余隙(in)	转速(r/min)	进压（MPa）一级	进压（MPa）二级	排压（MPa）一级	排压（MPa）二级	进温（℃）一级	进温（℃）二级	排温（℃）一级	排温（℃）二级	耗气量(m³/h)	处理气量(m³/h)
1	10	798	0.81	1.66	1.66	4.07	16.4	29.6	69.9	89.5	57.97	2100
		798	0.81	1.65	1.65	4.06	16.2	29.7	69.7	90.0	58.24	2113
		798	0.81	1.67	1.67	4.05	16.1	29.5	70.0	89.6	58.14	2110
2	5	795	0.82	1.62	1.62	4.07	16.7	33.2	66.5	101.4	65.78	2525
		795	0.82	1.62	1.63	4.07	16.3	33.0	66.3	101.9	65.87	2558
		795	0.82	1.62	1.63	4.07	16.5	33.3	66.4	101.5	65.75	2563

（2）单耗法计算结果。

采用单耗法计算得到的结果见表 7－33。

表 7－33　单耗法计算结果

工况变化	节约实物量（m³/h）	节能量（kgce）	节约价值量 （元，按 1.4037 元/m³ 计）
工况 1→工况 2	−13.43	−17.86	−20.41
工况 2→工况 1	11.10	14.77	16.87

（3）基期能耗-影响因素模型法计算结果。

根据基期能耗-影响因素模型法，相关变量为处理气量，采用基期能耗-影响因素模型法的归一化处理方式，建立处理气量与能源消耗的函数。表 7－34 为基期能耗-影响因素模型法计算结果，其中 y 表示校准耗气量，x 表示处理气量。

表 7－34　基期能耗-影响因素模型法计算结果

工况变化	拟合模型
工况 1→工况 2	$y=0.0198x+16.3420$
工况 2→工况 1	$y=0.0005x+64.5700$

在改造后，将报告期相关因素（报告期处理气量）代入基期模型，计算出逐次的校准能耗；将累计得到的校准能耗与实际报告期累计的耗气量做对比，确定节能措施带来的节能量。

此时计算边界为机组基期的耗气量、处理气量与报告期的处理气量。采用基期能耗-影响因素模型法计算得到的结果见表 7－35。

表 7－35　基期能耗-影响因素模型法计算结果

工况变化	节约实物量（m³/h）	节能量（kgce）	节约价值量 （元，按 1.4037 元/m³ 计）
工况 1→工况 2	−4.55	−6.05	−6.91
工况 2→工况 1	−22.53	−29.97	−34.25

（4）效率法计算结果。

此时计算边界为机组耗气量、处理气量与工作参数。表 7－36 为采用效率法计算得到的结果。

表 7－36　效率法计算结果

工况变化	节约实物量（m³/h）	节能量（kgce）	节约价值量 （元，按 1.4037 元/m³ 计）
工况 1→工况 2	−15.55	−20.69	−23.64

续表

工况变化	节约实物量（m³/h）	节能量（kgce）	节约价值量（元，按 1.4037 元/m³ 计）
工况 2→工况 1	12.72	16.92	19.34

（5）3 种方法结果对比和分析。

单耗法、基期能耗-影响因素模型法和效率法 3 种方法的计算节能量对比如图 7-29 所示。

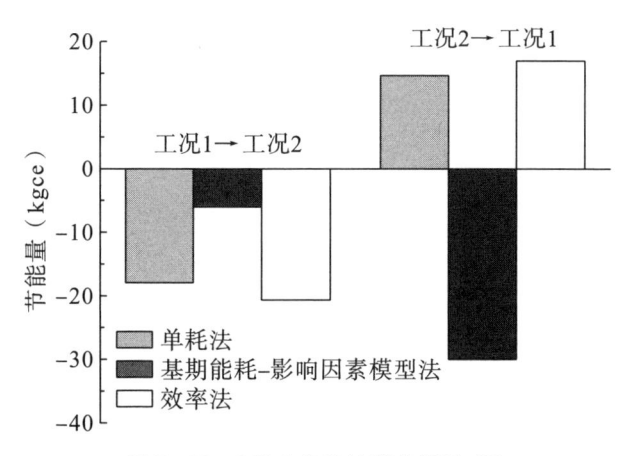

图 7-29 3 种方法的计算节能量对比

2. A 增压站

（1）基础数据。

A 增压站调节压缩机余隙节能技措实施前后的基期和报告期生产与用能数据统计表 7-37。设置 20 个工况调节方案（工况组合）分别进行节能量计算。

表 7-37 基期和报告期生产与用能数据

工况	余隙 (in)	转速 (r/min)	处理气量 (m³/h)	进压（MPa） 一级	进压（MPa） 二级	排压（MPa） 一级	排压（MPa） 二级	进温（℃） 一级	进温（℃） 二级	排温（℃） 一级	排温（℃） 二级	耗气量 (m³/h)
1	8	345	0.711	1.537	1.537	2.521	20.7	37.4	81.1	87.2	69.63	2709
		346	0.712	1.539	1.539	2.521	20.4	37.6	81.3	87.3	69.54	2707
		347	0.711	1.540	1.540	2.524	20.6	37.7	81.4	87.4	69.46	2705

续表

工况	余隙(in)	转速(r/min)	处理气量(m³/h)	进压（MPa）一级	进压（MPa）二级	排压（MPa）一级	排压（MPa）二级	进温（℃）一级	进温（℃）二级	排温（℃）一级	排温（℃）二级	耗气量(m³/h)
2	6	345	0.707	1.563	1.563	2.527	20.6	38.0	83.6	88.5	69.25	2788
		344	0.706	1.563	1.563	2.528	20.7	37.8	83.7	88.4	68.99	2784
		346	0.708	1.564	1.564	2.529	20.9	37.6	83.4	88.7	68.62	2782
3	5	345	0.704	1.593	1.593	2.536	20.2	38.6	84.0	87.5	69.65	2847
		345	0.703	1.592	1.592	2.535	20.0	38.7	84.1	87.4	70.31	2851
		345	0.702	1.591	1.591	2.535	20.3	39.0	83.9	87.3	70.14	2851
4	4	343	0.705	1.607	1.607	2.533	20.5	39.5	84.8	87.9	68.83	2850
		344	0.706	1.608	1.608	2.534	20.7	39.2	84.7	87.8	68.73	2849
		345	0.704	1.606	1.606	2.533	20.8	39.1	85.0	88.1	69.08	2852
5	2	345	0.708	1.654	1.654	2.541	20.3	40.0	86.7	87.4	69.71	2983
		345	0.710	1.652	1.652	2.540	20.2	40.1	86.5	87.3	69.13	2993
		345	0.711	1.657	1.657	2.541	20.0	39.8	86.4	87.4	69.56	2979

（2）单耗法计算结果。

采用单耗法计算得到的结果见表7－38。

表7－38 单耗法计算结果

工况变化	节约实物量（m³/h）	节能量（kgce）	节约价值量（元，按1.4037元/m³计）
工况1→工况2	－7.76	－10.32	－11.79
工况1→工况3	－9.53	－12.67	－14.48
工况1→工况4	－13.04	－17.34	－19.82
工况1→工况5	－21.66	－28.80	－32.92
工况2→工况1	7.54	10.03	11.46
工况2→工况3	－1.59	－2.11	－2.41
工况2→工况4	－5.10	－6.78	－7.75
工况2→工况5	－13.34	－17.74	－20.28
工况3→工况1	9.05	12.04	13.75
工况3→工况2	1.55	2.07	2.36
工况3→工况4	－3.51	－4.67	－5.33

续表

工况变化	节约实物量（m³/h）	节能量（kgce）	节约价值量 （元，按 1.4037 元/m³ 计）
工况 3→工况 5	−11.68	−15.53	−17.75
工况 4→工况 1	12.38	16.47	18.82
工况 4→工况 2	4.98	6.62	7.57
工况 4→工况 3	3.51	4.67	5.33
工况 4→工况 5	−8.00	−10.64	−12.16
工况 5→工况 1	19.64	26.12	29.85
工况 5→工况 2	12.44	16.55	18.92
工况 5→工况 3	11.15	14.83	16.94
工况 5→工况 4	7.64	10.16	11.61

（3）基期能耗-影响因素模型法计算结果。

根据基期能耗-影响因素模型法，相关变量为处理气量，采用基期能耗-影响因素模型法的归一化处理方式，建立处理气量与能源消耗的函数。表 7−39 为基期能耗-影响因素模型法计算结果，其中 y 表示校准耗气量，x 表示处理气量。

表 7−39　基期能耗-影响因素模型法计算结果

工况变化	拟合模型
工况 1→工况 2	$y=0.042x-45.5040$
工况 1→工况 3	
工况 1→工况 4	
工况 1→工况 5	
工况 2→工况 1	$y=0.099x-207.5200$
工况 2→工况 3	
工况 2→工况 4	
工况 2→工况 5	
工况 3→工况 1	$y=0.1437x-339.6100$
工况 3→工况 2	
工况 3→工况 4	
工况 3→工况 5	

续表

工况变化	拟合模型
工况 4→工况 1	$y=0.1178x-267.0500$
工况 4→工况 2	
工况 4→工况 3	
工况 4→工况 5	
工况 5→工况 1	$y=-0.036x+176.810$
工况 5→工况 2	
工况 5→工况 3	
工况 5→工况 4	

在改造后，将报告期相关因素（报告期处理气量）代入基期模型中，计算出逐次的校准能耗；将累计得到的校准能耗与实际报告期累计的耗气量做对比，确定节能措施带来的节能量。

此时计算边界为机组基期的耗气量、处理气量与报告期的处理气量。采用基期能耗-影响因素模型法计算得到的结果见表 7-40。

表 7-40 基期能耗-影响因素模型法计算结果

工况变化	节约实物量（m³/h）	节能量（kgce）	节约价值量 （元，按 1.4037 元/m³ 计）
工况 1→工况 2	−11.67	−15.53	−17.74
工况 1→工况 3	−16.72	−22.24	−25.42
工况 1→工况 4	−20.27	−26.95	−30.80
工况 1→工况 5	−35.68	−47.45	−54.23
工况 2→工况 1	27.21	36.19	41.36
工况 2→工况 3	−13.69	−18.21	−20.81
工况 2→工况 4	−17.35	−23.07	−26.37
工况 2→工况 5	−55.59	−73.93	−84.49
工况 3→工况 1	60.47	80.43	91.92
工况 3→工况 2	25.22	33.54	38.33
工况 3→工况 4	−3.31	−4.40	−5.03
工况 3→工况 5	−59.60	−79.27	−90.60
工况 4→工况 1	53.13	70.66	80.75

续表

工况变化	节约实物量（m³/h）	节能量（kgce）	节约价值量（元，按 1.4037 元/m³计）
工况 4→工况 2	23.91	31.80	36.34
工况 4→工况 3	4.18	5.56	6.35
工况 4→工况 5	−45.35	−60.31	−68.93
工况 5→工况 1	53.13	70.66	80.75
工况 5→工况 2	23.91	31.80	36.34
工况 5→工况 3	4.18	5.56	6.35
工况 5→工况 4	0.48	0.64	0.73

（4）效率法计算结果。

此时计算边界为机组耗气量、处理气量与工作参数。采用效率法计算得到的结果见表 7-41。

表 7-41　效率法计算结果

工况变化	节约实物量（m³/h）	节能量（kgce）	节约价值量（元，按 1.4037 元/m³计）
工况 1→工况 2	−9.09	−12.09	−13.82
工况 1→工况 3	−13.85	−18.42	−21.05
工况 1→工况 4	−16.21	−21.56	−24.64
工况 1→工况 5	−24.14	−32.10	−36.69
工况 2→工况 1	8.78	11.68	13.35
工况 2→工况 3	−4.42	−5.88	−6.72
工况 2→工况 4	−6.83	−9.09	−10.38
工况 2→工况 5	−14.35	−19.08	−21.81
工况 3→工况 1	12.90	17.16	19.61
工况 3→工况 2	4.27	5.67	6.48
工况 3→工况 4	−2.43	−3.23	−3.69
工况 3→工况 5	−9.76	−12.98	−14.83
工况 4→工况 1	15.17	20.18	23.06
工况 4→工况 2	6.62	8.80	10.06
工况 4→工况 3	2.44	3.24	3.71

·油气田节能量核算方法·

续表

工况变化	节约实物量（m³/h）	节能量（kgce）	节约价值量（元，按 1.4037 元/m³ 计）
工况 4→工况 5	−7.22	−9.61	−10.98
工况 5→工况 1	21.65	28.80	32.91
工况 5→工况 2	13.32	17.72	20.25
工况 5→工况 3	9.39	12.49	14.28
工况 5→工况 4	6.91	9.19	10.50

（5）3 种方法结果对比和分析。

单耗法、基期能耗-影响因素模型法和效率法 3 种方法的计算节能量对比如图 7-30 所示。

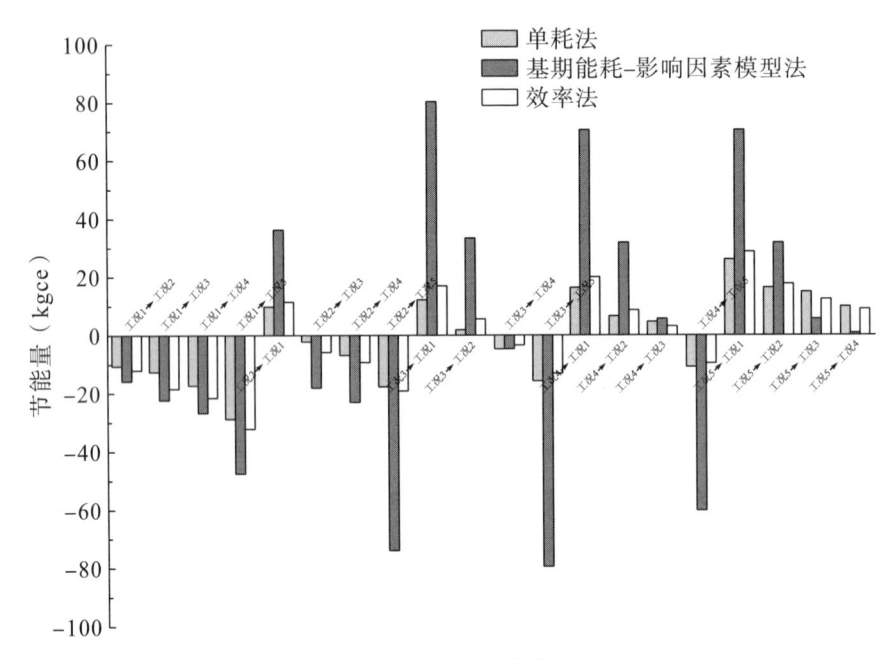

图 7-30　3 种方法的计算节能量对比

7.4.3.2　分析结果

对于调节压缩机余隙的技措，将 B 增压站与 A 增压站采集工况计算的节能量汇总，探讨节能量计算方法间的关系。

为方便观察，将单耗法计算的节能量设定为 1，其他数据按比例缩放。

·第7章 压缩机组技措节能量核算方法·

1. B增压站

2种节能量计算方法与单耗法计算的节能量比值如图7-31所示。

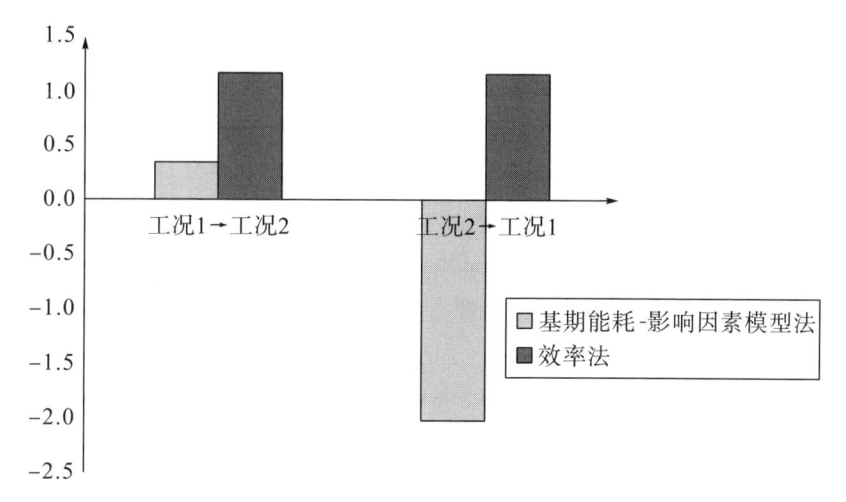

图7-31 2种节能量计算方法与单耗法计算的节能量比值

2. A增压站

基期能耗-影响因素模型法与单耗法计算的节能量比值如图7-32所示。

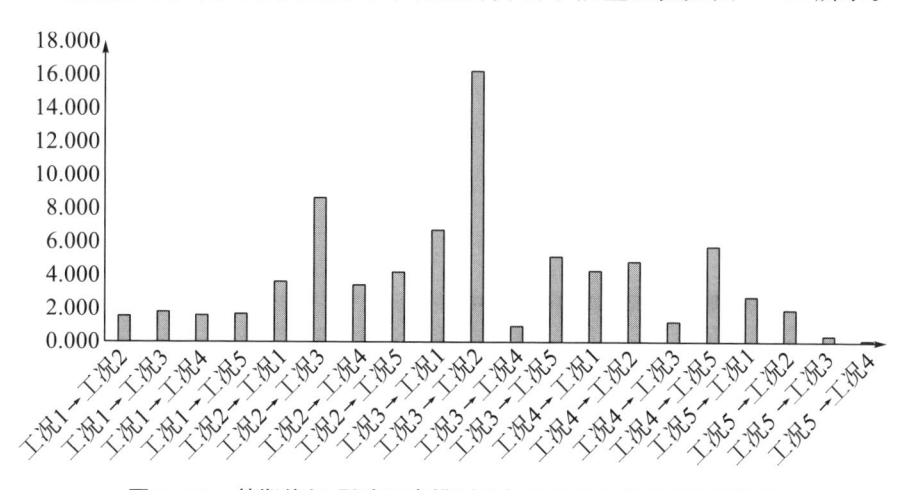

图7-32 基期能耗-影响因素模型法与单耗法计算的节能量比值

效率法与单耗法计算的节能量比值如图7-33所示。

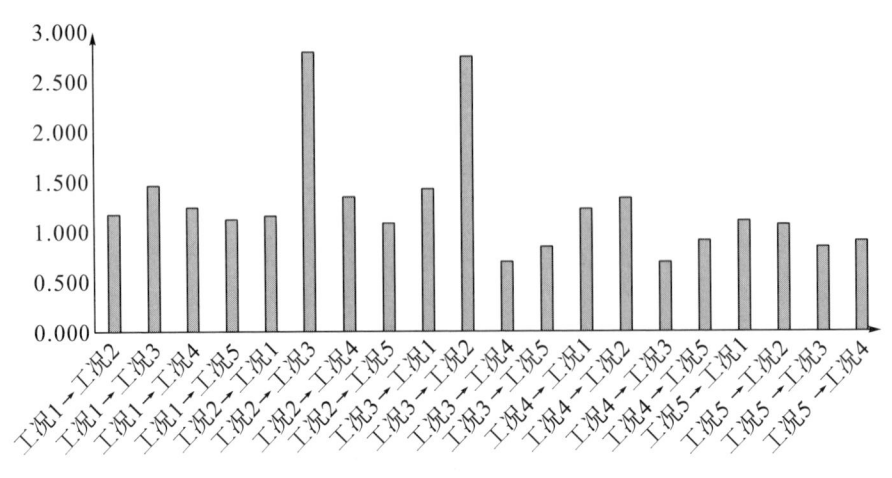

图 7-33 效率法与单耗法计算的节能量比值

根据对比分析，调节压缩机余隙技措项目的节能量计算结果，基期能耗-影响因素模型法的比效率法的大，推荐使用效率法；当数据采集不全时，亦可采用基期能耗-影响因素模型法。

7.4.4 机组运行优化

机组运行优化，通过调整单机组的处理量，提高压缩机负荷率。机组运行优化在不影响压缩机组正常生产运行的情况下进行，合理更改压缩机工况。考虑到现场实际应用，本次改造主要对 B 增压站 1♯、2♯ 机组工况进行变更，1♯ 机组由运行改为备用，2♯ 机组继续运行，以满足站场的正常生产。

7.4.4.1 节能量计算

（1）基础数据。

B 增压站机组运行优化节能技措实施前后基期和报告期生产与用能数据见表 7-42。设置 2 个工况调节方案（工况组合）分别进行节能量计算。

第7章 压缩机组技措节能量核算方法

表7-42 基期和报告期生产与用能数据

工况	机组	转速(r/min)	进压(MPa) 一级	进压(MPa) 二级	排压(MPa) 一级	排压(MPa) 二级	进温(℃) 一级	进温(℃) 二级	排温(℃) 一级	排温(℃) 二级	耗气量(m³/h)	处理气量(m³/h)
1	1#+2#	790	0.86	1.69	1.69	4.12	17.1	32.7	66.1	96.3	67.26	5892
		795	0.98	1.84	1.84	4.16	17.1	34.6	52.9	94.6	72.66	5842
	1#+2#	791	0.86	1.68	1.68	4.13	17.1	33.0	66.0	96.0	67.18	5892
		795	0.98	1.84	1.84	4.16	17.1	34.8	53.0	94.8	72.74	5842
2	2#	790	1.21	2.11	2.11	4.12	17.1	34.0	52.6	86.7	74.96	4213
		790	1.21	2.11	2.11	4.12	17.2	34.6	53.2	86.8	75.06	4200
		790	1.21	2.11	2.11	4.12	17.3	34.4	53.0	86.9	75.1	4205

(2) 单耗法计算结果。

采用单耗法计算得到的结果见表7-43。

表7-43 单耗法计算结果

工况变化	节约实物量（m³/h）	节能量（kgce）	节约价值量（元，按1.4037元/m³计）
工况1→工况2	-50.64	-67.35	-76.98
工况2→工况1	70.60	93.90	107.31

(3) 基期能耗-影响因素模型法计算结果。

根据基期能耗-影响因素模型法，相关变量为处理气量，采用基期能耗-影响因素模型法的归一化处理方式，建立处理气量与校准耗气量的函数。表7-44为基期能耗-影响因素模型法计算结果，其中 y 表示校准耗气量，x 表示处理气量。

表7-44 基期能耗-影响因素模型法计算结果

工况变化	拟合模型
工况1→工况2	$y = -0.1096x + 1426.0000$
工况2→工况1	$y = -0.0086x + 111.2300$

在改造后，将报告期相关因素（报告期处理气量）代入基期模型，计算出逐次的校准能耗；将累计得到的校准能耗与实际报告期累计的耗气量做对比，确定节能措施带来的节能量。

此时计算边界为机组基期的耗气量、处理气量与报告期的处理气量。采用基期能耗-影响因素模型法计算得到的结果见表7-45。

表7-45 基期能耗-影响因素模型法计算结果

工况变化	节约实物量（m³/h）	节能量（kgce）	节约价值量 （元，按1.4037元/m³计）
工况1→工况2	−857.85	−1140.94	−1303.93
工况2→工况1	158.29	210.53	240.60

（4）效率法计算结果。

此时计算边界为机组耗气量、处理气量与工作参数。采用效率法计算得到的结果见表7-46。

表7-46 效率法计算结果

工况变化	节约实物量（m³/h）	节能量（kgce）	节约价值量 （元，按1.4037元/m³计）
工况1→工况2	−9.70	−12.90	−14.74
工况2→工况1	16.97	22.56	25.79

（5）3种方法结果对比和分析。

单耗法、基期能耗-影响因素模型法和效率法3种方法的计算节能量对比如图7-34所示。

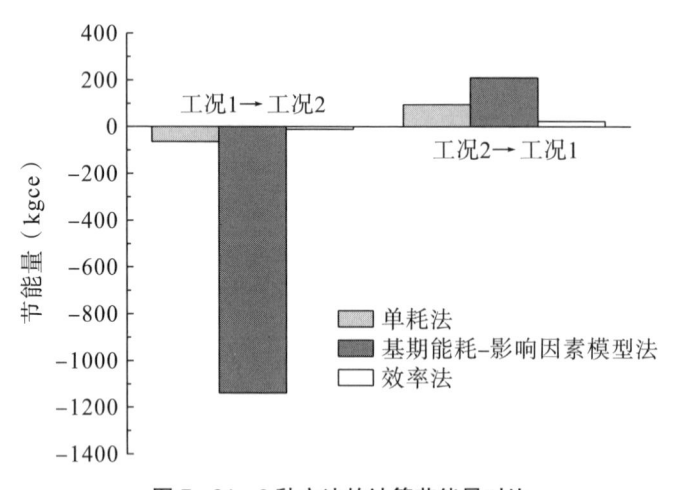

图7-34 3种方法的计算节能量对比

7.4.4.2 分析结果

对于机组运行优化技措，将B增压站采集工况计算的节能量进行汇总，对比分析采用不同节能量计算方法（基期能耗-影响因素模型法、效率法与单耗法）得到的节能量差别。

为方便观察，将单耗法计算的节能量设定为1，其他数据按比例缩放。

2种节能量计算方法与单耗法计算的节能量比值如图7-35所示。

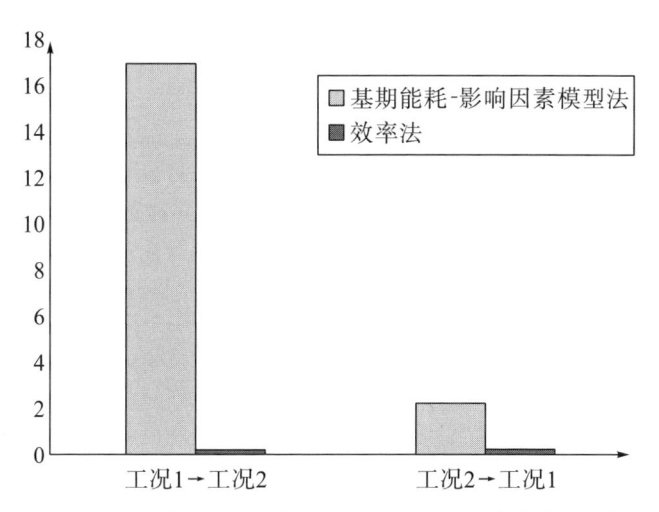

图7-35 2种节能量计算方法与单耗法计算的节能量比值

综上所述，机组运行优化时，比如单耗法对多个场站、多台机组通过管网调配，把气量倒入一个场站（减少了场站）或一台（减少了机组）机组运行，推荐采用单耗法。同时，也应该增加对机组效率影响的计算。

第8章 节能与低碳协同发展

能耗双控是指实行能源消耗总量和强度双控行动。我国从1980年发布《关于逐步建立综合能耗考核制度的通知》初步确立能耗强度考核制度，开始统计和考核大家熟知的"万元产值综合能耗"，到"十一五"期间实行全国强制考核，再到"十三五"期间由能耗强度单控提升为能耗强度和总量双控，对能源的使用提出更为严格的要求。

碳排放双控是指温室气体排放总量和强度的双控行动，现阶段主要控制对象是二氧化碳，特别是能源领域的二氧化碳，是抑制碳排放过快增长乃至尽快碳达峰继而实现碳中和的行动。2021年12月10日，中央经济工作会议明确了"要科学考核，新增可再生能源和原料用能不纳入能源消费总量控制"的要求；2023年7月11日，中央全面深化改革委员会第二次会议审议通过了《关于推动能耗双控逐步转向碳排放双控的意见》，我国生态文明建设已进入以降碳为重点战略方向的关键时期。

8.1 节能低碳发展战略与路径

习近平主席在第七十五届联合国大会上宣布中国二氧化碳排放力争于2030年前达到峰值，努力争取2060年前实现碳中和，表明了中国政府引领全球气候治理的坚定决心，我国生态文明建设进入了以降碳为重点战略方向、推动减污降碳协同增效、促进经济社会发展全面绿色转型的关键时期。2021年，《中共中央 国务院关于完整准确全面贯彻新发展理念做好碳达峰碳中和工作的意见》《2030年前碳达峰行动方案》相继发布，意味着碳达峰碳中和"1+N"政策体系顶层设计框架基本成型。国家碳达峰碳中和相关要求进一步明确，能源消费总量和强度双控进一步强化，"两高"行业约束收紧，集团公司面临着日趋严格的碳排放监管压力。另外，国家积极推动化石能源与新能源全面融合发展，天然气仍将快速发展，地热能、氢能、生物质能等将迎来重大发展机遇。

8.1.1 国际应对全球温升启动低碳发展

国际上，已就应对气候变化达成共识，低碳发展成为国际社会共同的战略举措。2015年12月12日，《巴黎气候变化协定》在第21届联合国气候变化大会（巴黎气候大会）上通过，并于2016年4月22日在美国纽约联合国大厦签署，于2016年11月4日起正式实施，主要目标是将本世纪全球平均气温上升幅度控制在2℃以内，并将全球气温上升控制在前工业化时期水平之上1.5℃以内。

碳达峰碳中和已成为全球共同行动，低碳发展领域将成为国际竞争制高点。2021年2月20日，美国开始绿色复苏，重返《巴黎气候变化协定》，大力发展清洁能源；2023年1月，《通胀削减法案》生效，将在气候和清洁能源领域投资3690亿美元。欧盟委员会于2022年3月8日发布的《欧洲廉价、安全、可持续能源联合行动》提出，我们越快转向可再生能源、水电并提高能效，就越早能真正独立掌控我们的能源系统；于2023年3月16日又提出了《净零工业法案》，以扩大欧盟清洁技术的制造规模，确保欧盟为清洁能源转型做好充分准备。英国2020年12月发布能源白皮书《推动零碳未来》。日本于2020年12月发布了《2050年碳中和绿色增长战略》支持海上风电、核能产业、氢能等14个产业，促进日本经济持续复苏和"零碳社会"建设。韩国于2020年6月提出"数字新政"和"绿色新政"，推动各经济领域的数字化转型，大力发展绿色经济，提升韩国产业的环境标准合规竞争力。

2016年9月，我国加入《巴黎气候变化协定》，成为第23个完成批准协定的缔约方。中国共产党第十八次全国代表大会《关于〈中国共产党章程（修正案）〉的决议》提出努力建设美丽中国。中华人民共和国第十三届全国人民代表大会第一次会议第三次全体会议通过了《中华人民共和国宪法修正案》，将生态文明写入《中华人民共和国宪法》。2020年9月22日，习近平主席在第七十五届联合国大会一般性辩论会上向国际社会承诺，中国将提高国家自主贡献力度，采取更加有力的政策和措施，二氧化碳排放力争于2030年前达到峰值，努力争取2060年前实现碳中和。2019年我国碳排放总量113亿吨，占全球的30%，为美国的2倍、欧盟的3倍，实现碳中和所需的碳排放减量远高于其他经济体，但是碳达峰到碳中和的时间仅有30年，远短于美国的43年和欧盟的71年，面临时间与目标的双重挑战。

8.1.2 国家节能低碳发展战略

"十四五"期间，我国清洁能源发展的主要目标是在能源安全有保障的前提下，持续加快推进清洁能源向低碳目标转型，全面构建清洁能源体系，深化能源结构改革，全面推动清洁能源发电高质量发展。为此，《中共中央 国务院关于完整准确全面贯彻新发展理念做好碳达峰碳中和工作的意见》提出，构建绿色低碳循环发展的经济体系和清洁低碳安全高效的能源体系，能源利用效率达到国际先进水平，非化石能源消费比重达到80%以上。此外，《中华人民共和国国民经济和社会发展第十四个五年规划和2035年远景目标纲要》《"十四五"现代能源体系规划》《新时代的中国能源发展》《中共中央 国务院关于完整准确全面贯彻新发展理念做好碳达峰碳中和工作的意见》提出，我国在保障能源供给到位的前提下，着力构建清洁能源体系，并在2025年，非化石能源消费比重达到20%左右；到2030年，非化石能源消费比重达到25%左右，以风电、光电为首的清洁能源总装机容量达到12亿千瓦以上；至2050年我国化石能源发电将逐渐被风能、太阳能、生物质能、海洋能、地热能、氢能等清洁能源取代，化石能源比重将不断降低；2060年，全面建立绿色低碳循环发展的经济体系和清洁低碳安全高效的能源体系，能源利用效率达到国际先进水平。

2023年7月11日，习近平总书记主持召开了中央全面深化改革委员会第二次会议，审议通过《关于推动能耗双控逐步转向碳排放双控的意见》。能耗双控转向碳排放双控是从国家发展战略角度考虑的，涉及如何压减化石能源燃烧，如何快速发展风光生物质等清洁能源，如何提高能效，以及如何增加碳汇碳吸收等。能耗双控直接限制终端能源消费总量，碳排放双控的核算方式使得碳控导向更为直接和清晰。从能控到碳控的转变，实际破解了能耗控制和经济发展之间的矛盾问题。随着我国非化石能源占比的逐步提高，特别是对于部分清洁能源占比较高的省份，再沿用此前能耗双控的指标去考核和约束高载能产业与项目发展，难免会出现相对不公平与不合理的情况。在非化石能源占比逐渐提高的今天，推动能耗双控向碳排放双控转变，是我国实现碳达峰碳中和的现实需要与必然趋势，也是进一步推动能源转型，实现清洁低碳发展的重要举措。从能耗双控逐步转向碳排放双控，要坚持先立后破，完善能耗双控制度，优化完善调控方式，加强碳排放双控基础能力建设，健全碳排放双控各项配套制度，为建立和实施碳排放双控制度积极创造条件。从能控到碳控，对于能源行业来说，无疑产生着深远影响。

国家发展改革委党组成员、副主任赵辰昕在《人民日报》刊发的署名文章中明确，节能和提高能效是推动绿色低碳发展的必然选择。与其他措施相比，节能和提高能效是当前最直接、最有效、最经济的降碳手段。碳排放双控要求能源行业坚定不移推进绿色低碳转型，而能源低碳转型有两个重要方向：一个是清洁低碳，即优化能源结构；另一个是节能提效，即用更少的能源消耗支撑更好的发展。在这两个方向中，节能贯穿经济社会发展的全过程和各领域，是实现碳排放双控目标的重要手段。此外，能源利用效率提升，有助于推动高质量发展，助力建设美丽中国。

8.1.3 中石油节能低碳发展路径

作为传统化石能源，石油和天然气一向是碳排放"大户"。国际能源署（International Energy Agency，IEA）统计数据显示，2019 年全球二氧化碳排放量为 330 亿吨，主要源于煤、石油和天然气等一次能源使用，其中石油和天然气的碳排放量达到 182 亿吨，占比 55%。油气行业全价值链从开采、运输、储存到终端应用都会产生大量碳排放，全链温室气体排放量达到全球总量的 40% 以上——其中生产阶段的排放占 20%，使用阶段的排放占 80%。要实现碳中和目标，油气行业势必成为减排主体。

在国家"双碳"战略目标下，油气田企业需要顺应低碳化、清洁化发展趋势，主动作为，积极布局低碳业务，把新能源发展作为产业进行谋划部署。中石油高度重视绿色发展，确定了"创新、资源、市场、国际化、绿色低碳"五大发展战略，提出了"清洁替代、战略接替、绿色转型"三步走总体部署。近年来，中石油天然气产量快速提升，2021 年国内天然气产量比 2015 年增长 44.3%，为国家蓝天保卫战做出了突出贡献；环境治理成效显著，"十三五"期间，实现节能量 430 万吨标准煤，化学需氧量、氨氮、二氧化硫、氮氧化物等 4 项污染物分别下降 17.5%、28.9%、31.9%、35.5%；温室气体排放得到有效管控，油气业务碳排放强度、甲烷排放强度分别下降 16%、28%，绿色低碳发展已经具备了较好基础。

中石油承诺"十四五"末，化石能源和低碳、零碳能源的发展格局初步形成；到 2050 年左右，基本达到近零排放的目标；以习近平生态文明思想为指引，全面贯彻新发展理念和国家生态文明建设新要求，落实国家碳达峰碳中和政策要求，坚持"绿色发展、奉献能源，为客户成长增动力，为人民幸福赋新能"的宗旨，按照"清洁替代、战略接替、绿色转型"三步走总体部署，推动构建碳循环经济体系，促进清洁低碳能源生产、生态环境治理和温室气体排放控制协同增效,致力于成为绿色企业建设引领者、清洁低碳能源贡献者、碳循环经济先行者,为我国实现 2030 年碳达峰和 2060 年碳中和目标做出积极贡献。

"十四五"期间,油气田业务在面临新增储量品位下降、油气产量下降、处理液量上升、油气生产负荷率下降等诸多不利因素的同时,也将面临国家更为严厉的环保政策、节能低碳等合规约束。要实现碳达峰,首先应将绿色低碳纳入企业发展战略,对化石能源和清洁能源进行统筹布局,提升低碳和零碳能源比例,规模发展"驱油减碳"全产业链技术。关注的内容包括如下几个:

(1) 应立足"先节能降耗,后清洁替代"的思路。节能降耗是碳达峰的首选措施,应继续加强淘汰高耗能设备、生产系统提效、降低无效损耗等措施投入;清洁替代应关注油气田业务终端用能的低碳清洁化,东部油田拓宽地热能利用,西部油田深化光伏消纳。

(2) 油田和气田的低碳敏感因素各有侧重。油田控碳首选消减煤炭、原油消耗占比,气田控碳重点在于降低无效损耗。用于热力和发电的煤炭和原油的碳排放占直接碳排放的 30%。除部分高品位用热需求无法经济替代外,现有低碳或者零碳能源可以有效降低油气田业务碳排放量。

(3) 应发挥综合能源管理的协同效应。在节能降耗方面应加强节能审查,深化能效对标,推进能源管控;在清洁替代方面应开展优势清洁能源与企业用能匹配度分析,优化企业用能结构的经济性与低碳平衡点。通过统筹监测评价、节能降耗、清洁用能、虚拟碳交易等业务措施,配合精准考核、内外部能源价格趋同等机制,油气田业务可以实现更低成本的高效低碳用能。

(4) 应加大革命性技术研发与应用。节能降耗方面应加强能量系统优化,推广井下节流、井筒绝热、常温集输、密闭输送、非金属管道等节能工艺(技术),增强多能互补与能源管控,提升油气商品率;清洁替代方面应开展西部光电、稠油光热、分布式终端电气化、低渗透地热储层有效改造等技术研发与应用。

(5) 应超前储备相关"双碳"技术。加强油气田业务碳排放环节分析,研究全生命周期不同开发方式与生产工艺的碳足迹,应用并优化碳捕集、封存与驱油技术,评估碳资产潜力与研究碳交易商务模式,构建区域碳达峰与碳中和的相关技术体系。

(6) 部署"驱油减碳"全产业链技术。CCUS-EOR 是规模化碳利用减排的主体,实现碳达峰碳中和的重要举措,也是低渗透油田大幅度提高采收率的战略性接替技术,具有碳减排社会效益与驱油经济效益"兼得"的优势,与绿色低碳发展战略高度契合，发展完善和工业化推广应用该技术意义重大。加强攻关大规模二氧化碳捕集和长距离管道输送技术、大规模驱油油藏工程设计、大规模埋存安全监测等技术成熟配套，注采和地面工程设备简易高效、自动化程度高，动态监测和适时优化调整技术持续发展，产出气循环利用技术满足项目整体提效要求，实现了CCUS全流程封闭零排放的目标，为实现国家"双碳"目标和能源安全贡献力量。

8.2 节能量与减碳量关联度

降碳减排指标和节能降耗指标是国民经济和社会发展的两个约束性指标，节能降耗指标是对社会经济发展的"软约束"，降碳减排指标则是一种"刚性约束"，是中央政府在环境保护这一公共服务和涉及公众利益的领域对地方政府和有关部门提出的明确要求，需要政府合理配置公共资源和有效运用行政力量确保实现的目标指标。这两个指标有所联系，但也有本质上的不同。

节能降耗可以通过技术进步、提高能源利用率、转变能源结构等方式实现，从某种意义上讲，资源能源单耗降低是一种趋势。据统计，2022年全国能源消费总量54.1亿吨标准煤，比上年增长2.9%。煤炭消费量增长4.3%，全国万元国内生产总值能耗比上年下降0.1%，从这里我们可以发现，能源消费对环境的压力一直持续存在，只是压力增加的幅度得到了一定程度的遏制。

降碳减排指标是绝对值概念的总量指标，其考核对象是在一定时期内产生的碳排放总量。降碳减排需依靠能减少资源投入和单位产出排放量的技术变革和替代方式。碳排放总量是整个社会经济系统发展对环境系统压力的集中体现，其涉及各行各业、社会经济的方方面面，与生产、分配、流通、消费诸环节均有密切关系，研究环境、能源与经济之间的关系极为必要。在温室气体排放与能源消费关系中，经济增长依赖能源投入，而大量的能源消费直接导致了全球碳排放过量，三者相互影响、相互关联。已有研究主要从能源消耗对碳排放的驱动作用入手，并结合经济增长探讨三者间是否存在长期均衡关系，最终认为三者间存在长期协整关系。王亚峰等（2013）通过对1995—2010年长三角地区的经济、能源和碳排放状况进行分析，发现长三角地区能源消费和碳排放总量均居高不下，且逐年增长，其中经济产出对碳排放增长的驱动效应最大，能源强度是抑制碳排放的重要因素，而能源结构对碳排放的抑制作用不显著。Faisal Mehmood Mirza等（2019）在研究巴基斯坦能源消费、碳排放与经济增长之间的关系时运用格兰杰因果分析方法，发现三者之间存在持久平衡的双线性关系。刘胜粤（2021）通过对能源消费量等外部因素对碳排放量的动态演变特征影响分析认为，在诸多影响因素中，能源消费量所产生的推动作用较为显著，且对碳排放量的解释力度最强。据统计，2022年全国万元国内生产总值二氧化碳排放下降0.8%，碳排放总量下降0.2%。新时代十年，我国单位国内生产总值二氧化碳排放下降34.4%（《人民日报》，2022）。

综上所述，节能降耗指标的提出主要是基于我国资源、能源承载状况，资源消耗和能源消耗最终都会形成一定比率的碳排放量，节能降耗指标的降低有利于减少资源、能源消费总量，也必将对降碳减排起到积极的促进作用。反过来，由于实施了严格的降碳减排措施，也促进了企业资源能源的节约和技术进步，对于节能降耗指标是十分有利的。节能降耗指标和降碳减排指标具有较好的相互促进关系。

8.2.1 节能是源头减碳是关键

"双碳"目标的确定，意味着能源相关的法律与政策将进一步朝向鼓励和推动能源开发利用低碳化乃至零碳化的方向转型。节能提效是实现"双碳"目标的重要前提。近年来，我国不断强化污染治理，环境质量改善之快前所未有。但随着末端治理的空间不断收窄、成本持续上升，必须从源头上大幅提高能源利用效率，协同推进源头预防、过程控制、末端治理。在应对气候变化举措之中，节能是最具减排潜力、最经济的方式之一，也是实现我国2030年应对气候变化国家自主贡献最主要的途径之一。节能提效是壮大绿色发展新动能的重要源泉。节约能源和提高能效是实现"双碳"目标的有力保障，同时也是短期内实现碳达峰的主要抓手。"十三五"时期，我国节能提效取得显著成绩，累计节能7.1亿吨标准煤，节能量占同时期全球节能量的二分之一左右，在促进经济结构优化、技术进步、从源头减少碳排放负荷等方面发挥了重要作用。研究表明，与冻结情景相比，碳达峰时节能提效的减排量占总减排量的75%~80%。

在当前"十四五"发展新形势下进一步强化节能提效意义重大。首先，节能提效是实现分两步走战略目标的重要保障。依靠节能提效满足需求增长，把经济社会发展构筑在能源高效低碳利用基础上，是新发展阶段、新发展格局下推进经济社会现代化发展的内在要求。其次，碳达峰碳中和目标愿景对节能提效提出了更迫切的要求。从全球来看，节能和提高能效被普遍视为能源系统二氧化碳减排的最主要途径。根据国际能源署的分析，到2050年，能效提升是实现二氧化碳大规模减排的最主要途径，其贡献约为37%，是实现碳减排最重要、最经济、最直接的路径（田智宇、白泉，2022）。但当前，我国化石能源需求仍在持续增长，要确保实现2030年碳达峰目标，煤炭需求必须在"十四五"期末左右达峰，石油需求必须在"十五五"期间达峰。此目标对节约、高效利用煤炭、石油等提出了更迫切的要求。

田智宇、白泉（2022）通过采用"自上而下"和"自下而上"相结合的分析方法，利用长期能源替代规划（LEAP）分析模型，对我国经济社会发展、能源需求变化、能源结构优化等进行情景展望分析。研究表明，从能源活动二氧化碳排放看，在不同情景下，我国二氧化碳排放能在2030年前达到峰值，到2035年有所降低。为进一步分析节能提效对碳达峰的贡献，田智宇等以2020年能源强度作为冻结情景，并假设了"十四五"和"十五五"时期经济增长、能源结构优化等不同情景，对节能提效在碳排放达峰时的贡献进行测算分析。研究表明，与冻结情景相比，低、中、高三种增速情景下，碳排放达峰时节能提效的减排量占总减排量的比例分别为80.4%、75.5%、75.1%。需要说明的是，田智宇、白泉等（2022）假设不同情景下2030年非化石能源占一次能源比重均为25%，如果届时非化石能源比重更高，相应的节能提效贡献将有所降低。由此可以看出，节能是实现源头减碳的关键。

8.2.2 测试方法

节能监测是政府推动能源合理利用的一项重要手段，是通过设备测试，能质检验等技术手段，对用能单位的能源利用状况进行定量分析，依据国家有关能源法规和技术标准对用能单位的能源利用状况做出评价，对浪费能源的行为提出处理意见，加强政府对用能单位合理利用能源的监督。目前，国家节能标准体系相对完善，节能监测主要依据标准包括GB/T 33653—2017《油田生产系统能耗测试和计算方法》、SY/T 5268—2018《油气田电网线损率测试和计算方法》、GB/T 16664—1996《企业供配电系统节能监测方法》、SY/T 6381—2016《石油工业用加热炉热工测定》、GB/T 10180—2017《工业锅炉热工性能试验规程》、GB/T 17357—2008《设备及管道绝热层表面热损失现场测定热流计法和表面温度法》。

碳排放测试主要指通过手工或自动监测手段，对能源活动、工业过程等典型源排放的温室气体排放量进行监测的行为。夯实温室气体排放监测基础，有助于评估与验证温室气体核算方法和排放因子的科学性，支撑建立符合我国实际情况的温室气体核算体系；同时，也可以丰富我国碳排放交易中排放量的确定方法，推动企业碳排放与污染物排放的协同监测监管。

二氧化碳排放主要源自能源活动和工业过程，其中固定源燃料燃烧占比约85%，其余为建材、冶炼等环节贡献。目前，我国比较完善的碳排放核算方法为碳计量，只在火电行业开展了碳排放连续监测试行，即通过对排放口二氧化碳浓度和排气流量开展自动监测，实时连续监测二氧化碳的排放量变化情况，依据标准主要有 HJ/T 373—2007《固定污染源监测质量保证与质量控制技术规范》、HJ/T 397—2007《固定源废气监测技术规范》、HJ/T 870—2017《固定污染源废气二氧化碳的测定 非分散红外吸收法》以及2020年针对火电厂连续监测技术实施的新规范 T/CAS 454—2020《火力发电企业二氧化碳排放在线监测技术要求》。油气田企业受排放源复杂、生产区域分散等限制，其碳排放测试依赖于碳计量，即采用标准包括《中国石油和天然气生产企业温室气体排放核算方法与报告指南（试行）》、GB/T 32150—2015《工业企业温室气体排放核算和报告通则》，通过统计日常燃料分析数据、常见化石燃料特性参数缺省值数据，利用排放因子法、物料平衡法计算得出。

甲烷排放主要来自能源生产，如石油天然气、煤炭开采过程中的逃逸排放，占比近90%。石油天然气开采行业甲烷逃逸主要来自组件密封点和敞开液面的泄漏，主要依托挥发性有机物泄漏检测协同开展监测，估算泄漏排放水平。煤炭开采过程中的甲烷逃逸主要包括井工煤矿开采、露天开采过程中的逃逸、废弃煤矿的逃逸，以及矿后活动的逃逸等，其中井工开采方面国际国内多采用甲烷连续监测手段开展监测，露天开采、废弃煤矿和矿后活动多基于产品产量进行估算。目前，卫星、无人机、走航、地基遥感监测是获取甲烷浓度及其排放来源的重要技术手段，实现对甲烷气体排放量和排放源的监测评估。然而当前针对油气田企业逸散温室气体还未有明确的监测方法。

随着新能源产业持续发展，各大油气田相关业务不断增多，在新能源与传统油气田生产融合的进程中，节能贯穿油气新能源发展全过程，节能工作的成效将直接反映在降低碳排放量上。目前的实际生产中，如应用相应的节能技术，可以通过折标准煤系数测算节能量，同时，基于相应燃料的碳排放系数核算碳减排量。

8.2.3 计算和评价方法

油气田企业节能评价标准包括 GB/T 31453—2015《油田生产系统节能监测规范》、SY/T 6373—2016《油气田电网经济运行规范》、SY/T 6374—2023《油气田生产系统经济运行规范 机械采油系统》、SY/T 6569—2017《油气田生产系统经济运行规范 注水系统》和 GB/T 8174—2008《设备及管道绝热效果的测试与评价》。

国际上对碳减排的研究很多,集中在碳排放量的计算及影响因素上。我国对碳排放量、行业间差异的研究较为深入,但构建碳排放评价指标体系的研究很少。国际碳排放统计指标的产生源于计算各国温室气体减排义务,最初评价见于《联合国气候变化框架公约》下各国温室气体排放量的计算。在温室气体排放评价中,国际上逐步形成了国别排放指标、人均排放指标、单位GDP排放指标、国际贸易排放指标等,形成了从多个角度评价国际温室气体排放状况的指标体系。但从一个国家内部的角度,碳排放统计指标存在极大欠缺。目前,我国统计数据中碳排放指标有：能源消耗碳排放总量、CO_2排放总量、人均CO_2排放量、每平方公里CO_2排放量、CO_2排放年均增长率、与1990年相比增长指数,CH_4的排放总量、增长率、能源加工产生的排放量占总排放量比重、农业生产甲烷排放比重,氮及其他温室气体的氮排放量、农业生产碳排放量比重、其他温室气体排放量,温室气体排放总量、人均温室气体排放量等。现有碳排放指标对国家碳排放总量和主要碳源进行了粗线条统计,但站在国家经济社会发展的高度,还没有相对完整的全面的统计评价指标体系。

国内外学者逐渐开展碳排放评价指标研究。Kaya和Yamaji（1993）提出碳生产率指标网。Mielnik和Goldemberg（1999）提出了单位能源消费的二氧化碳排放量指标。Sun（2005）提出了碳强度指标。彭文强和赵凯（2014）认为碳生产率是一定时期内GDP与CO_2排放量之比,反映了低碳排放与经济发展的双重因素。张志强等（2008）基于可持续发展的公平性原则,提出了"工业化累积人均排放量"的新指标,客观定量评价世界各国工业化以来温室气体历史累积排放量的当代人均量。王琴等（2010）在当前社会经济技术条件下,从个人（家庭）基本生存发展需求角度进行了生存碳排放统计指标体系建立研究,包括家庭碳排放总量、家庭人均碳排放量、家庭单位收入碳排放量和基本生存碳排放量等指标,进一步细化了生存碳排放的特征。付加锋等（2010）将碳排放与经济发展相结合,从低碳经济的角度构建了以低碳产出、低碳消费、低碳资源、低碳政策和低碳环境为维度的多层次评价指标体系和相应的评价方法,为定量评估低碳经济发展潜力提供参考依据。2021年7月,生态环境部发布了《关于开展重点行业建设项目碳排放环境影响评价试点的通知》,组织开展重点行业建设项目碳排放环境影响评价试点工作,包括电力、钢铁、建材、有色、石化和化工等。截至目前,已有12个省市出台了相应的评价技术指南,油气田企业尚未出台相关评价技术指南。

8.2.4 核算边界

国内外对于碳减排的计算、碳市场的核算与核查遵循监测、报告与核查（monitoring，reporting，verification，MRV）体系的要求，即碳排放可监测、可报告、可核查。可监测性要求明确监测的对象、方式，以及认知监测的局限性；可报告性涵盖报告的主体、内容、方式、周期等；可核查的价值在于保证报告的结果数据可相互比较与验证。在确定碳资产管理体系范围时，我们需要以内外部因素的分析结果为依据；在确定碳排放管理范围时，需要了解本行业进行碳排放核算时的范围和边界，以确定有哪些活动会影响碳排放核算的最终结果。

例如，发电企业在进行碳排放量核算和核查时，按照核查报告指南的要求，以发电设施为系统边界，在这个过程中产生的二氧化碳被计入最终的碳排放量。在发电设施边界外，我们可以很容易找到一些活动产生的碳排放并未计入最终的核算结果，比如厂区原煤转运所带来的化石燃料的碳排放。因此，发电企业在建立碳资产管理体系的范围和边界时，需要考虑以发电设施系统内的活动为核心，不要将辅助生产系统的各项活动纳入碳排放管理体系（碳资产管理体系组成部分），避免进行"无意义"的工作。这一例子可以认为是外部因素对碳资产管理体系范围的影响，其逻辑可以总结为：外部相关方要求影响了碳排放核算的范围，进而对碳资产管理体系范围产生了影响。

油气行业的温室气体排放主要包括二氧化碳与甲烷两类，二氧化碳排放主要由供热与供能需求产生，如使用天然气作为燃料供热及产生蒸汽、自备电厂发电等带来的尾气排放等。以 20 年为尺度，甲烷的增温潜势约为二氧化碳的 86 倍，是需要优先控制的一类温室气体。在油气产业链贡献的 15% 温室气体减排量当中，超过 60% 来自甲烷减排，剩下 40% 来自二氧化碳减排。

油气田碳排放以独立法人企业或视同法人的独立核算单位为企业边界，核算和报告在运营上受其控制的所有生产设施产生的温室气体排放，设施范围包括与石油天然气生产直接相关的油气勘探、油气开采、油气处理及油气储运各个业务环节的基本生产系统、辅助生产系统，以及直接为生产服务的附属生产系统。其中，辅助生产系统包括厂区内的动力、供电、供水、采暖、制冷、机修、化验、仪表、仓库（原料场）、运输等，附属生产系统包括生产指挥管理系统（厂部）以及厂区内为生产服务的部门和单位。

8.3 油气田节能低碳融合发展

8.3.1 绿色企业建设引领者行动

中石油按照"合规发展、减污降碳、清洁替代"的原则，秉承节能为第一能源的理念，构建多元化清洁能源替代体系，深入打好污染防治攻坚战，加强生态环境保护，致力于成为绿色企业建设引领者。开展的重点工程如下：

8.3.1.1 节能降碳工程

实施能量系统优化。开展油气田地上地下联合优化、炼化一体化能量梯级利用，提升能源效率，加强装置间热集成热供料、换热网络集成升级、工艺侧与公用工程协同、余热余压回收利用。

实施能效提升行动，新建项目达到能效标杆水平，逐步淘汰达不到能效基准水平的生产工艺和装置。

规模化推进清洁替代。稳步实施天然气替代燃煤改造工程，建设零燃煤示范区，退出重油作燃料，逐步提高天然气和燃料气使用比例。发挥东部油区地热资源优势，积极推进生产用能清洁替代。以风电、光伏替代油气生产现场网电，在具备条件的加油站部署光伏发电，发展直流柔性储能一体化供电技术。

推进能源管控建设。以油气田作业区、采油厂、炼油厂、重点装置、公用工程、钻井队等为重点单元，开展能源管控功能升级完善和能源管控单元评估诊断。实施油气田和炼化企业能源管理中心试点，推进能源精细化管控和能源、生产管理一体化发展。

8.3.1.2 甲烷减排工程

建立甲烷监测、报告与核查（MRV）体系。开展油气生产、管道输送和天然气销售全产业链甲烷排放监测与核查，针对重点排放源，制定组件泄漏检测与修复规程和作业规范，推广实施甲烷泄漏检测与修复（leak detection and repair，LDAR），将甲烷排放监测纳入规范化管理。

实施常规火炬熄灭计划。加强火炬与工艺放空管理，严格控制勘探开发过程的气体放空。针对勘探无阻放空、套管气、单井储油装置等排放源，推进常规火炬熄灭计划，提高应急火炬效率。推广绿色完井和活塞气举系统，通过压缩、分离、发电、收集、回注等方式实现伴生气经济有效回收，发展低压低气量低浓度甲烷回收技术。

深化整体密闭流程改造。落实《甲烷排放管控行动方案》，深化油气田地面工程集输系统密闭改造，在设计、施工、生产各环节推行清洁生产，实现全流程密闭生产和操作。开展炼化生产、污水治理、废物处置环节的甲烷与挥发性有机物（volatile organic compounds，VOCs）协同治理，建立油气田开发甲烷与VOCs的协同管控机制。

8.3.1.3 生态建设工程

开展生物多样性保护能力建设。制定《生物多样性保护行动方案》，建立生物多样性保护示范区。建立完善的生物多样性保护管理制度和工作体系，把生物多样性风险评估纳入项目全生命周期管理。

规模发展林业碳汇。充分利用现有矿区土地资源，整体规划碳汇业务发展，在新疆油田、大庆油田、吉林油田、大庆石化等单位实施集中造林，实现碳汇林建设与义务植树、生物多样性保护、生物质能发展相结合。采用购买、合作共建等方式开展碳汇信用业务，储备碳配额。

推进油气田企业绿色矿山建设。大力推进清洁生产和绿色矿山建设，及时治理恢复矿区地质环境，复垦矿区压占和损毁土地。发展绿色生态工程、绿色人文工程、绿色宜居工程和绿色创效工程四大绿化工程，完善石油绿色生态系统。

8.3.1.4 绿色文化工程

深化污染防治攻坚。强化污染物与温室气体协同控排，坚持污染防治与生态保护并重，全面控制生态环境风险。实施环保治理设施提标改造，协同推进常规污染物及总氮、总磷、重金属等的达标升级，开展新污染物治理；继续完善在线监测和生态环境监测网络，建设智慧环保平台。

提高环境、社会和公司治理（environmental, social and governance，ESG）绩效。强化ESG风险治理，持续完善公司应对气候变化行动信息，细化碳排放总量与排放强度的控制目标与指标，开展产品全生命周期碳排放核算。加强生物多样性和土地利用、社区关系、健康和安全、环境等方面的信息披露。

开展优秀企业公民建设活动。按照合规、公开、共建的原则，促进绿色低碳发展理念融入企业经营全过程。推进绿色设计和绿色施工，实施绿色采购，开展绿色包装、运输和物流，探索建立上下游绿色供应链制度体系。开展绿色低碳公益活动，推进企业与社会环境友好共建。

8.3.2 清洁低碳能源贡献者行动

中石油按照"融合发展、优化布局、战略接替"的原则，坚持将天然气业务作为绿色发展的战略方向，实施地热、生物质能和风光发电工程，打造氢产业链，进一步推动炼化转型低碳发展，致力于成为清洁低碳能源贡献者。开展的重点工程如下：

8.3.2.1 "天然气+"清洁能源发展工程

实施稳油增气战略，加大油气勘探开发力度，建设鄂尔多斯盆地油气高产稳产工程、四川盆地页岩气开发区建设工程和塔里木盆地油气上产工程。推进页岩气低成本商业开发和煤层气规模效率开发，完善引进天然气资源战略布局，保证国家天然气供应安全。

产业化发展光伏、风电、地热等可再生能源。在西北、东北等风光资源丰富的地区，依托油田矿区土地资源和自备电网消纳优势，开发光伏发电和风电项目。发挥东部、南方油区地热资源优势，建设京津冀地热供暖基地，突破干热岩发电和制冷技术，形成地热资源的高效规模开发。

打造"天然气+"产业集群。推进气电调峰与可再生能源发电协同开发方式，重点在"三北"和沿海负荷核心地区发展风光气储一体化项目，满足电力（热力）增长需求。推动天然气零碳制氢与绿氢产业区集群发展，研究开发"天然气制氢+CCS+高温燃料电池"零碳技术。

8.3.2.2 "氢能+"零碳燃料升级工程

大力发展氢能产业链。实施减油增化战略，同步布局"氢能+"等零碳燃料产业链，发展以氢能为基础的深加工生产链和零碳燃料供应链。加快部署高纯氢气提纯项目，依托风、光等可再生资源发展可再生电力电解水制氢，突破天然气零碳制氢技术，形成高效氢能产业。发展高效液氢输送技术，构建多元氢能生产供应体系。

产业布局氨、生物燃料、合成燃料等零碳燃料。打造无碳低碳制氨和氨能利用现代产业链，挖掘发挥氨作为零碳燃料和优质储氢介质的发展潜力，参与全球零碳"氨能源"储运网络构建。推进生物柴油和生物航煤成套技术工业化应用，布局建设生物质能原料基地。开发适配现有能源使用体系的低碳、零碳合成燃料，为海运、航空等难减排领域提供低碳发展方案。

规模化发展新材料业务。以乙烯、PX为龙头，持续提高烯烃、芳烃等化工产品生产比例，在原油直接裂解制烯烃、废塑料循环利用、分子精准炼制等领域取得技术突破，延伸加工产业链。超前布局CO_2化工利用技术，在CO_2加氢制甲醇/芳烃、CO_2生产聚碳酸酯多元醇等方面形成产能，发展可循环生物基材料、先进储能材料、高端碳材料等新材料前沿技术。

8.3.2.3 综合能源供给体系重构工程

系统优化产业链布局。成立油气和新能源板块，打造"天然气＋"产业集群，发展"油气热电氢"生产体系；成立炼化销售和新材料板块，发展"氢能＋"供应体系，布局"氢化油气电"供应终端。以数字化技术再造流程，发展智能物联网综合管理平台，实现能源流、业务流、价值流、碳资产流优化配置。

产业化延伸能源终端服务。充分利用现有加油站和矿区服务终端，发展加氢、加气、充电业务，以智能化加油站改造为推动，建立人-车低碳生活圈。规模化发展一体化供电服务，布局储能产业，参与以新能源为主体的新型电力系统建设。突破长距离热能高效输送和梯次利用技术，构建油气矿区与周边居民热能联网体系，扩大供暖市场。

构建区域性净零碳排放综合能源供应体系。以"天然气＋"作为稳定的能源供给基础，发展"风光气热氢"互补、"电热冷水燃"联供智能化综合能源服务网络。发展智慧型多能互补终端供热供电技术，配套高效储能和碳汇服务，保障风光热等可再生资源稳定供应，打造区域性碳中和综合能源供应体系。

8.3.3 碳循环经济先行者行动

中石油按照"循环发展、零碳升级、绿色转型"的原则，推进零碳生产体系重构，实施生态设计优化和数字化赋能，持续推进电气化深度改造，布局CCS/CCUS战略接替产业，致力于成为碳循环经济先行者。开展的重点工程如下：

8.3.3.1 深度电气化改造工程

持续推进上游业务的电气化改造。利用油田矿区及周边丰富的风光资源，积极发展风电光伏，推行网电钻完井和户外作业光储一体化项目，实施推进油气业务加热系统的电气化适应性改造，发展直流柔性采油系统化技术、稠油注汽锅炉梯次用能技术，实现油气开发多元化能源综合利用和电气化深度管控。

不断提高下游业务的电气化水平。重点围绕炼化过程中的高排放和高能耗装置进行绿色电气化改造，优化热电汽系统，发展电力替代蒸汽伴热、蒸汽加热和燃料加热；开发高温加热炉、锅炉电气化技术，加大绿电使用量。突破电驱压缩机组和电驱大型机泵技术，逐步实现乙烯裂解压缩机、丙烯压缩机等的电气化。

发展区域电力协同管控系统。利用能源互联网、大规模储能等新技术和智能化手段，统筹油气田矿区和炼化聚集区风电、太阳能发电基地的开发和输配电，降低新能源资源的波动性、随机性和不确定性，实现区域内清洁能源的安全调配与高效消纳，进而实现矿区智能清洁供电系统的升级。

8.3.3.2 CCUS 产业链建设工程

发展 CCUS-EOR。发挥油田、炼化一体化业务优势，加强新疆、长庆、大庆、吉林、环渤海等区域自有油田和炼化企业间的合作，整合内部源汇匹配，形成完整产业链，建设石油石化近零示范区。突破 CO_2 高效捕集、运输、注入、封存等各环节技术和装备，推动建立完善的 CCUS 标准规范体系。

布局 CCUS 区域产业中心。以提高化石能源清洁利用、工业产业链零碳升级为核心，在松辽、准噶尔、鄂尔多斯、塔里木、海南等地优先开展 CCUS 区域产业中心战略规划和建设。参与 OGCI 全球 CCUS 区域产业中心布局，探索区域 CCUS 商业化模式。

研究 CCUS 超前技术。超前部署新一代有机胺吸附剂、固体吸附剂、中高温 CO_2 分离膜等捕集技术，发展远距离大容量 CO_2 运输封存、数据模拟、空天一体监测。实现低浓度 CO_2 捕集利用与封存。参与全球 DACCS、BECCS、海洋碳汇等研究合作。

8.3.3.3 零碳生产运营再造工程

实施生态设计优化。采用零碳/低碳生产工艺，推广使用氢、氨、生物质能等零碳/低碳燃料，发展工厂级"绿色能源岛"，打造零碳能源集中供应平台。实施烟气、废气排放集中管控，加强尾气中 CO_2 的捕集和资源化利用，发展清洁高效可循环生产工艺。

发展数字化赋能。推进数据全面采集和生产过程实时感知，实现能量流、信息流、业务流、资金流、价值流的优化配置，发展智能化油气田、数字化炼油化工、智慧化销售服务。加速构建智慧型碳生产信息管理平台，实施碳流的监测、统计、管控数字化转型，优化碳资产管控，建立全生命周期绿色供应链。

构建碳循环经济圈。统筹资源市场、清洁能源供应、环境容量及碳减排潜力，优化油气、炼化发展布局，发展区域碳循环经济战略基地；加强与煤化工、电力、新能源等行业技术的耦合、协同减碳，提高碳产业集聚集约发展水平。

参考文献

[1] 中华人民共和国国家质量监督检验检疫总局，中国国家标准化管理委员会. 节能量测量和验证技术通则：GB/T 28750—2012 [S]. 北京：中国标准出版社，2013.

[2] 中华人民共和国国家质量监督检验检疫总局，中国国家标准化管理委员会. 节能量测量和验证实施指南：GB/T 32045—2015 [S]. 北京：中国标准出版社，2015.

[3] 中华人民共和国国家质量监督检验检疫总局，中国国家标准化管理委员会. 节能量测量和验证技术要求泵类液体输送系统：GB/T 30256—2013 [S]. 北京：中国标准出版社，2014.

[4] 中华人民共和国国家质量监督检验检疫总局，中国国家标准化管理委员会. 节能量测量和验证技术要求通风机系统：GB/T 30257—2013 [S]. 北京：中国标准出版社，2013.

[5] 中华人民共和国国家质量监督检验检疫总局，中国国家标准化管理委员会. 节能量测量和验证技术要求 居住建筑供暖项目：GB/T 31345—2014 [S]. 北京：中国标准出版社，2015.

[6] 中华人民共和国国家质量监督检验检疫总局，中国国家标准化管理委员会. 节能量测量和验证技术要求 水泥余热发电项目：GB/T 31346—2014 [S]. 北京：中国标准出版社，2015.

[7] 中华人民共和国国家质量监督检验检疫总局，中国国家标准化管理委员会. 节能量测量和验证技术要求 通信机房项目：GB/T 31347—2014 [S]. 北京：中国标准出版社，2015.

[8] 中华人民共和国国家质量监督检验检疫总局，中国国家标准化管理委员会. 节能量测量和验证技术要求 照明系统：GB/T 31348—2014 [S]. 北京：中国标准出版社，2015.

[9] 中华人民共和国国家质量监督检验检疫总局，中国国家标准化管理委员会. 节能量测量和验证技术要求 中央空调系统：GB/T 31349—2014 [S].

北京：中国标准出版社，2015.

[10] 中华人民共和国国家质量监督检验检疫总局，中国国家标准化管理委员会. 油田企业节能量计算方法：GB/T 35578—2017 [S]. 北京：中国标准出版社，2018.

[11] 国家能源局. 油气田企业节能量与节水量计算方法：SY/T 6838—2011 [S]. 北京：原子能出版社，2011.

[12] 温继光. 企业节能量及其计算 [J]. 武汉工程大学学报，2011（8）：81-85.

[13] 王冲，何建萍，崔艳敏，等. 企业节能量计算方法浅析 [J]. 油气田环境保护，2011，21（5）：13-15，22.

[14] 李建峡. 企业节能量计算方法探讨 [J]. 河南科技，2013（19）：254，266.

[15] 解佗，张刚，刘福潮，等. 企业节能量计算方法分析及应用 [J]. 陕西电力，2015，43（1）：77-81.

[16] 岳美荣. 节能技措项目节能量计算方法探讨 [J]. 资源节约与环保，2013（3）：1-2.

[17] 李玲. 公共建筑基准能耗模型及节能量审核研究 [D]. 武汉：华中科技大学，2017.

[18] 王巍巍，张炳学，陈静，等. 节能量审核在合同能源管理项目中的应用分析 [J]. 节能，2019，38（11）：109-111.

[19] 曾腊梅，李珍义，张余. 节能项目节能量与节水量的计算方法 [J]. 石油石化节能，2013，3（4）：20-22.

[20] 牛仕庶. 离心泵运行影响因素与提高效率措施 [J]. 化工管理，2016（17）：23.

[21] 张梦华. 油田注水系统节能降耗分析 [J]. 化工管理，2020（5）：52-53.

[22] 王立峰，曹阳. 公共建筑中新风能量回收系统节能量计算和控制方法研究 [J]. 暖通空调，2016，46（4）：66-72.

[23] 刘泽宇. 供热系统节能量计算方法的研究 [D]. 北京：北京建筑大学，2015.

[24] 潘永伟. 注水泵节能方法探索实践 [J]. 石油石化节能，2021，11（1）：23-26，8.

[25] 宗廷涛. 油田注水系统效率的影响因素及对策探析 [J]. 中国石油和化

工标准与质量，2020，40（20）：41-43.

[26] 周勇，徐秀芬，曹莹，等. 新疆油田注水系统能耗评价指标体系研究[J]. 油气田地面工程，2018，37（12）：19-23，27.

[27] 马建国. 机械采油系统节能监测与评价方法［M］. 北京：石油工业出版社，2014.

[28] 马建国. 油田加热炉节能监测与评价方法［M］. 北京：石油工业出版社，2016.

[29] 马建国. 气田压缩机组节能监测与评价方法［M］. 北京：石油工业出版社，2016.

[30] 马建国. 油田泵机组节能监测与评价方法［M］. 北京：石油工业出版社，2017.

[31] 马建国. 稠油注汽系统节能监测与评价方法［M］. 北京：石油工业出版社，2018.